全国高职高专教育"十二五"规划教材

国家级示范性（骨干）高职院建设成果系列教材

动物中毒病

及毒物检验技术

● 李巨银
● 刘新武　主编

【畜牧兽医及相关专业使用】

中国农业科学技术出版社

图书在版编目（CIP）数据

动物中毒病及毒物检验技术／李巨银，刘新武主编．—北京：中国农业科学技术出版社，2012.8
ISBN 978 – 7 – 5116 – 0996 – 0

Ⅰ．①动… Ⅱ．①李…②刘… Ⅲ．①动物疾病－中毒性疾病－诊疗②动物疾病－中毒性疾病－医学检验 Ⅳ．①S856.9

中国版本图书馆 CIP 数据核字（2012）第 158017 号

责任编辑	闫庆健　柳　颖
责任校对	贾晓红

出 版 者	中国农业科学技术出版社
	北京市中关村南大街 12 号　邮编：100081
电　　话	（010）82106632（编辑室）（010）82109704（发行部）
	（010）82109709（读者服务部）
传　　真	（010）82106632
网　　址	http://www.castp.cn
经 销 者	各地新华书店
印 刷 者	北京富泰印刷有限责任公司
开　　本	787 mm×1 092 mm　1/16
印　　张	16.5
字　　数	417 千字
版　　次	2012 年 8 月第 1 版　2012 年 8 月第 1 次印刷
定　　价	25.00 元

内容提要

随着畜牧业发生的变化，"动物内科病"的重点已经从一般器官疾病的个别病例诊疗转向以群发性和多发性为特点的"动物中毒病"以及"动物营养代谢病"的防控。另外，随着家庭伴侣动物喂养量的提高，诸如一些家庭用品中毒病的诊疗也常困扰兽医工作者。再者，违禁饲料添加剂中毒，如"瘦肉精"事件、抗生素残留等问题，某些化工企业仍存在"三污"的非法排放问题，造成了环境污染，动物有毒气体、矿物质中毒现象的报道屡见不鲜。而这些疾病的诊断及防控内容仍是目前高校教材的空白，不能满足生产实际以及人才培养的需要。

目前尚无《动物中毒病及毒物检验技术》专用教材，各普通高校、高职高专院校一直只在《动物内科病》中把"动物中毒病"作为部分章节进行讲解，这些教材的共同点是"中毒病"部分内容较少，而且没有"毒物检验技术"内容，广大养殖场、动物医院的技术人员还不具备相关技能，也与牧医类高职院校培养高技能性人才目标不相适应。

本教材重点阐明动物中毒病的基本知识，介绍常见毒物的来源、性质、动物中毒病的临床表现、诊断方法等，突出常见　　　　　验技术，强调技能及结果分析能力，实现过程与结果的统一，突出　　　　　　能性人才特点。并补充家庭伴侣动物中毒病，某些新型饲料　　　　　　　　料添加剂中毒，工业原料及排放物中毒病，动物　　　　　　　进一步适应社会实际需要，为动物中毒　　　　保证动物的饲养安全和人类对动物性食

本教材内容新颖，系统全面，融业院校相关专业的教材，也可作为技术人员的培训教材和学习用书。

《动物中毒病及毒物检验技术》编委会

主　　编　李巨银（江苏畜牧兽医职业技术学院）

　　　　　刘新武（铜山县国家动物疫情测报站）

副 主 编　谭　菊（江苏畜牧兽医职业技术学院）

　　　　　武彩红（江苏畜牧兽医职业技术学院）

　　　　　黄东璋（江苏畜牧兽医职业技术学院）

　　　　　丁小丽（江苏畜牧兽医职业技术学院）

编　　委　（以姓氏笔画为序）

　　　　　文育胜（定西市临洮农业学校）

　　　　　王　健（江苏畜牧兽医职业技术学院）

　　　　　王庆华（西南大学）

　　　　　陈　斌（河北农业大学）

　　　　　陈　琳（江苏畜牧兽医职业技术学院）

　　　　　陈剑杰（山西农业大学）

　　　　　张　忠（甘肃畜牧工程职业技术学院）

　　　　　赵爱华（江苏畜牧兽医职业技术学院）

　　　　　秦天达（中国农业科学院兰州兽医研究所）

　　　　　阎振贵（山东农业大学）

　　　　　程　汉（江苏畜牧兽医职业技术学院）

　　　　　程卫平（泰兴市畜牧兽医站）

主　　审　刘俊栋（江苏畜牧兽医职业技术学院）

序

在任何一种教育体系中，课程始终处于核心地位。高等职业教育是高等教育的一种重要类型，肩负着培养面向生产、建设、服务和管理第一线需要的高素质高技能人才的使命。职业教育课程是连接职业工作岗位的职业资格与职业教育机构的培养目标，即学生所获得相应综合职业能力之间的桥梁。而教材是课程的载体，高质量的教材是实现培养目标的基本保证。

江苏畜牧兽医职业技术学院是教育部、财政部确定的"国家示范性高等职业院校建设计划"骨干高职院校首批立项建设单位。学院以服务"三农"为宗旨，以学生就业为导向，紧扣江苏现代畜牧产业链和社会发展需求，动态灵活设置专业方向，深化"三业互融、行校联动"人才培养模式改革，创新"课堂—养殖场"、"四阶递进"等多种有效实现形式，积极探索和构建行业、企业共同参与教学管理运行机制，共同制定人才培养方案，推动专业建设，引导课程改革。行业、企业专家和学院教师在实践基础上，共同开发了《动物营养与饲料加工技术》等40多门核心工学结合课程，合作培养就业单位需要的人才，全面提高了教育教学质量。

三年来，项目建设组多次召开教材编写会议，认真学习高等职业教育课程开发理论，重构教材体系，形成了以下几点鲜明的特色：

第一，以就业为导向，明确课程建设指导思想。设计导向的职业教育思想，实践专家与专业教师结合的课程开发团队，突出综合职业能力培养的课程标准，学习领域"如何工作"的课程模式，涵盖职业资格标准的课程内容，贴近工作实践的学习情境，工学交替、任务驱动、项目导向和顶岗实习相协调的教学模式，实践性、开放性和职业性相统一的教学过程，校内成绩考核与企业实践考核相结合的评价方式，毕业生就业率与就业质量、"双证书"获取率与获取质量的教学质量指标等，构成了高等职业教育教学课程建设的指导思想。

第二，以工作为目标，系统规划课程设计。人的职业能力发展不是一个抽象的过程，它需要具体的学习环境。工学结合的人才培养过程是将"工作过程中的实践学习"和"为工作而进行的课堂学习"相结合的过

1

程，课程开发必须将职业资格研究、个人职业生涯发展规划、课程设计、教学分析和教学设计结合在一起。按照行业企业对高职教育的需求分析、职业岗位工作分析、典型工作任务分析、学习领域描述、学习情境设计、课业文本设计等6个步骤系统规划课程设计。

第三，以需要为标准，选择课程内容。高等职业教育课程选择标准，应该以职业工作情境中的经验和策略习得为主、以适度够用的概念和原理理解为辅，即以过程性知识和操作性技能为主、陈述性知识和验证性技能为辅。为全程培养学生"知农、爱农、务农"的综合职业能力，以畜牧产业链各岗位典型工作任务为主线，引入行业企业核心技术标准和职业资格标准，分析学生生活经验、学习动机、实际需要和接受能力的基础上，针对实际的职业工作过程选择教学内容，设计成基于工作任务完成的职业活动课程。

第四，以过程为导向，序化课程结构。课程内容的序化是指以何种顺序确立课程内容涉及到的知识、技能和素质之间的关系及其发展。对所选择的内容实施序化的过程，也是重建课程内容结构的过程。学生认知的心理顺序是由简单到复杂的循序渐进自然形成的过程序列，能力发展的顺序是从能完成简单工作任务到完成复杂工作任务的过程序列，职业成长的顺序是从初学者到专家的过程序列，这三个序列与系统化的工作过程，构成了课程内容编排的逻辑形式。

第五，以文化为背景，突出技术应用。高等职业教育的职业性，决定了要在教育文化与企业文化融合的环境中培养具有市场意识、竞争意识的高素质人才。这套教材的编写以畜牧产业、行业、企业的文化为背景，系统培养学生在学校和企业两个不同学习场所的"学、做、用"技术应用的能力。

"千锤百炼出真知"。本套特色教材的出版是"国家示范性高等职业院校建设计划"骨干高职院校建设项目的重要成果之一，同时也是带动高等职业院校课程改革、发挥骨干带动作用的有效途径。

感谢江苏省农业委员会、江苏省教育厅等相关部门和江苏高邮鸭集团、泰州市动物卫生监督所、南京福润德动物药业有限公司、卡夫食品（苏州）有限公司、无锡派特宠物医院等单位在编写教材过程中的大力支持。感谢李进、姜大源、马树超、陈解放等职教专家的指导。感谢行业、企业专家和学院教师的辛勤劳动。感谢同学们的热情参与。教材中的不足之处恳请使用者不吝赐教。

是为序。

江苏畜牧兽医职业技术学院院长：

2012 年 4 月 18 日于江苏泰州

前　言

　　本教材是在《教育部关于加强高职高专教育人才培养工作的意见》《关于加强高职高专教育教材建设的若干意见》《关于全面提高高等职业教育教学质量的若干意见》等文件精神的指导下，并集国家级示范性（骨干）高职院建设的成果编写而成的。

　　在编写过程中，编者结合我国农业产业结构调整的实际情况，针对高职学生的特点和就业方向，以强化应用、突出实践、阐明基本理论为重点，以适用、够用、实用为度，在内容上适当扩展知识面、增加信息量，并突出了生产实践环节。力争教材内容具有科学性、针对性、应用性和实用性，并能反映新知识、新方法和新技术。

　　本教材坚持职业教育"任务引领的工作过程"的编写原则，按照高职院校面向生产一线培养高素质技能型专门人才的目标，根据我国职业岗位（群）的任职要求，设计项目化、技能式体系结构。全书注重体例创新，内容新颖全面，条理清晰，语言平实流畅。每个项目按职业岗位需求，设计了典型工作任务，加强与实际工作的接轨，力求突出学生职业岗位能力培养，体现理实一体化教学。本书不仅可以作为高职高专教材，也可作为广大畜禽养殖场兽医、基层兽医的参考用书。

　　本教材作为高等职业教育教材，建议讲授学时数为 60~75，不同院校可根据实际情况酌情选择。本教材由全国 6 所高等农牧院校具有多年从事牛羊病临床防制和教学科研经历的 15 名教师、3 名行业企业专家参加编写，由从事动物营养代谢病与中毒病研究的江苏牧院动物医学院院长刘俊栋副教授主审。教材还引用了国内外同行已发表的论文、著作，谨向他们表示最诚挚的感谢！

　　本教材在编写时虽经多次修改，但由于编者学识水平有限，错误和疏漏之处在所难免，敬请读者批评指正，以便再版修订完善。

编者

2012 年 3 月

目　　录

项目一　动物中毒病综合防治技术

【岗位需求】 掌握常见中毒病的发病原因、诊断和防治措施。

【能力目标】 了解动物中毒病在兽医临床的地位和作用，理解动物中毒病的危害；了解毒物在动物体内的吸收、分布、排泄及生物转化、毒物作用及影响毒物作用的因素；重点掌握畜禽中毒的原因，畜禽中毒的诊断程序，中毒的防治意义、原则与方法。

【案例导入】 动物有机磷农药中毒的有关资料记载，1960～1989年据江苏、辽宁等8个省部分地县统计，家畜发病数455 235头，死亡197 879头，死亡率43.47%，家禽发病数3 324 646羽，死亡2 903 400羽；1977～1981年据江苏统计亚硝酸盐中毒发病猪数为68 773头，死亡40 388头；1986年仅安徽金寨县牛霉稻草中毒发病牛数就达3 050头，发病率为6.6%。

点评：这一案例典型的反映了随着养殖业的迅速发展，人们由于管理不当，或对饲料、添加剂及药物选择不慎或使用不当常导致动物发生中毒病。动物中毒病虽有别于传染性疾病，但对养殖业尤其是集约化生产常带来很大的损失，不仅引起动物大批发病和死亡，有些因慢性蓄积性中毒而导致饲料利用率降低，生长缓慢，生产性能下降，这些都应引起养殖者的高度重视。

那什么是毒物？常见中毒的途径有哪些？中毒病具有哪些特点？我们又如何诊断与防治呢？

任务1-1　毒物概述

一、毒物的定义

毒物是指在一定条件下以较小剂量进入动物体后，能与动物体之间发生化学作用并导致动物体器官组织功能和（或）形态结构损害性变化的化学物质。毒物与非毒物没有绝对的界限，只是相对而言的。从广义上讲，世界上没有绝对有毒和绝对无毒的物质。任何外源化学物只要剂量足够大，均可成为毒物。例如正常情况下氟是动物体所必需的微量元素，但当过量的氟化物进入机体后，可使机体的钙、磷代谢紊乱，导致低血钙、氟骨症和氟斑牙等一系列病理性变化。

二、毒物的分类

（一）按毒物的毒性作用分类

1. 腐蚀毒

指对机体局部有强烈腐蚀作用的毒物。如强酸、强碱及酚类等。

2. 实质毒

吸收后引起脏器组织病理损害的毒物。如砷、汞等毒物。

3. 酶系毒

抑制特异性酶的毒物。如有机磷农药、氰化物等。

4. 血液毒

引起血液变化的毒物，如一氧化碳、亚硝酸盐及某些蛇毒等。

5. 神经毒

引起中枢神经障碍的毒物。如醇类、麻醉药、安定催眠药以及士的宁、烟酸、古柯碱、苯丙胺等。

（二）按毒物的化学性质分类

1. 挥发性毒物

可能采用蒸馏法或微量扩散法分离的毒物。如氰化物、醇、酚类等。

2. 非挥发性毒物

采用有机溶剂提取法分离的毒物。如巴比妥催眠药、生物碱、吗啡等。

3. 金属毒

采用破坏有机物的方法分离的毒物。如砷、汞、钡、铬、锌等。（虽然砷是非金属，但与重金属在某些方面具有类似的性质，因此重金属检测中常将其列入）

4. 阴离子毒物

采用透析法或离子交换法分离的毒物。如强酸、强碱、亚硝酸盐等。

5. 其他毒物

其他需根据其化学性质采用特殊方法分离的毒物。如箭毒碱、一氧化碳、硫化氢等。

（三）混合分类法

即按毒物的来源、用途和毒性作用综合分类。

1. 腐蚀性毒物

包括有腐蚀作用的酸类、碱类，如硫酸、盐酸、硝酸、苯酚、氢氧化钠、氨及氢氧化氨等。

2. 毁坏性毒物

能引起生物体组织损害的毒物。如砷、汞、钡、铅、铬、镁、铊及其他重金属盐类。

3. 障碍功能的毒物

障碍脑脊髓功能的毒物，如酒精、甲醇、催眠镇静安定药、士的宁、阿托品、异烟肼、阿片、可卡因、苯丙胺、致幻剂等；障碍呼吸功能的毒物，如氰化物、亚硝酸盐和一氧化碳等。

4. 农药

如有机磷、氨基甲酸酯类，拟除虫菊酯类、有机汞、有机氯、有机氟、无机氟、矮壮素、灭幼脲、百菌清、百草枯、薯瘟锡、溴甲烷、磷化锌等。

5. 杀鼠剂

如磷化锌、敌鼠强、安妥、敌鼠钠、杀鼠灵等。

6. 有毒植物

如乌头碱类植物、钩吻、曼陀罗、夹竹桃、毒芹、莽草、红茴香、雷公藤等。

7. 有毒动物

如蛇毒、河豚、斑蝥、蟾蜍、鱼胆、蜂毒、蜘蛛毒等。

8. 细菌及霉菌性毒素

如沙门菌、肉毒杆菌、葡萄球菌等细菌，以及黄曲霉素、霉变甘蔗、黑斑病甘薯等真菌。

（四）按毒物的应用范围分类

1. 工业性毒物

指在工业生产中所使用或产生的有毒化学物。有的是原料或辅助材料，有的是中间体或单体，有的是成品，有的是生产过程中所产生的副产品或"三废"，还有生产用原料中的夹杂物。如强酸、强碱、溶剂（如汽油、苯、甲苯、二甲苯）、甲醇、甲醛、酚、乙醇等。

2. 农业性毒物（农药）已如前述。

3. 生活性毒物

指日常生活中接触或使用的有毒物质，如煤气（含一氧化碳）、杀鼠剂、除垢剂、消毒剂、灭蚊剂、染发剂及细菌性毒素等。

4. 药物性毒物

指原本用来防治疾病用的药物，由于用药过量或使用方式不当也可成为毒物。如巴比妥和非巴比妥类催眠镇静安定药、麻醉药、水杨酸类止痛药、抗组织胺类药、洋地黄、地高辛、某些抗生素及中草药等。

5. 军事性毒物

指战争中应用的有毒物质，主要是毒气，如沙林、芥子气等。

（五）按毒物的来源分类

1. 外源性毒物

是指在体外存在或形成而进入机体的毒物，如植物毒、动物毒、矿物毒等。由外源性毒物引起的中毒，称为外源性毒物中毒，即一般所谓的"中毒"。

2. 内源性毒物

是指在机体内所形成的毒物，包括有机体的某些代谢产物和寄生于机体内的细菌、病毒、寄生虫等病原体的代谢产物。由内源性毒物引起的中毒，称为内源性毒物中毒，即通常所说的"自体中毒"。

三、毒性指标与分级

（一）毒性指标

1. 致死剂量（LD）

指毒物接触或进入机体后，引起死亡的剂量。外源性化学物质的毒性常以此物质引起实验动物死亡数所需的剂量表示。其中常用的有：

（1）半数致死量（LD_{50}）　指毒物对急性实验动物的群体中引起半数（50%）动物死亡的剂量。

（2）最小致死量（MLD）　指引起一组动物中个别死亡的最小剂量。

（3）绝对致死剂量（LD_{100}）　指引起一组动物中全部（100%）死亡的最低剂量。

致死剂量常以毫克/公斤体重（mg/kg）或毫克/平方米体表面积（mg/m^2）作为单位。

2. 致死浓度（LC）

系指经呼吸道吸入中毒的毒物在空气中的浓度，此浓度可以引起机体中毒死亡。其中常用的有：

（1）半数致死浓度（LC_{50}）　指气态毒物对急性实验动物的群体中引起半数（50%）动物死亡的浓度。

（2）最小致死浓度（MLC）　指引起一组动物中个别死亡的最小浓度。

（3）绝对致死浓度（LC_{100}）　指引起一组动物中全部（100%）死亡的最低浓度。

致死浓度常以毫克/升（mg/L）、毫克/立方米（mg/m^3）、百万分之一（mg/kg）作为单位。

（二）毒性分级

毒性是指某种毒物引起机体损伤的能力，用来表示毒物剂量与反应之间的关系。毒性大小所用的单位一般以化学物质引起实验动物某种毒性反应所需要的剂量表示。气态毒物，以空气中该物质的浓度表示。所需剂量（浓度）愈小，表示毒性愈大。毒物毒性一般根据大鼠的半数致死量分以下6级（表1-1）。

表1-1　毒物毒性根据大鼠的半数致死量分级表

毒性分级	大鼠的半数致死量
特毒	5mg/kg 以下
极毒	5～50mg/kg
高毒	50～500mg/kg
中等毒	0.5～5g/kg
微毒	5～15g/kg
无毒	15g/kg 以上

四、毒物的作用方式与中毒机理

（一）毒物作用方式

毒物中除极少部分在吸收之前损害其所接触的局部外，大多数则是被机体吸收后才发挥毒害作用的，而毒物被吸收、分布与排泄均需通过组织细胞膜，进行以下3种方式的生物转运。

1. 被动转运

被动转运的特点是转运过程中生物膜不具有主动性，不消耗能量，被转运的物质只能从高浓度流入低浓度。被动转运中最主要的方式是简单扩散和滤过。

（1）简单扩散　毒物大部分是具有一定脂溶性的大分子有机化合物，可首先溶解于膜的脂质成分而后扩散到另一侧。简单扩散过程可受下列因素的影响。

①生物膜两侧的浓度差　浓度差越大，扩散越快。

②毒物在脂质中的溶解度　溶解度可用脂/水分配系数表示，即一种物质在脂相和水相的分配达到平衡状态时的分配率比值称为脂/水分配系数。脂/水分配系数越大，越容易在脂肪中溶解，也越易透过生物膜。但由于生物膜中还含有水相，在生物转运过程中，毒物既要透过脂相，也要透过水相，因此脂水分配系数在1左右者，更易进行简单扩散。

③毒物的电离状态　化合物分子在水溶液中分解成为带电荷离子的过程称为电离。离子

型的化合物不易透过生物膜的脂质结构区。而化合物的电离状态既受其本身的电离常数（电离部分与未电离部分平衡时的常数）的影响，也受其所在溶液的 pH 值影响。弱酸性化学物在酸性介质中非离子型多，在碱性介质中离子型多；弱碱性化学物在酸性介质中离子型多，而在碱性介质中非离子型多。

（2）滤过　滤过是水溶性物质随同水分子经生物膜的孔状结构而透过生物膜的过程。凡分子大小和电荷与膜上孔状结构相适应的溶质皆可滤过转运，转运的动力为生物膜两侧的流体静压梯度差和渗透压差。此种孔状结构为亲水性孔道，不同组织生物膜孔道的直径不同。肾小球的孔道直径较大，约为 70nm，分子量为 60 000 以上的蛋白质分子不能透过，较小的分子皆可透过。肠道上皮细胞和肥大细胞膜上孔道直径较小，约为 0.4nm，分子量小于 200 的化合物方可以通过。一般细胞孔道直径在 4nm 以下，所以，除水分子可以通过外，有些无机离子和有机离子等毒物，亦可滤过。

2. 特殊转运

特殊转运指有一定的载体，具有较强的专一性，有一定的选择性和主动性，生物膜主动选择某种机体需要或由机体排出的物质进行的转运。特殊转运分主动转运和促进扩散。

（1）主动转运　主动转运的主要特点是可逆浓度梯度进行转运，转运过程消耗能量。能量来自细胞代谢活动所产生的代谢能（ATP）的释放。许多毒物的代谢产物经由肾脏和肝脏排出，主要是借助主动转运。

（2）促进扩散　促进扩散的特点是需要载体，顺浓度梯度由高浓度向低浓度而且不需要细胞供给能量的扩散性转运。葡萄糖、某些氨基酸、甘油、嘌呤碱等亲水化合物，由于不溶于脂肪，不能借助简单扩散进行转运，所以可在具有特定载体和顺浓度梯度的情况下进行转运。

3. 膜动转运

膜动转运是细胞与外界环境交换一些大分子物质的过程，其主要特点是在转运过程中生物膜结构发生变化，转运过程具有特异性，生物膜呈现主动选择性并消耗一定的能量。在一些大分子颗粒物质被吞噬细胞由肺泡去除或被肝和脾的网状内皮系统由血液去除的过程中起主导作用。膜动转运又可分为胞吞作用和胞吐作用。前者是将细胞表面的颗粒物转运入细胞的过程。后者是将颗粒物由细胞内运出的过程。胞吞和胞吐是两种方向相反的过程。在胞吞作用中如果被摄入的物质为固体则称为吞噬，如为液体则为胞饮。入侵机体细胞的细菌、病毒、死亡的细菌、组织碎片、铁蛋白、偶氮色素都可通过吞噬作用被细胞清除。所以，胞吞和胞吐作用对体内毒物或异物的清除转运具有重要意义。

（二）中毒机理

毒性作用是毒物及其代谢产物通过与有机体的组织接触，发生直接或间接生物化学反应而引起的毒害效应，产生局部或全身性机能或器质性的损伤。毒物一般通过以下方式产生其毒性作用。

1. 局部刺激和直接腐蚀

刺激性和腐蚀性毒物，在与动物有机体接触或经不同途径进入体内过程中，对所接触的表层组织产生化学作用而造成直接损害。这类毒物与皮肤、黏膜的接触可引起皮肤灼伤、坏死与糜烂；经消化道进入时，可导致口腔、食管及胃肠黏膜的充血、坏死、溃疡、而发生口炎、胃肠炎；刺激性气体通过呼吸道时，可引起鼻喉炎、气管炎而咳嗽、流鼻液，严重时发生喉水肿、肺水肿，甚至使动物窒息死亡。酸、碱和矿物质的损害大都与此类作用有关。

2. 干扰生物膜的通透性

生物的基本结构和功能单位是细胞。任何细胞都以一层薄膜（厚度约 4～7nm）将其内含物与环境分开，这层膜称为外周膜；大多数细胞中还有内膜系统，组成具有各种特定功能的亚细胞结构和细胞器。"生物膜"则是外周膜和内膜系统的统称。生物膜中除少量多糖和水、金属离子、核酸外，几乎全由蛋白质（包括酶）和脂质所组成。毒物对细胞和亚细胞结构的损害，主要是作用于膜上的蛋白质和脂质而破坏生物膜。如铅离子能够使红细胞的脆性增加，从而导致溶血；醚类和三溴甲烷以及其他亲脂性物质可在细胞膜中蓄积，以此干扰氧和葡萄糖转入细胞，中枢神经系统的细胞对此尤为敏感。由于亚细胞器被破坏，其所含的内酶释放入血，使血液中相应的酶含量增高，如四氯化碳、棘豆草能够破坏线粒体结构，使其所含的丙氨酸转氨酶（ALT）在血中明显升高。

3. 阻止氧的吸收、转运和利用

首先，某些毒物可与携氧的载体结合，使载体失去携氧能力，从而引起机体缺氧。如一氧化碳对血红蛋白的亲和力较大，能够在血红蛋白正常与氧结合的部位发生再结合，使血红蛋白失去携氧功能，从而引起组织缺氧。其次，有些毒物可与细胞的氧化还原酶结合，以此阻断细胞氧化酶的氧化还原功能，从而导致细胞的有氧呼吸终止。如氢氰酸和氰化物中毒时，氰离子与细胞色素氧化酶中的 Fe^{3+} 结合形成稳定的氰化细胞色素氧化酶，使其丧失电子传递能力，引起组织细胞呼吸链停止而发生生物化学性窒息（内窒息）。

还有些毒物可使血红蛋白变为高铁血红蛋白，使其失去结合氧和运氧能力，引起机体缺氧症。如亚硝酸盐、芳香胺等毒物可使血红蛋白中的亚铁离子氧化，成为三价的高铁离子并形成高铁血红蛋白，从而发生机体缺氧综合征。

此外，某些惰性气体，在空气中降低氧分压，引起动物窒息；光气和双光气比空气的比重大，吸入后迅速地与许多酶结合，干扰细胞的代谢，造成肺水肿，阻止肺泡内的气体交换，亦可引起窒息。

4. 抑制酶系统作用

大多数毒物进入体内后以细胞内酶为靶分子，通过抑制细胞酶的活性而发挥毒害作用，其进行酶抑制的方式有以下几种类型。

（1）毒物与酶的功能团结合，使酶失去活性　如组织细胞中的多种巯基酶的巯基可被汞、砷等金属离子结合，而使细胞酶失去活性。

（2）毒物与基质竞争同一种酶而降低了酶的作用　如丙二酸与琥珀酸结构相似，在三羧酸循环中丙二酸与脱氧酶结合，从而抑制了琥珀酸的正常氧化。

（3）毒物与酶的激活剂作用而抑制酶的活性　如磷酸葡萄糖变位酶，具有生成和分解肝糖原的作用，但需要 Mg^{2+} 作激活剂，氟中毒时，则 F^- 与 Mg^{2+} 结合成难溶性的复合物氟化镁（MgF_2），因而磷酸葡萄糖变位酶的活性受到抑制。

（4）毒物消耗辅酶的合成成分，也抑制了酶的活性　如铅中毒时，机体内的烟酸消耗量增加，烟酸的减少影响其转化为辅酶Ⅰ（CoⅠ）和辅酶Ⅱ（CoⅡ）的构成成分烟酰胺，这就使体内辅酶Ⅰ（CoⅠ）和辅酶Ⅱ（CoⅡ）合成减少，最后导致脱氢酶作用的抑制。

（5）毒物的代谢物对酶的抑制，影响了酶的作用　如有机氟化合物在体内脱胺形成氟乙酸后，经过乙酰辅酶 A 活化，在缩合酶的作用下与草酰乙酸形成氟柠檬酸，是顺乌头酸酶的抑制剂，影响了三羧酸循环的正常进行。

（6）可与神经传导介质的水解酶结合，使该酶丧失活性　如有机磷化合物与胆碱酯酶结合，形成稳定的磷酰化胆碱酯酶而丧失水解能力，致使乙酰胆碱在组织中大量积聚表现中毒。

5. 毒物对组织或器官的直接化学损伤

某些强碱、酚类、强氧化剂、腐蚀性气体等常可以与所接触的组织或器官发生化学反应，从而引起直接损伤。

6. 毒物对 DNA 及 RNA 合成的干扰

毒物对细胞遗传物质的作用主要包括引起基因突变和染色体畸变。某些毒物（例如，烷烃和芳香烃的环氧化物、内酯、黄曲霉毒素、亚硝胺等），能与复制的 DNA 及 RNA 产生共价结合，呈现致癌、致突变、致畸作用。

7. 毒物的变态反应

许多毒物如某些农药以及药物等，可作为半抗原与机体蛋白相结合构成完全抗原，从而诱发抗原抗体反应。这些反应包括溶细胞型变态反应、抗原抗体免疫复合物型反应和细胞免疫或迟发型反应等。

8. 其他作用方式（辐射损伤/电离损伤）

包括放射性损伤，电离损伤以及毒物对核酸、靶器官的毒害作用等。放射性物质，除直接辐射损伤外，还有电离作用产生的自由基等所形成的间接损伤。

毒物被吸收后，只有部分器官受其毒害作用，被称之为靶器官，靶器官可以是接触吸收毒物的部位，也可以是远离接触吸收部位的器官。毒物作用于靶器官后，其毒性作用可由靶器官表现出来，也可通过某种机理由另一个器官表现出来，这种表现出毒性作用影响的器官称为效应器官，前者靶器官同时又是效应器官。如有机磷中毒的靶器官是神经组织（胆碱能神经），而效应器官则是内脏平滑肌、腺体和骨骼肌等。

五、毒物的吸收、分布和排泄

（一）毒物的吸收

毒物通过体膜进入血液的过程称为吸收，吸收的途径为消化道、呼吸道、皮肤及其他方式，其中以消化道为毒物进入体内的主要途径。

1. 经胃肠道吸收

胃肠道吸收是毒物进入机体的重要途径，整个消化道都有吸收功能，其中小肠是主要吸收部位。

（1）经胃肠道吸收的方式

①简单扩散　是毒物在胃肠道吸收的主要方式。分子量小、脂溶性大、极性低的毒物较易通过生物膜被吸收。

②滤过　小肠黏膜细胞膜上有直径 0.4nm 左右的亲水性孔道，分子量 100 左右、直径小于亲水性孔道的小分子，可随同水分子一起滤过而被吸收，例如，经口摄入的铅盐 10%、锰盐 4%、镉盐 1.5% 和铬盐 1% 可被胃肠道吸收。

③主动转运　机体需要的某些营养物质，如糖类、氨基酸、核酸、无机盐可由肠道通过主动转运逆浓度梯度被吸收；少数毒物，由于其化学结构或性质与体内所需的营养物质非常

相似，也能通过主动转运进入机体。例如铅可利用钙的运载系统，铊、钴和锰可利用铁的运载系统；抗癌药5-氟尿嘧啶（5-FU）和5-溴尿嘧啶（5-BU）可利用小肠上皮细胞上的嘧啶运载系统。

④胞吞作用　偶氮色素及某些微生物毒素可通过胞吞作用进入肠黏膜上皮细胞。

⑤淋巴管吸收　脂肪经肠道吸收后，与磷脂和蛋白质一起形成乳糜微粒，经胞吐作用进入细胞外空间，通过淋巴管直接进入全身静脉血流。某些脂溶性毒物也可沿这一途径被淋巴管吸收。例如，苯并（a）芘、3-甲基胆蒽和顺二甲氨基芴以及DDT都是通过这种方式吸收的。

（2）影响胃肠道吸收的因素

①毒物的性质　一般说来，固体物质且在胃肠中溶解度较低者，吸收差；脂溶性物质较水溶性物质易被吸收；同一种固体物质，分散度越大，与胃肠道上皮细胞接触面积越大，吸收越容易；解离状态的物质不能借助简单扩散透过胃肠黏膜被吸收或吸收速度极慢。

②机体方面的影响

胃肠蠕动情况　蠕动较强，则毒物在胃肠内停留时间较短，吸收较少；反之，蠕动减弱，停留时间延长，有利于吸收。

胃肠道充盈程度　胃肠内容物较多时，吸收减慢；反之，空腹或饥饿状态下容易吸收。

胃肠道酸碱度　化学物的解离程度除取决于物质本身的解离常数外，还与其所处介质的pH值有关。由于胃液的酸度较高（pH值 = 0.9 ~ 1.5），弱有机酸类多以未解离的分子状态存在，所以，在胃中易被吸收。小肠内酸碱度已趋向于弱碱性或中性（pH值 = 6.6 ~ 7.6），弱有机碱类在小肠内主要是非解离状态，也容易通过简单扩散而被吸收。但由于小肠黏膜的吸收面积很大，故即使是弱酸性药物在小肠内也有一定数量的吸收。

胃肠道同时存在的食物和毒物　同时存在的食物和毒物也可影响吸收过程。例如钙离子可降低镉和铅的吸收，而低钙饲料可增强铅和镉的毒性作用，也与铅镉的吸收增加有关。脂肪可使胃的排空速度降低，因此可延长毒物在胃中停留时间，促进吸收。DDT和多氯联苯类化学物可抑制生物膜上 $Na^+ - K^+ - ATP$ 酶，致肠道上皮细胞对钠离子的吸收减少。

某些特殊生理状况　特殊生理状况对毒物的吸收有影响。如母畜妊娠和哺乳期对铅和镉的吸收增强。胃酸分泌随年龄增长而降低，可影响弱酸或弱碱性物质的吸收。

2. 经呼吸道吸收

经呼吸道吸收的毒物主要有各种气体、可挥发性固体或液体的蒸气、各种气溶胶以及较为细微的颗粒物质等。

（1）吸收特点　气体与蒸气主要通过简单扩散被吸收。因为肺泡壁和毛细血管壁及间质总厚度在 $1\mu m$ 左右，而且肺泡与肺泡之间的毛细血管极为丰富，所以，气体由肺泡进入毛细血管的路程很短，极易透过，吸收过程可迅速完成。有些毒物还可直接经肺静脉进入全身血液循环，并在全身组织器官分布，避免了肝脏的首过消除作用，故毒性可能较强。

（2）影响呼吸道吸收的因素

①气体在肺泡气与血浆中的浓度差　气体的吸收是一个动态平衡的过程，即该气体由肺泡进入血液的速度等于由血液进入各组织细胞的速度时的状态。平衡状态下，该气体在血液中的浓度（mg/L）与其在肺泡气中的浓度（mg/L）之比，称为血/气分配系数。每种气体的分配系数为一常数，例如氯仿为15、苯为6.85。血/气分配系数越大，在血液中溶解度越高，越易被吸收，反之亦然。

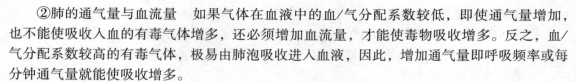

②肺的通气量与血流量　如果气体在血液中的血/气分配系数较低，即使通气量增加，也不能使吸收入血的有毒气体增多，还必须增加血流量，才能使毒物吸收增多。反之，血/气分配系数较高的有毒气体，极易由肺泡吸收进入血液，因此，增加通气量即呼吸频率或每分钟通气量就能使吸收增多。

③气体的分子量及在水中的溶解度　溶于水的气体大多通过亲水性孔道被转运，所以溶解度高和分子量小的气体容易吸收。溶于生物膜脂质的气体吸收情况主要取决于脂/水分配系数，脂/水分配系数越大越易被吸收，较少受分子量大小的影响。

（3）颗粒物、气溶胶的吸收和沉积　各种外来化合物与细菌、病毒以及植物花粉和孢子等皆可形成固体气溶胶。气溶胶和颗粒物进入呼吸道后将在呼吸道中沉积或潴留，少数水溶性较高的物质可通过简单扩散进入血液，大部分颗粒可随同气流到达终末细支气管和肺泡内，沉积、附着于细胞表面，对机体造成一定的损害。

3. 经皮肤吸收

（1）吸收特点　经皮肤吸收是毒物由外界进入皮肤并经血管和淋巴管进入血液和淋巴液的过程。皮肤的通透性不高，但当皮肤与毒物接触时，毒物也可透过皮肤而被吸收，例如，氯仿可透过完整健康的皮肤引起肝损害；有机磷杀虫剂和汞的化学物可经皮肤吸收，引起中毒以至死亡。

毒物经皮肤简单扩散方式吸收，主要通过表皮或汗腺管、皮脂腺和毛囊而吸收。分为两个阶段：第一阶段为穿透角质层的屏障作用，速度较慢；第二阶段为吸收阶段，须经过颗粒层、棘细胞层、生发层和真皮，各层细胞都富有孔状结构，不具屏障功能，毒物极易透过，然后通过真皮中大量毛细血管和毛细淋巴管而进入全身循环。

（2）影响皮肤吸收的因素

①毒物的理化性质　在通过角质层时，毒物本身分子量的大小和脂/水分配系数的影响较为明显。脂溶性毒物透过角蛋白丝间质的速度与其脂/水分配系数成正比，但在吸收阶段，毒物将进入的血液或淋巴液，是同时具有脂溶性和水溶性的液体，所以，脂/水分配系数在1左右者，更容易被吸收。非脂溶性的极性毒物的吸收与其分子量大小有关，分子量较小者较易穿透角质层被吸收。

②皮肤的完整性　动物体不同部位皮肤对毒物的吸收能力存在差异，角质层较厚的部位吸收较慢，阴囊、腹部皮肤较薄，毒物易被吸收。

③其他因素　血流速度和细胞间液流动加快，吸收也加快；皮肤大量排出汗液，毒物容易在皮肤表面汗液中溶解、黏附，延长毒物与皮肤接触时间，也易于吸收。

（二）毒物的分布与沉积

吸收后的毒物随血液循环遍及全身，在血液中呈物理溶解状态，或结合红细胞或结合其他血浆物质，通过不同途径分布于各器官。毒物由于通过细胞膜的能力和与组织的亲和力不同，在组织中的分布和蓄积有很大差异。一般认为，影响毒物在体内分布、沉积的因素有以下几点。

1. 毒物与血浆蛋白的结合能力

与血浆蛋白结合力强的毒物，虽呈现疏松结合但因其分子较大而不易透过细胞膜，故不分布到组织中，仅在血液中发挥有限的毒害作用，如抗凝血毒物—双香豆素，毒物的阴离子价愈高则与血浆蛋白结合力愈强。而结合力弱的毒物易从血浆蛋白上解离，使非结合毒物浓度增加，可透过毛细血管内皮细胞进入组织。

2. 毒物的脂溶性和水溶性

脂溶性高的毒物容易在脂肪组织中积聚，还可透过血脑屏障在脑组织中蓄积，并透过胎盘屏障进入胎儿体内；但水溶性毒物则难以透过这两种屏障毒害脑组织和胎儿。

3. 毒物与组织的亲和力

指组织细胞膜对毒物的运送、毒物在组织中的溶解度以及毒物与组织间的化学结合等综合现象。如汞、铅等重金属元素易沉积在内脏的组织细胞中，以肝、肾中浓度最高。肝组织细胞膜的通透性最高，膜孔也较大，故能够迅速结合外源性毒物；肝、肾组织的细胞内还有特殊的结合蛋白，与毒物有很强的亲和力，能够夺取在血浆中已结合的毒物。

4. 体内屏障

主要有血脑屏障和胎盘屏障，前者是脑部毛细血管壁与神经胶质形成的血浆与脑细胞外液间的屏障以及脉络膜丛形成的血浆与脑脊液间的屏障，水溶性毒物与电解质很难进入此屏障，而脂溶性毒物则进入较快；后者是母体血液与胎儿血液间进行交换的胎盘组织，也具有一定的屏障作用，且不同动物的胎盘结构层次存在较大差异，如猪的胎盘有六层屏障，犬、猫为三层，兔和灵长类仅需通过一层，胎盘屏障是通过胎盘的运送，主要为被动扩散，脂溶性高的毒物易于通过。

体内屏障还有眼、睾丸、红细胞屏障等。

（三）毒物在体内的生物转化

毒物在机体内的生物转化即毒物代谢，是毒物吸收后在体内经过一系列的水解、氧化、还原和结合的化学变化过程。通过生物转化的毒物，如毒性降低、减弱或消失则称其为解毒；而经转化后生成毒性更强的化合物时，称其为生物活化，又叫做致死性合成。毒物的生物转化是体内酶活性及其有关的物理、化学、生化、生理现象的综合作用，其过程虽具多样性，但一般需经过两个阶段，第一阶段为降解或非合成阶段，包括水解、氧化与还原反应；第二阶段是合成或结合反应阶段。

毒物进行生物转化的主要部位是肝脏，大部分又是在肝细胞的内质网，尤其是滑面内质网。外源性毒物的生物转化酶主要由粗面内质网的核蛋白供给。此外，肺、肾、脑、肠黏膜、血浆、胎盘、皮肤等亦具有不同程度的转化功能。

1. 氧化反应

氧化反应是毒物在生物转化过程中获得氧的反应，是生物转化中一个重要过程。许多毒物在生物转化第一相反应中将被氧化形成羟基，亦称羟化反应。

（1）微粒体酶促氧化

①脂肪族羟化反应　常见于丁烷、戊烷和己烷等直链脂肪族化合物烷烃类，其羟化产物为醇类。

②芳香族羟化反应　芳香环上的氢被氧化，形成酚类。例如苯可形成苯酚，苯胺可形成对氨基酚或邻氨基酚。常用的氨基甲酸酯类农药残杀威经机体内氧化亦可形成羟化产物。

③N-羟化反应　是毒物的氨基（H_2N-）上的一个氢与氧结合的反应。由于是在氨基上加入一个氧原子，所以，也称为 N-氧化反应。苯胺可代表一种类型。苯胺经羟化后形成羟胺，羟胺的毒性较苯胺本身高，可使血红蛋白氧化成为高铁血红蛋白。具有毒理学意义的是有些芳香胺类本身并不致癌，经 N-羟化后才具有致癌作用。

④环氧化反应　在微粒体混合功能氧化酶催化下，一个氧原子在毒物的两个相邻碳原子

之间构成桥式结构，形成环氧化物。有些环氧化物可以致癌，例如，氯乙烯的环氧化产物环氧氯乙烯即为致癌物。有些毒物的环氧化物性质极为稳定，可长期在环境和机体脂肪组织中存留，例如，有机氯杀虫剂艾氏剂的环氧化物狄氏剂已造成严重的生态问题。还有些化学物的环氧化物性质极不稳定，将继续发生羟化，形成二氢二醇化合物。环氧化反应可分为脂肪族环氧化反应和芳香族环氧化反应。后者的环氧化产物不稳定，将继续发生羟化。

⑤P-氧化反应　如二苯甲磷，通过氧化反应可生成二苯甲磷氧化物。

⑥S-氧化反应　这一反应多发生在硫醚类化合物，其代谢产物为亚砜，有一部分可继续氧化为砜类。可进行硫氧化反应的毒物还有某些有机磷化合物，例如杀虫剂内吸磷和甲拌磷等；氨基甲酸酯类杀虫剂中的灭虫威及常用药物氯丙嗪。

⑦氧化性脱卤　在微粒体细胞色素 P-450 依赖性单加氧酶催化下，卤代烃类化合物可先形成不稳定的中间代谢产物，即卤代醇类化合物；后者可再脱去卤族元素，形成最终代谢物。例如，DDT 经脱卤反应可形成滴滴伊（DDE）和滴滴埃（DDA）。DDE 具有较重要的毒理学意义，脂溶性极高，反应活性较低，可在脂肪组织中大量蓄积，占 DDT 代谢物的 60%；DDA 主要由尿中排出。

⑧氧化性脱氨反应　是在微粒体细胞色素 P-450 依赖性单加氧酶催化下，在邻近氮原子的碳原子上进行氧化，脱去氨基，形成丙酮类化合物，其中间代谢产物为甲醇胺类化合物。

⑨氧化性脱烷基反应　是与毒物分子中 N、S、或 O 原子相连的烷基 α-碳原子被氧化并脱去一个烷基的反应。反应产物分别为含有氨基、羟基或巯基的化合物并有醛或酮生成。由于反应中有一个 O 原子插入毒物的 C-H 键，所以称为氧化脱烷基反应，可分 N-脱烷基反应（如烟碱）、O-脱烷基反应（如对硝基茴香醚）和 S-脱烷基反应。

（2）非微粒体氧化　体内具有催化醇、醛和酮功能基团的化合物的氧化反应的酶类，主要在线粒体和肝组织的胞液中存在，在肺和肾中亦有出现。包括醇脱氢酶、醛脱氢酶和胺氧化酶类，例如单胺氧化酶、双胺氧化酶等。

①醇与醛类脱氢反应　分别由醇脱氢酶与醛脱氢酶催化。醇脱氢酶催化醇类氧化形成醛或酮，在反应中需要辅酶Ⅰ及辅酶Ⅱ。醛类氧化反应主要由肝组织中的醛脱氢酶催化。因摄入乙醇经脱氢酶催化而形成的乙醛将继续氧化成乙酸。乙醇的毒性主要来自乙醛。有人由于遗传缺陷造成醛脱氢酶活力较低，乙醛在体内不易经氧化分解而解毒，饮酒后容易出现乙醛聚积，酒精中毒及酒醉与此有关。

②胺氧化反应　胺氧化酶主要存在于线粒体，可催化单胺类和二胺类氧化反应，形成醛类。根据底物不同，可分为单胺氧化酶（MAO）和二胺氧化酶（DAO）。MAO 可将伯胺、仲胺、叔胺等脂肪族胺类氧化脱去胺基，形成相应的醛类并释放出 NH_3。带有芳香结构的脂肪胺类，例如对氯次苄基胺亦可被氧化，但含有异苯基的胺类，例如苯丙胺和麻黄碱两种胺类是经微粒体细胞色素 P-450 单加氧酶催化的。DAO 主要催化二胺类的氧化反应，例如腐胺、尸胺等。

2. 还原反应

在氧张力较低的情况下，还原反应可以进行，所需的电子或氢由 NADH 或 NADPH 供给，催化还原反应的酶类可存在于肝、肾和肺的微粒体或作为可溶性酶存在于胞液中。还原反应除作为独立反应外，还可能是氧化还原可逆反应中的还原反应部分。例如，醇脱氢酶和醛脱氢酶催化的醇、醛氧化反应皆属于可逆反应，当氧化反应达到平衡状态时，即有可能转为还原反应。在氧化反应中一般以 NAD 或 NADP 为辅酶，而在还原反应中的辅酶为 NADH 或 NADPH。催化还原反应的酶类可能与催化氧化反应为同一种酶，但有时也可能由另一种酶进行催化。

（1）微粒体还原　主要包括硝基还原、偶氮还原、还原性脱卤。

①硝基还原反应　硝基基团，特别是芳香族硝基化合物如硝基苯，在还原反应过程中先形成中间代谢物亚硝基化合物，最后还原为相应的胺类。催化硝基化合物还原的酶类主要是微粒体 NADPH 依赖性硝基还原酶。典型的硝基还原反应可以硝基苯为例。在反应过程中先形成亚硝基苯和苯羟胺，终产物为苯胺。

②偶氮还原反应　脂溶性偶氮化合物在肠道易被吸收，还原作用主要在肝微粒体以及肠道中进行；而水溶性偶氮化合物虽然可被肝脏胞液以及微粒体中还原酶还原，但由于其水溶性较强，在肠道不易被吸收，所以主要被肠道菌丛所还原，肝微粒体参与较少。脂溶性偶氮化合物如百浪多息经偶氮还原反应先形成含联亚氨基（-NHNH-）的中间产物，然后形成氨苯磺胺。偶氮化合物中还有一些色素，例如苏丹Ⅳ，经还原后形成邻氨基偶氮甲苯。

（2）非微粒体还原　如醛类和酮类还原反应，可分别生成伯醇和仲醇。乙醇在氧化还原反应中可经醇脱氢酶催化氧化为乙醛，同时醇脱氢酶也可催化乙醛还原为乙醇，这是可逆反应中相反方向的反应。

3. 水解反应与水化反应

在水解反应中，水离解为 H^+ 和 OH^-，并分别与毒物分解部分结合，一般不会形成新的功能基团，这是与氧化反应或还原反应的不同之处。水化反应是溶于水中的化合物与水分子通过强亲合力相结合的反应，与水解反应的方向相反。根据反应的性质和机理不同，可分成脂类水解反应，C-N 键水解反应，非芳香族杂环化合物水解反应，水解脱卤反应和氧化物水合反应。酯类水解反应由酯酶催化，分解形成带羧基的分子和醇类。

4. 结合反应

绝大多数毒物在第一相反应中无论发生氧化、还原或水解反应，最后都必须进行结合反应排出体外。结合反应首先通过提供极性基团的结合剂或提供能量的 ATP 而被活化，然后由不同种类的转移酶进行催化，将具有极性功能基团的结合剂转移到毒物或将毒物转移到结合剂形成结合产物。结合物一般将随同尿液或胆汁由体内排泄。

（1）葡萄糖醛酸化　葡萄糖醛酸结合反应在结合反应中占有重要的地位，在许多毒物中都可进行，如醇类、酚类、羧酸类、硫醇类和胺类等。葡萄糖醛酸为葡萄糖的中间代谢产物，先活化成尿苷二磷酸-α-葡萄糖醛酸（UDPGA），然后经各种转移酶催化，将葡萄糖醛酸基转移到毒物分子。

根据进行结合反应的毒物结构及结合方式或部位不同，可分为 O-葡萄糖醛酸结合（醇类，酚类，羧酸胺类）、N-葡萄糖醛酸结合（氨基甲酯类，芳香胺类，磺胺类）和 S-葡萄糖醛酸结合，统称葡萄糖醛酸化。

（2）硫酸化　系毒物与硫酸根结合反应，毒物经第一相生物转化后，分子结构中形成羟基，可与内源性硫酸结合，有些毒物如本身已含有羟基、氨基或羰基以及环氧基即可直接进入第二相反应，发生硫酸结合，例如醇类、芳香胺类和酚类。硫酸的来源主要是含硫氨基酸的代谢物。在大多数毒物的结合反应中，硫酸结合往往与葡萄糖醛酸结合反应同时存在，如机体接触的外源物较少，则首先进行硫酸结合，随着剂量增多，硫酸结合减少，而与葡萄糖醛酸的结合增多。内源性硫酸的供体是 3'-磷酸腺苷-5'-磷酰硫酸（PAPS），系由内源性硫酸根和三磷酸腺苷为原料，经 ATP-硫酸化酶和 5-磷酰硫酸腺苷激酶催化而成。化学物与 PAPS 结合反应由磺基转移酶催化。

（3）乙酰化　系毒物与乙酰基结合的反应，多发生在芳香族伯胺类、磺胺类、肼类化合物的氨基（-NH$_2$）或羟氨基。乙酰基由乙酰辅酶 A 提供，反应由乙酰转移酶催化。该酶又可分为 N-乙酰转移酶（前面已论述）和 N, O-乙酰转移酶。乙酰结合反应具有多态性，在不同物种，乙酰转移酶存在一定的差异，对不同的底物有不同的活力，它们的底物专一性和最适 pH 值等都不相同。一般根据异烟肼乙酰结合反应的情况，将人类机体分成快速乙酰化型和缓慢乙酰化型，机体乙酰结合反应速度的个体差异与机体对某些毒物的易感性有关，特别表现在芳胺类的致癌作用，如缓慢型人群对联苯胺诱发膀胱癌的作用较为易感。

（4）氨基酸化　是带有羧酸基的毒物与一种 α-氨基酸结合的反应，多发生在芳香羧酸，例如芳基乙酸。参与结合反应的氨基酸主要有甘氨酸、谷氨酰胺以及牛磺酸，较少见的还有天冬酰胺、精氨酸、丝氨酸以及 N-甘氨酰甘氨酸等。毒物的羧基与氨基酸的氨基结合，形成肽或酰胺。此反应需要两种酶的催化作用：ATP 依赖性酶辅酶 A 连接酶（又称酰基辅酶 A 合成酶），催化毒物羧基活化；N-酰基转移酶，催化将酰基由毒物辅酶 A 衍生物转移给氨基酸上氨基。

（5）谷胱甘肽化　是毒物在一系列酶催化下与还原型谷胱甘肽结合形成硫醚氨酸的反应。应具备以下条件：一定程度的疏水性，含有一个亲电子碳原子，可与谷胱甘肽进行一定程度的非酶促反应。这样的化学物主要有卤化物，例如，烷基卤化物、硝基卤化物、芳基卤化物，各种酯类化合物如磷酸酯类杀虫剂，苯、萘、苯胺等芳烃类及芳胺类化合物和环氧化物等。催化谷胱甘肽结合反应的酶类主要有谷胱甘肽 S-转移酶。另外，值得注意的是有些毒物与谷胱甘肽形成的结合物可与生物大分子结合，诱发突变以及癌变，例如，氯甲烷和二溴乙烷。

（6）甲基化　是在甲基转移酶催化下，将内源性来源的甲基结合于毒物分子结构内的反应。有许多内源性毒物和毒物可以进行甲基结合反应，与其他结合反应相比，甲基结合后，毒物的功能基团未被遮盖，水溶性没有明显的增强，有的反而下降；生物学作用并未减弱，有的反而增强，甲基化反应有解毒作用。内源性甲基供体是 S-腺苷甲硫氨酸（SAM）。能进行甲基结合反应的毒物主要有含羟基、巯基或氨基的酚类、硫醇类和各种胺类，还有吡啶、喹啉等含氮杂环化合物。

（7）磷酸化　系在 ATP 和 Mg^{2+} 存在下，由磷酸转移酶催化 ATP 的磷酸基转移到相应毒物的反应。在结合反应中不太普遍，常见于 1-萘酚和对硝基酚的反应。

（8）硫氰酸盐化　硫氰酸形成是机体内氰化物代谢解毒的过程，在这一反应中，由硫代硫酸盐提供一个硫原子给氰化物，在硫氰酸生成酶催化作用下，形成硫氰酸盐。硫氰酸盐的毒性远远低于氰化物。严格来说，硫氰酸盐形成反应并不是典型的结合反应，因为反应中没有结合剂，且反应产物的极性也不是很强，但它也具有代谢解毒的作用。

（四）毒物的排泄

吸收入血和分布于体内的毒物经过代谢转化后，以不同的途径和形式（原型、代谢产物或结合产物）排出体外，肾脏是排出毒物的主渠道，其次为胆管和肺，分别随尿液、胆汁及呼气排泄出去。

1. 尿液排泄

即肾脏排毒，毒物通过肾小球被动滤过和肾小管的主动分泌与被动扩散进入尿液排出。

影响其速率的因素有毒物的分子量，毒物与血浆蛋白结合率。除分子量 > 7 000、与血浆蛋白结合率高的毒物外，一般毒物都可被肾小球滤过并通过肾小管排出；脂溶性毒物可使肾小管上皮对其重吸收而影响排出，需用利尿剂增加排速。另外，pH 值影响毒物排泄，酸性尿液有利于碱性毒物排泄，碱性尿液有助于有机酸类毒物排出。

2. 胆汁排泄

为消化道排毒，肝脏将进入肝内的蓄积毒物分泌到胆汁（通过其特有的有机酸、有机碱和中性物质转运系统），毒物随胆汁进入小肠同粪便排出体外，经肝脏可排出分子量大于 300 的强极性化合物，而胃肠中未被吸收的毒物则从粪便直接排出。影响消化道排毒的因素主要是毒物的脂溶性，因为脂溶性毒物可被肠道重吸收而形成肝肠循环，从而减缓了毒物随粪便排泄的速率，可通过泻剂阻止重吸收以促进毒物从肠道排泄。

3. 呼气排泄

是肺排毒，在体温下呈气态的毒物主要通过肺排出体外，挥发性的液体也易随呼出气体排出，毒物是以简单扩散方式通过细胞膜经肺排出。溶解度高并易在脂肪组织蓄积的挥发性液体毒物，经此途径则排出缓慢。

其他排毒途径还有汗液、唾液和乳汁分泌排泄，其中，乳汁虽不是主要排毒途径，但可传给幼畜和人，故有重要意义。

六、影响毒物作用的因素

动物有机体接触毒物后表现出毒害作用的性质和程度受诸多方面的影响，主要因素有毒物的剂量、结构、理化性质及动物品种、营养状况、个体差异及外界环境等。

（一）毒物方面

1. 毒物的剂量

毒物引起的生物化学反应的程度与接毒剂量或接毒浓度关系特别密切，存在着剂量—效应和剂量—反应的关系。前者是机体接触一定剂量的化学物质后所呈现的生物学变化，只涉及个体；后者是指接触一定剂量的化学物质后，呈现某种效应并达到一定强度的个体在群体中所占的比例。

由于个体对同种毒物的敏感性差异较大，故一般用剂量—反应关系来说明毒性。大多数毒物的毒性强弱以半数致死量（LD_{50} 或 ED_{50}）来判断，分别用 mg/kg 体重和 ml/kg 体重来表示固态和液态剂量；气态毒物半数致死量的判断则用一定暴露期限内的半数致死浓度（LC_{50}），或在一定浓度毒物的空气中半数致死时间（LT_{50}）来表示，其剂量以 mg/m^3，mg/L 或 mg/kg 表示。

2. 物理与化学性质

不同毒物的理化性质会极大地影响毒性作用，其中，主要因素为溶解度及化合物的稳定性和纯度。

（1）毒物在体液中的溶解度　水溶性且溶解度大的化合物一般毒性较强，因其有利于在体内被吸收和转运。但要进入组织细胞，则需要同时具备脂溶性才能通过细胞膜的类脂层，如酒精具有脂、水皆溶的双重性，故进入机体后可很快转运至全身各部位。脂溶性的毒物在油性溶剂中更易被皮肤、消化道所吸收，如有机磷农药。溶剂的 pH 值也影响毒物的毒性发挥，胃酸对有些毒物起分解和减弱毒性的作用，有些毒物却因胃酸而转化为毒性更强的

化合物，如磷化锌在胃中生成剧毒气体磷化氢。

（2）毒物的稳定性和纯度　化学性质不稳定的毒物，由于保管不善而在贮存中发生降解，其毒性因而增加或减弱；有些挥发性毒物由于容器密封不严而泄漏，随时间延长而毒性减弱或消失。

（3）其他方面　毒物的解离度，固体毒物的颗粒大小等也会影响毒物局部效应、吸收速率和程度，从而亦影响其毒性。

3. 毒物的接触次数

大多数毒物一次性大剂量接触所引起的毒性反应大于多次较小剂量的接触，尤其急性中毒和无蓄积性毒物中毒更加明显。然而，有些毒物能在体内蓄积或有蓄积作用的毒物，当接受多次小剂量毒物时要比一次接受大剂量更为有害，如有机氯化合物蓄积在体内脂肪组织中，当达到一定浓度或机体抵抗力下降时则表现出中毒症状，还有一些致癌、致畸的毒物在体内缓慢发生作用，导致机体发生各种癌变和胎儿畸形。

毒物蓄积在骨骼、脂肪或肌肉组织中，具有延缓毒物毒性的作用，当接毒剂量和间隔时间超过机体解毒和排毒速度时，才出现慢性中毒。还有一些毒物，在少量反复进入机体的过程中，可引起机体产生耐受性，由此可降低该毒物对接毒动物的毒性作用或提高其毒物的半数致死量（LD_{50}），如砷制剂中毒。

4. 毒物间的联合作用

联合作用指两种或两种以上毒物同时或前后相继作用于机体而产生的交互毒性作用。动物经常同时或相继接触数种毒物，数种毒物在机体内产生的毒性作用与一种毒物所产生的毒性作用，并不是完全相同。

（1）相加作用　相加作用指多种毒物的联合作用等于每一种毒物单独作用的总和。化学结构比较接近或同系物或毒作用靶器官相同、作用机理类似的化学物同时存在时，易发生相加作用。大部分刺激性气体的刺激作用多为相加作用；具有麻醉作用的毒物，在麻醉作用方面也多表现为相加作用。

有机磷化合物甲拌磷与乙酰甲胺磷的经口 LD_{50} 不同，但不论以何种剂量配比，对大鼠与小鼠均呈毒性相加作用。大鼠经皮的联合作用，也呈相加作用。但并不是所有的有机磷化合物之间均为相加作用，如谷硫磷与苯硫磷为相加作用，但谷硫磷与敌百虫联合作用则毒性加大 1.5 倍，苯硫磷与对硫磷联合作用毒性增大达 10 倍。因此，同系衍生物，甚至主要的靶酶完全相同也不一定都是相加作用。再者，两个化学物配比不同，联合作用的结果也可能不相同。例如，氯胺酮与赛拉嗪给小鼠肌注，当以药物重量 1∶1 配比时，对小鼠的毒性呈相加作用，而以 3∶1 配比时则毒性增强。

（2）协同作用与增强作用　协同作用指几种毒物的联合作用大于各种化学物的单独作用之和。例如四氯化碳与乙醇对肝脏皆具有毒性，如同时进入机体，所引起的肝脏损害作用远比它们单独进入机体时严重。如果一种物质本身无毒性，但与另一有毒物质同时存在时可使该毒物的毒性增加，这种作用称为增强作用。例如异丙醇对肝脏无毒性作用，但可明显增强四氯化碳对肝脏的毒性作用。

化学物发生协同作用和增强作用的机理很复杂。有的是各毒物在机体内交互作用产生新的物质，使毒性增强。例如亚硝酸盐和某些胺化合物在胃内发生反应生成亚硝胺，毒性增大，且可能为致癌剂。有的毒物的交互作用是引起毒物的代谢酶系发生变化，例如，马拉硫磷与苯硫磷联合作用，有报道对大鼠增毒达 10 倍、狗为 50 倍。此外致癌化学物与促癌剂之间的关系也可认为是一种协同作用。

（3）拮抗作用　拮抗作用指几种毒物的联合作用小于每种化学物单独作用的总和。凡是能使另一种毒物的生物学作用减弱的物质称为拮抗物。在毒理学或药理学中，常以一种物质抑制另一种物质的毒性或生物学效应，这种作用也称为抑制作用。例如，阿托品对胆碱酯酶抑制剂的拮抗作用；二氯甲烷与乙醇的拮抗作用。

拮抗作用的机理也很复杂，可能是各化学物均作用于相同的系统或受体或酶，但其之间发生竞争，例如阿托品与有机磷化合物之间的拮抗效应是生理性拮抗；而肟类化合物与有机磷化合物之间的竞争性与 AChE 结合，则是生化性质的拮抗。也可能是在两种化学物之中一个可以激活另一化学物的代谢酶，而使毒性减低，如在小鼠先给予苯巴比妥后，再经口给久效磷，使后者 LD_{50} 值增加一倍以上，即久效磷毒性降低。

（4）独立作用　独立作用指多种化学物各自对机体产生不同的效应，其作用的方式、途径和部位也不相同，彼此之间互无影响。例如，乙醇与氯乙烯联合给予大鼠，能引起肝细胞脂质过氧化效应，且呈相加作用。但深入研究得知，乙醇是引起肝细胞的线粒体脂质过氧化，而氯乙烯则是引起微粒体脂质过氧化，实为独立效应。

（二）动物方面

1. 动物种类

不同种属、不同品系的动物对毒性的易感性有质与量的差异。如苯可以引起兔白细胞减少，对狗则引起白细胞升高；β-萘胺能引起狗和人膀胱癌，但对大鼠、兔和豚鼠则不能；又如小鼠吸入羰基镍的 LC_{50} 为 20.78mg/m³，而大鼠吸入的 LC_{50} 为 176.8mg/m³。同一种属的不同品系之间也可表现出对某些毒物易感性的量和质的差异。例如，有人观察了 10 种小鼠品系吸入同一浓度氯仿的致死情况，结果 DBA2 系死亡率为 75%，DBA 系为 51%，C3H 系为 32%，BALC 系为 10%，其余 6 种品系为 0。

不同种属和品系的动物对同一毒物存在易感性的差异，主要是各种动物对毒物的吸收和排泄不同、血浆蛋白结合毒物的能力不同及作用部位对毒物的亲和力不同等，即反映出不同的敏感次序。其原因主要是因为机体对毒物的代谢有种属间差异。如小鼠、大鼠和猴经口给予氯仿后分别有 80%、60% 和 20% 转化成 CO_2 排出，但人则主要经呼吸道排出原型氯仿。又如苯胺在猫、狗体内形成毒性较强的邻位氨基苯酚，而在兔体内则形成毒性较低的对位氨基苯酚。另外，种属间生物转运能力也存在差异，如皮肤对有机磷的最大吸收速度（μg/cm²/min）依次是：兔与大鼠 9.3，豚鼠 6.0，猫与山羊 4.4，猴 4.2，狗 2.7，猪 0.3。铅从血浆排至胆汁的速度：兔为大鼠的 1/2，而狗只有大鼠的 1/50。再者，血浆蛋白的结合能力、尿量和尿液的 pH 值也有种属差异。除此之外，解剖结构与形态、生理功能、食性等也可造成种属的易感性差异。

2. 体格大小

同种动物个体大小与毒物在其体内的分布多少和发挥毒性作用有关，体格大者一般体重较大，引起中毒的总剂量需要也就较大。但体格大者采食量也较体格小者大，故口服毒物中毒的机会比同种体格较小者要多。

3. 年龄

新生动物和生长中的幼龄动物较成年动物对毒物的敏感性高，如铅、汞在幼龄动物脑内分布高于成年动物，其肝脏较迅速地结合外来毒物且清除率低于成年动物，幼龄动物对中枢神经系统抑制性毒物更为敏感。这是由于新生动物体内尚缺乏毒物代谢酶，幼龄动物的生物膜通透性强而体内的血脑屏障还不健全，以及肝细胞膜的通透性高引起毒物易于转运和广为分布。新生动物的中枢神经系统发育不全，对中枢神经系统抑制性毒物比较敏感，而对中枢神经系统兴奋性毒物较为迟钝。老龄动物由于本身蛋白质的合成受抑制，同时亦缺乏代谢酶，加之肾脏排泄功能的减退，对毒物的敏感性增加。

4. 性别

同种动物因性别不同而对毒物的敏感性也存在差异，一般来说，雌性动物对毒物的敏感性较高，尤其达到初情期后的动物更为明显，也有些毒物对雄性动物的毒性较强，这与不同性别体内的性激素和代谢功能有很大关系。如雌性大白鼠对有机磷较敏感，而阉割和给予雄激素可使这种差异逆转。乙醇、麦角、铅等对雄性动物毒性较大。除性激素外，其他激素的不平衡也可改变动物对毒物的敏感性，如甲状腺机能亢进、胰岛素分泌过多等，均可改变对某些毒物的作用。

5. 健康状况

动物机体的健康和营养状况直接影响毒物的毒性。当动物健康状况良好时，机体内的代谢旺盛，生物转化过程正常运行，排泄机能正常，动物对一般毒物的解毒能力较强。动物体内的各种解毒酶系，尤其是细胞微粒体混合功能氧化酶体系（MFO）能催化毒物在体内进行生物转化反应；当机体缺乏必需的脂肪酸、蛋白质时，其 MFO 的活性受到影响，机体即表现出对毒物的解毒能力降低，相应地使毒物作用的时效增加。如体内缺乏蛋白质时，有机氯（六六六）和有机磷化合物（马拉硫磷）等的毒性增强。饲料中维生素 A、维生素 C、维生素 E 缺乏，也可抑制 MFO 的活性，如维生素 A 缺乏可增加呼吸道对致癌物质的敏感性；维生素 C 能促进亚硝酸盐的还原，以此阻断亚硝胺的合成，从而防止了癌变发生。

疾病状态下，毒物在体内的代谢、解毒和排泄过程受到影响而使毒物的毒性增强。如肝脏疾病影响解毒功能，使毒物在肝脏通过生物转化降低毒性的能力下降。肾脏疾病时，由于毒物及代谢产物的排泄受到障碍，使毒物在体内滞留时间延长而毒性增强。严重的心脏疾病因肝脏和肾脏的循环减弱，而影响毒物的代谢和排泄。

6. 遗传因素

遗传因素决定了参与机体构成并具有一定功能的核酸、蛋白质、酶、生化产物以及它们所调节的核酸转录、翻译、代谢、过敏、组织相容性等的差异，在很大程度上影响了毒物的活化、转化与降解、排泄的过程，以及体内危害产物的掩蔽、拮抗和损伤修复，因此遗传因素在维持机体健康或引起病理生理变化上起着重要作用。其中最主要的是酶的多态性会导致代谢的多态性；而遗传因素决定的缺陷是导致致癌易感性和某些疾病的机体内在因素。

在毒理学试验中常常观察到，同一受试毒物在同一剂量下，同一种属和品系的动物所表现的毒作用效应有性质或程度上的个体差异。同一环境污染所致公害病或中毒效应，在动物群中总存在很大差别。造成上述情况的重要原因之一是遗传因素不同，特别是个体间存在酶的多态性差异，使毒物代谢或毒物动力学出现差异，导致中毒、致畸、致突变或致癌等毒性效应的变化。如谷胱甘肽转硫酶是重要的解毒酶系，其多态性较复杂，共有 8 种变异，而其中的 μ 型变异者缺乏掩蔽亲电子性终致癌物的能力。

7. 营养状况

正常的合理营养对维护机体健康具有重要意义。合理营养可以促进机体通过非特异性途径对外源性毒物以及内源性有害物质毒性作用的抵抗力，特别是对经过生物转化毒性降低的化学物质，尤为显著。当食物中缺乏必需的脂肪酸、磷脂、蛋白质及一些维生素（如维生素 A、维生素 E、维生素 C、维生素 B_2）及必需的微量元素（如 Zn^{2+}、Fe^{2+}、Mg^{2+}、Se^{2+}、Ca^{2+} 等），都可使机体对毒物的代谢转化发生变动。

如蛋白质缺乏将降低单胺氧化酶活性，维生素 B 是单胺氧化酶系黄素酶的辅基，维生素 C 参与 Cyt-P-450 功能过程等，摄入高糖饲料单胺氧化酶活性也将降低。机体内代谢改变，尤其是单胺氧化酶系活性改变将使毒物毒性发生变化。低蛋白饮食可使动物肝微粒体混合功能氧化酶系统活性降低，从而影响毒物的代谢。在此种情况下，苯胺等在体内的氧化作用将减弱，四氯化碳毒性下降；而马拉硫磷、六六六、对硫磷、黄曲霉毒素 B_1 等的毒性都增强。高蛋白饮食也可增加某些毒物的毒性，如非那西丁和 DDT 的毒性增强。低蛋白质食物，黄曲霉毒素的致癌活性降低，可能是因为黄曲霉毒素代谢成环氧化中间产物减少之故。食物中缺乏亚油酸或胆碱可增加黄曲霉毒素 B_1 的致癌作用。维生素 A、维生素 C 或维生素 E 缺乏可抑制混合功能氧化酶的活性，但维生素 B_1 缺乏则有促进活性作用。

（三）外界环境

1. 毒物的接触途径

由于接触毒物的途径不同，机体对毒物的吸收速度、吸收量和代谢过程亦不相同。经呼吸道吸收的毒物，入血后先经肺循环进入体循环，在体循环过程中经过肝脏代谢。经口染毒者，胃肠道吸收后先经肝代谢，再进入体循环。而经皮肤吸收及经呼吸道吸收的，还有肝外代谢机制。一般认为，同种动物接触外源性毒物的吸收速度和毒性大小顺序是：静脉注射 > 腹腔注射 > 皮下注射 > 肌肉注射 > 经口 > 经皮，吸入染毒近似于静脉注射。染毒途径不同，有时可出现不同的毒作用，如硝酸铋经口染毒时，在肠道细菌作用下，可还原成亚硝酸而引起高铁血红蛋白症；同样道理，经口给予硫元素时，可产生硫化氢中毒症状。

2. 毒物的溶剂

毒物在不同溶剂环境中可改变自身化学物理性质与生物活性，因此毒物在不同的溶剂中有可能会加速或延缓毒物的吸收、排泄而影响其毒性。如 DDT 的油溶液对大鼠的 LD_{50} 为 150mg/kg，而水溶液为 500mg/kg，这是由于油能促进该毒物的吸收所致。有些溶剂本身有一定毒性，如乙醇经皮下注射时，对小鼠有毒作用，0.5ml 纯乙醇即可使小鼠致死；乙醇本身可产生诱变作用。又如二甲基亚砜在剂量较高时有致畸和诱发姐妹染色单体交换（SCE）的作用。相同剂量的毒物，由于稀释度不同也可造成毒性的差异。一般认为浓溶液较稀溶液吸收快，毒作用强。

3. 环境的气温、气湿

在正常生理状况下，高温环境使动物体排汗增加，盐分损失增多，胃液分泌减少，且胃酸降低，这将影响毒物经消化道吸收的速度和量。低温环境下，毒物对机体的毒性反应减弱，这与毒物的吸收速度较慢、代谢速度较慢有关。但是，毒物经肾排泄速度减慢，毒物或其代谢物存留体内时间将延长。高温环境下经皮肤吸收化学物的速度增大，另外，有些毒物本身可直接影响体温调节过程，从而改变机体对环境气温的反应性。在高温环境下，动物皮肤毛细血管扩张，血液循环和呼吸加快，可加速毒物经皮吸收和经呼吸道的吸收，高温时尿量减少也延长了化学物或其代谢产物在体内存留的时间。

在高湿环境下，某些毒物如 HCl、HF、NO 和 H_2S 的刺激作用增大，某些毒物可在高湿条件下改变其形态，如 SO_2 与水反应可生成 SO_3 和 H_2SO_4，从而使毒性增加。在高湿情况下，冬季易散热，夏季反而不易散热，所以会增加机体的体温调节负荷。高温高湿时汗液蒸发困难，呼吸加快。所以，在高温高湿环境下外源毒物呈气体、蒸气、气溶胶时经呼吸道吸入的机会增加。且高湿环境下还因表皮角质层水合作用增高，化学物更易吸收，多汗时化学物也易于黏附于皮肤表面，增加对毒物的吸收。

4. 噪声、振动和紫外线

噪声、振动与紫外线等物理因素与毒物共同作用于机体，可影响其对机体的毒性。如发现噪声与二甲替甲酰胺同时存在时可有协同作用。紫外线与某些致敏化学物联合作用，可引起严重的光感性皮炎。

任务 1 - 2　中毒概述

一、中毒的定义

机体过量或大量接触毒物，引发组织结构和功能损害、代谢障碍而发生疾病或死亡者，称为中毒。中毒的严重程度与剂量有关，多呈剂量 - 效应关系。中毒按其发生发展过程，可分为急性、亚急性和慢性中毒。一次接触大量毒物所致的中毒，为急性中毒；多次或长期接触少量毒物，经一定潜伏期而发生的中毒，称慢性中毒；介于两者之间的，为亚急性中毒。但有时也难以划分。

二、中毒的原因

畜禽中毒的原因有自然因素和人为因素两个方面，归纳起来一般有以下几种。

（一）饲料加工和贮存不当

在饲料调配、调制、加工过程中，由于方法不当或不注意卫生条件，从而产生某些有毒物质，如亚硝酸盐中毒、霉败饲草中毒等。有些原料需经脱毒处理才能作为饲料，若未能进行有效的脱毒，或饲喂量较大均可造成中毒，如菜籽饼、棉籽饼中毒及苜蓿草中毒等。有时饲料添加剂使用不当或过多亦会引发中毒。

（二）农药、毒鼠药及化肥的使用、保管和运输不当

多见于农药、化肥管理和使用粗放或农药对器具、饮水的污染，造成家畜有机会接触而误食、误饮；家畜采食或饲喂喷洒使用过农药而未过残毒期的农作物或牧草；也有将农药和化肥当作药物和添加剂使用不当所致中毒。此外，由于食物链的作用，误食某些农药中毒的动物尸体，也可造成食肉动物的中毒。

（三）草场退化、天气干旱、水源不足等生态环境恶化

一方面造成天然草场有毒植物超常生长和蔓延；另一方面，因牧草短缺，动物饥饿而采食有毒植物造成中毒。

（四）生物地球化学因素

某些地区土壤和水源中一些元素的含量过高，导致这些元素在饲料和牧草中的含量超过

动物的耐受量而发生中毒。如慢性氟中毒、地方性钼中毒等。

（五）工业污染

工厂排出的三废（废水、废气、废渣）污染周围环境，特别是一些重金属污染物可长期残留在环境中，通过食物链系统进入人和动物体内产生毒害作用。如铅、镉、汞、砷等中毒。

（六）动物毒素

畜禽被蜜蜂、毒蛇螫咬后可引起蜂毒、蛇毒等动物毒素中毒，其中包括人工养蜂、养蝎、养蜈蚣所引起的中毒。

（七）人为投毒

罪犯或出于某种报复性目的投毒者，对动物所用的毒物种类和投毒方式更是多种多样。

三、中毒病的特点

畜禽中毒性疾病属临床普通病的范畴，但又不同于一般的系统疾病，其影响范围较大，尤其是在大规模集约化饲养的条件下，可造成巨大的损失，主要有以下特点。

1. 多为群发性，有的为地方流行性疾病，无传染性，但可以复制
2. 一般发病急促，症状相同，死亡率高
3. 体温一般正常或低于正常
4. 经济损失严重
①直接死亡；
②降低畜禽产品（乳、肉、蛋、毛）的数量和质量；
③降低繁殖率，流产，死胎，弱胎，不孕；
④增加管理费用（疾病防治、除草、建造棚圈）；
⑤许多中毒性疾病人畜共患。

四、中毒病的诊断

只有准确快速地确诊中毒性疾病，才能采取有效的治疗和预防措施。中毒性疾病有别于其他传染病、寄生虫病和一般的普通疾病，可根据其发病迅速、无传染性、同群或同圈畜禽同时或先后发病、体温正常或低于正常等特征作出怀疑诊断。但对于具体中毒病的诊断应通过以下几个方面进行综合分析。

（一）流行病学调查

包括询问病史和现场调查。首先，应详细了解病畜有无接触毒物的可能性，有可能摄入毒物或可疑饲料或饮水的时间、总量，同群饲喂、放牧而发病家畜的性别、年龄、体重及种类，发病数与死亡数，发病后的主要症状以及以往病史与诊疗登记等情况。在初步了解病史的基础上，到厩舍、牧场、水源等发病现场，进行必要的现场针对性调查，以发现可能的毒源，如有毒植物，饲草料及饮水是否被毒物污染，霉变，加工或贮存是否得当等。从而可提出中毒病的怀疑诊断，指出涉嫌有关毒物线索甚或怀疑性毒物。

（二）临床检查

症状学检查对中毒病具有初步诊断的意义，尤其在那些表现有特征症状的中毒病中更显得重要。现将常见中毒病的症状与相关的中毒列举如下（表1-2）。

表 1 - 2　常见中毒病的症状与相关的中毒列举表

常见症状	相关中毒病
黏膜发绀	亚硝酸盐，一氧化碳，马铃薯素，菜籽饼，氨肥，尿素等中毒
腹痛	黄曲霉毒素，铵盐，亚硝酸盐，磷化锌，砷，铜，铅，汞，强酸和强碱，栎树叶，夹竹桃等中毒
贫血	镉，铜，铅，羽衣甘蓝等中毒
厌食	黄曲霉毒素，磷化锌，四氯化碳，铬酸盐，铅，汞，棉酚，氯化钠（猪）等中毒
腹泻	四氯化碳，铬酸盐，氯酸盐，砷，镉，铅，钼，汞，亚硝酸盐，棉酚，栎树叶，蓖麻籽，马铃薯素等中毒
呕吐	砷，镉，铅，钼，汞，磷，锌，安妥，硫磺，水杨酸盐，灭鼠灵，蓖麻籽，杜鹃花属，毒芹属，马铃薯素等中毒
流涎	砷，铜，磷，氰化物，有机氯，有机磷，草酸盐，士的宁，氯化钠（猪），毛茛属，毒芹属，杜鹃花属，马铃薯素等中毒
口渴	铬酸盐，氯酸盐，砷，氯化钠（猪）等中毒
运动失调	黄曲霉毒素，铵盐，亚硝酸盐，氯酸盐，磷化锌，砷，汞，钼，氯化钠（猪），磷化锌，四氯化碳，棉酚，一氧化碳，巴比妥酸盐，氯丙嗪，烟碱，蕨，蓖麻籽，毛茛属，疯草，杜鹃花属及蛇毒等中毒。跛行：常见于氟，硒，灭鼠灵，三甲苯磷，麦角，牛尾草，羊茅属等中毒
肌肉震颤	阿托品，煤油，有机氯，有机磷，亚硝酸盐，氯化钠（猪），铅，钼，磷，士的宁，棉酚，紫杉属，毒芹属，蕨，蛇毒等中毒
痉挛与惊厥	氯化钠（猪），有机氯，有机磷，亚硝酸盐，草酸盐，酚，硫化氢，咖啡因，士的宁，安妥，紫杉属，麦角，串珠镰刀菌素（霉玉米）等中毒
麻痹	有机磷，氰化物，烟碱，一氧化碳，铜，硒，磷，三甲苯磷等中毒
昏迷	氰化物，烟碱，一氧化碳，氯丙嗪，有机氯，有机磷，巴比妥酸盐，磷化锌，酚，硫化氢，乙二醇，低聚乙醛，马铃薯素等中毒
抑郁和衰弱	黄曲霉毒素，砷，铜，汞，四氯化碳，棉酚，煤油，亚硝酸盐，草酸盐，苯氧乙酸除莠剂，一氧化碳，乙二醇，氯丙嗪，烟碱，蕨，蓖麻籽，栎树叶，杜鹃花属及蛇毒等中毒
呼吸困难	铵盐，阿托品，一氧化碳，安妥，氰化物，硫化氢，铬酸盐，煤油，有机磷，草酸盐，硫磺，灭鼠灵，紫杉属，铁杉属等中毒
黄疸	黄曲霉毒素，砷，铜，磷，四氯化碳，酚噻嗪，狗舌草，羽扇豆等中毒
血尿	氯酸盐，铜，汞，灭鼠灵，雨衣甘蓝，毛茛属，栎树叶，油菜等中毒
失明	黄曲霉毒素，阿托品，铅，汞，砷，氯化钠（猪），油菜，麦角，毛茛属，疯草等中毒
感光过敏	荞麦，苜蓿，金丝桃，猪屎豆，芸薹属，羽扇豆属，三叶草，酚噻嗪，蕈孢霉素，蚜虫等中毒
瞳孔散大	阿托品，巴比妥酸盐，士的宁，铁杉属，毒芹属，蛇毒等中毒

（三）病理学检查

中毒病的病理剖检和组织学检查，对中毒病的诊断有重要的价值，有些中毒病仅靠病理剖检就能提供确定诊断的依据（表1-3）。

表1-3　常见中毒病的剖检变化与相关的中毒列举表

常见病变部位	相关中毒病
皮肤和黏膜色泽变化	亚硝酸盐中毒时，皮肤和黏膜均呈现暗紫色（发绀）；氢氰酸中毒或氰化物中毒时，黏膜是樱桃红色，皮肤则是桃红色；硝基化合物中毒时黏膜表现为黄色
胃肠道变化	胃内可看到不同的食入性毒物，如栎树叶、黑斑病甘薯等有毒植物碎片；带苦杏仁味的氰化物，大蒜臭味的有机磷，磷化锌，砷化合物；有些毒物可使胃内容物发生着色变化，如磷化锌将内容物染成灰黑色，铜盐染成蓝色或灰绿色，二硝基甲酚和硝酸盐染成黄色；强酸、强碱、重金属盐类及斑蝥、芫花等可引起胃肠道的充血，出血，糜烂和炎症变化
血液变化	氰化物和一氧化碳中毒时，血液为鲜红色；亚硝酸盐中毒则为暗褐色；砷、氰化物及亚硝酸盐中毒时血液皆凝固不良；草木樨、敌鼠、灭鼠灵、华法令等中毒时，为全身广泛性出血变化等
肝、肾变化	大多数中毒过程中，作为解毒器官的肝脏和毒物排出器官的肾脏，都会发生不同程度的一系列剖检变化。如黄曲霉毒素、重金属、苯氧羧酸类除草剂及氨中毒时，肝脏肿大，充血，出血和变性变化；栎树叶、氨、斑蝥等中毒时，肾脏出现炎症，肿胀，出血等病变
肺和胸腔变化	安妥中毒时，肺水肿和胸腔积液是特征性的剖检变化；氨肥和尿素中毒时，呼吸道黏膜发生充血、出血变化，肺充血、出血和水肿；还有各种有毒气体（如二氧化硫、一氧化碳），挥发性液体（如苯、四氯化碳），液态气溶胶（如硫酸雾）吸入性中毒时均可表现有气管和肺的炎症性病变
骨、牙等硬组织变化	慢性无机氟化物中毒时，牙齿为对称性斑釉齿，缺损变化，骨骼呈现白垩色，表面粗糙，骨质增生，肋骨骨膜出血，增生等
组织学观察	羊疯草中毒时，脑、肝、肾、脾、淋巴结和肾上腺等内分泌腺发生细胞空泡变性；牛黄曲霉毒素中毒时，肝脏的损害是纤维化硬变，胆管上皮增生，胆囊扩张，最后形成广泛性硬变，在家禽还会形成肝癌结节；栎树叶中毒时，出现肾曲细管变性和坏死，管腔中有透明管型和颗粒管型，也有表现为肾小球性肾炎变化；猪食盐中毒时，出现典型的嗜伊红白细胞性脑膜炎变化

（四）动物试验（人工复制病例）

动物实验是在试验条件下，采集可疑毒物或用初步提取物对相同动物或敏感动物进行人工复制与自然病例相同的疾病模型，通过对临床症状、剖检变化的观察及相关指标的测定和毒物分析等，与自然中毒病例进行比较，为诊断提供重要依据。由于影响中毒的因素很多，动物个体对毒物的敏感性差异很大，有时复制动物模型不一定成功。因此，在动物实验过程中要尽可能控制条件，使实验结果真实，可靠。

复制动物模型，对一些尚无特异的检测方法，有毒成分尚不明确，难以提取或目前不能进行毒物分析的中毒病的诊断（如某些有毒植物中毒、霉菌毒素中毒等），具有很重要的不可取代的价值。

与此同时，通过对试验动物中毒的治疗试验，可为自然中毒的防治提供依据。

试验动物应选择与自然中毒相同的动物，复制模型要有生物统计学意义的动物数量，并设立相应的对照组，其结果才比较能够如实反映实际中毒的情况。也可以选用家兔、小鼠、大鼠、豚鼠等实验动物，其多用于毒物的毒性试验，如急性、亚急性、慢性中毒试验，或致畸、致癌试验等。

（五）治疗性诊断

在以上初步诊断的基础上，及时采取试验性治疗，具有进一步验证诊断及获得早期防治效果的双重意义，可争取救治时间，减少中毒损失。与此同时，可采集样品进行实验室检查，为确诊提供理论依据。如怀疑或初步诊断为有机磷中毒时，在送检可疑材料的同时，进行试验性的有机磷特效解毒治疗，若出现症状减轻，病情缓解，则可验证初步诊断，并立即开展大群、全群防治；反之，则应纠正诊断，及时调整抢救方案。

治疗性诊断既适合于个别动物中毒，亦适宜于大群动物发病。只是个别动物中毒时，试验性治疗要从小剂量开始为宜；大群动物则应选部分病例为试验小组，在实施试验治疗和观察之后，才可作为全群防治措施再推广到大群动物中去。

（六）毒物检验

毒物检验是一项复杂细致的工作，其结果直接关系到制定防控措施和可能追究的刑事责任。因此，必须要有严肃的科学态度和准确的检验方法。检验前应根据已知情况进行综合分析，确定检验方案。然后选择快速、灵敏、准确、专一性强、重复性好的实验方法进行检验。常用的检验方法包括以下几个方面：

1. 预试验

又称指向性试验。它是在消耗少量检材的情况下，利用简单的方法探索检验方向，缩小检验范围，为确证试验提供方向。预试验主要包括以下方面。

（1）注意检材气味 在检材开封时立即进行。如有机磷农药大部分具有蒜臭味，六六六具有霉味，氰化物有苦杏仁味，酚中毒的石炭酸气味，毒芹中毒尿中可闻到"老鼠样"气味，芥子油有刺激性臭味等。有时由于检材本身的气味或腐败气味的掩盖，不易辨别，应予注意。

（2）观察检材颜色 有时毒物具有特殊的色泽，如市售的氟乙酰胺是紫红色，磷化锌呈黑灰色，西力生、赛力散为红色或粉红色等。应在检查可疑饲料及胃内容物时加以注意。

（3）灼烧试验 从胃内容物或可疑饲料中检出可疑物时，可取少量放入小试管中，在火上灼烧，根据所产生的蒸汽或升华物的颜色、结晶形状，可找出一些毒物的线索。如砷、汞等物质，灼烧后在管壁上可见到发亮的结晶状升华物，置显微镜下可见到不同形状的结晶。

（4）简单的化学预试验 对于某些物质可用简单的化学方法，检查其中是否含有有毒成分。如检验金属毒物的雷因希氏法，检验生物碱的沉淀反应和显色反应，检验磷的硝酸银试纸法和溴化汞试纸法，检验氰化物的快速检验法等。这些方法简单，检材用量少，可直接进行检验。通过预试验可探索检验的方向。

2. 定性检验（确证试验）

即在预试验的基础上进行一系列定性反应加以确证。定性反应多数是化学反应方法，为了保证定性反应结果的可靠性，必须进行两种以上的反应。所选用的方法应该是不同性质的，具有特异性和灵敏可靠性。只有几种反应得出一致的结果，才能避免作出错误的结论。同时在进行定性反应时，必须同时进行空白对照试验（阴性对照）和已知样品对照试验（阳性对照）。空白对照试验可以检验所用试剂和器皿有无问题及操作是否正确；已知样品对照试验可以作为反应是否正常进行及判定结果的标准。为此已知样品和空白样品在整个检验过程中，必须与检材的处理方法和反应条件完全一致。

定性检验是中毒病诊断工作中最常用的方法。除上述的化学反应方法外，还可使用仪器分析：如原子吸收分光光度法，紫外吸收光谱法，质谱分析法，X-射线荧光光谱分析法，气相和液相色谱法等方法。

3. 含量测定（定量分析）

在兽医毒物检验中，多数情况下通过定性检验即可达到诊断目的。但在某些情况下含量测定又成为诊断中毒必不可少的手段，只有毒物的含量超过耐受量时，方可证明是引起中毒或致死的原因。

4. 动物试验

动物试验就是给同种动物或实验动物（大鼠、小鼠、豚鼠）饲喂或灌服可疑物质，也可将检材分离后所得残渣的水溶液，经皮下、肌肉、腹腔或静脉等途径注射到动物体内，通过动物中毒时所反映出的各种症状及剖检变化，初步判断检材中有无毒物存在和所含毒物量能否引起中毒。由于发生中毒的影响因素较多，阳性结果对确诊是非常有价值的，而阴性结果也不能说明没有中毒。

动物试验的不足之处是它只能识别某种具有强烈刺激作用的毒物，而对绝大多数毒物而言，仅能确定能否引起中毒，而很难确定毒物的种类。同时动物试验耗时较长，难以适应快速诊断的要求。目前，对于一些毒物的化学成分还不十分清楚，有些毒物尚缺乏可行的化学检验方法，在这种情况下，借助于动物试验可以达到确定毒物的目的。此外，动物试验是观察某种毒物是否具有致癌、致畸、致突变作用的重要方法。

五、中毒病的治疗

畜禽中毒性疾病，尤其是急性中毒，其发生和发展一般很快，应当抓紧时机尽早采取救治措施，切忌优柔寡断、拖延时日而造成不可弥补的更大损失。即使在不明确病因或毒物的情况下，也应在尽快作出诊断的同时，进行一般性排毒处理和支持对症治疗，目的在于保护及恢复重要器官的功能，维持机体的正常代谢状况，提高中毒动物的存活率。家畜中毒病的共同治疗原则为一般性急救措施，解毒与排毒治疗和对症支持疗法。

（一）一般性急救措施

主要目的是除去毒源，防止毒物继续侵入和被动物机体吸收，以中断毒害过程，减轻中毒的进一步影响。可采取的急救措施如下。

1. 除去毒源

立即停止采食和饮用一切可疑饲料、饮水、收集、清除甚至销毁可疑饲料、呕吐物、毒饵等，清洗、消毒饲饮用具、厩舍、场地；如怀疑为吸入或接触性中毒时，应迅速将动物撤离中毒现场。中毒病畜供给新鲜饮水和优质饲草饲料，保持吸入新鲜空气和安静舒适的环境，尽量营造有利于康复护理的条件。

2. 清除消化道毒物

可通过催吐、洗胃和泻下等措施，尽早、尽快地排除已进入胃肠道的毒物，以减少和阻止毒物的继续被吸收。

（1）催吐　适合于清除猪、犬、猫等动物的胃内容物，多选用中枢性催吐剂，如阿扑吗啡、吐根糖浆等，也可用吐酒石、硫酸铜等刺激性催吐药。

（2）洗胃　一般在毒物进入消化道 4～6h 以内洗胃效果较好，牛的洗胃疗效比马属动物、猪和羊要好。在病因不明时，最好用清洁常水洗胃为宜，已明确毒物性质时，可选用针对性药液洗胃导胃。

（3）下泻　对不适合洗胃导胃的动物，或者毒物已下行肠道时，为加速毒物从胃肠道排出，应采用轻泻药或缓泻药进行治疗。通常可采用盐类或石蜡油等泻剂，忌用强刺激性泻剂。

3. 阻止和延缓消化道对毒物的吸收

对已有腹泻症状或不宜急泻的病例，在导胃洗胃之后，或投服泻下药之前，内服吸附剂、黏浆剂或沉淀剂，以阻止毒物从肠道吸收入血。

（1）吸附剂　把毒物分子黏合到一种不能吸收的载体上，通过消化道向外排出。以万能解毒药和活性炭等效果最好，如淀粉、活性炭或木炭、鞣酸万能解毒药［活性炭 10g、轻质氧化镁 5g、高岭土（白陶土）5g、鞣酸 5g］。当发现疑似中毒病例而尚不知毒物性质时，可首先选用吸附剂。能吸附胃肠中各种有毒物质，如砷、锑、铅、汞、磷，有机磷化合物，草酸盐，生物碱及发酵产物等。剂量为 3g/kg 体重为宜。

（2）黏浆剂　常用的有蛋清、牛奶、豆浆等，其附着于胃肠黏膜之上形成保护性被膜，既能防止毒物被胃肠黏膜吸收，又可保护消化道黏膜免受毒物的刺激性侵害。

（3）沉淀剂　主要为鞣酸、碘化钾、依地酸钙钠（EDTACa－Na）等药物，发挥沉淀或络合作用，使毒物形成不被吸收的大分子不溶性复合体，随粪便排出，从而延缓或阻止机体吸收。

（4）氧化剂　有机磷中毒（敌百虫、乐果）：0.1% $KMnO_4$ 液洗胃；2%～3% 小苏打液（敌百虫中毒除外）；3% 双氧水的 1∶1 000 倍稀释液；硫代硫酸钠液。

4. 清除体表的毒物

对于皮肤上的毒物，应及时用大量清水洗涤（忌用热水，以防加速吸收），必要时可剪去被毛以利彻底洗涤；对油溶性毒物的洗涤，可适当用酒精或肥皂水等有机溶剂快速局部擦洗，要边洗边用干物揩干，以防加速吸收。对于溅入眼内的毒物，立即用生理盐水或 1% 硼酸溶液充分冲洗，而后滴以抗菌眼药水、膏等，以防感染发炎。

（二）解毒与排毒治疗

如毒物已通过胃肠、呼吸道或皮肤黏膜等途径被吸收入血，则应积极地采取解毒和排毒措施，以减少毒物在各组织、器官分布的总量，最大程度地降低其危害和影响。

1. 排毒途径

促使毒物通过肾脏过滤后随尿液排出，经肝脏随胆汁分泌至肠道，随粪便排出体外，也可通过放血直接随血排出。

（1）利尿　可使用速尿、双氢克尿噻、苄氟噻嗪等化学利尿剂，也可用甘露醇、山梨醇等高渗性利尿剂。利尿的同时注意补充水和电解质，以防代谢失调。

（2）放血　对体壮病例和中毒初期病畜，可用颈静脉穿刺放血法，让部分血中毒物随血排出体外，其适合于治疗高铁血红蛋白血症，巴比妥类、水杨酸钠和一氧化碳中毒。放血后应及时补充营养，有条件时最好输以健康同种动物的新鲜血液。

（3）透析　适合于钾、钠、氯、钙、氨、尿素、苯丙胺、酚类、胍类及抗生素、磺胺类等小分子毒物中毒，常用于动物的透析疗法主要为腹膜透析和结肠透析法，血液透析法因成本高而难以普及应用。

腹膜透析是将透析液注入腹腔，停留 1h 后再引出液体；接着再注入新配制的渗透液，再于 1h 后抽出。这样反复进行多次，以连续 12h 不间断为一疗程。结肠透析则是将透析液灌入结肠中，每次注入后保留 15～30min 后导出。

（4）其他　主要用螯合剂类药物结合或提取组织中的毒物，使其无毒化或毒性降低，然后一并从体内排出。如硫酸铝和氧化铝等铝制剂，能使骨、牙等硬组织中的氟含量减少 45%；青霉胺可提取组织或骨骼中的重金属残毒；苯巴比妥可加速排出体脂内的有机氯残毒。

2. 解毒治疗

系通过物理、化学或生理拮抗作用，使已吸收的毒物灭活及排出的治疗措施。常根据毒物性质可采用以下解毒疗法。

（1）特效解毒剂　虽属理想的解毒方法，但由于毒物多种多样，实际可用的特效解毒剂较少。

典型的特效解毒剂有：肟类化合物，如解磷定、双解磷、氯磷定、双复磷都可恢复胆碱酯酶的活性，从而解除有机磷化合物的中毒；阿托品与乙酰胆碱竞争受体，可用于治疗有机磷中毒；解氟灵（乙酰胺）可竞争性解除剧毒农药有机氟化合物的中毒；二巯基丙醇、二巯基丁二酸钠、二巯基丙磺酸钠及乙地酸钙钠、青霉胺等，可与组织中的重金属结合形成稳定无毒的络合物，再经肾脏排出，又称为"驱汞疗法"；小剂量的 1% 美蓝或甲苯胺蓝，通过其氧化还原作用，使高铁血红蛋白还原为血红蛋白，以此解除亚硝酸盐、苯胺、氯酸类等毒物中毒。

（2）非特效解毒剂　即所谓一般性解毒，或广谱解毒药物疗法。对一些无特效解毒剂的中毒病，或不明毒物及未能确定诊断的中毒，可选用这一类解毒剂进行试探性治疗，其疗效虽不及特效解毒剂，却强于束手待毙，有时还能获得意想不到的疗效，同样达到解毒的目的。首选的通用解毒剂是硫代硫酸钠，其与多种毒物结合形成稳定的络合物，使毒物的毒性降低或消失，所形成的络合物最终可随尿液、胆汁排出体外；维生素 C 参与胶原蛋白和组织细胞间质的合成，并具有强还原性，也可用作通用解毒剂，对维持某些酶的巯基（—SH）于还原状态、Fe^{3+} 生成 Fe^{2+}、叶酸加氢还原为四氢叶酸有重要作用，使变性血红蛋白还原成氧合血红蛋白，还有抗氧化解毒功能；葡萄糖醛酸内酯（甘泰乐）能与肝脏中的芳香族碳氢化合物结合，变为无毒的葡萄糖醛酸结合物，经肾排出，故有解毒保肝作用；其他如硫酸亚铁、硫酸镁、氧化镁、碳酸氢钠等亦有结合金属和非金属毒物的作用。此外，传统中兽医学与民间所常用的甘草水、绿豆汤等也可用于此类解毒。

（三）对症与支持疗法

很多毒物至今尚无有效拮抗剂及特效的解毒疗法，抢救措施主要依赖于及时排除毒物及合理的支持与对症治疗，目的在于保护及恢复重要脏器的功能，维持机体的正常代谢过程。根据中毒病例表现的临床症状，选用相应的对症和支持治疗措施。

1. 预防和治疗惊厥

应用巴比妥类制剂，同时配合肌肉松弛剂（如氯丙嗪等）或安定剂，疗效要比单用巴比妥稳定安全。

2. 维持呼吸机能

可采用人工呼吸法或呼吸兴奋剂（尼可刹米或山根菜碱），同时注意清除分泌物，保证呼吸道畅通。

3. 维持体温

应随时注意体温的变化，并迅速用物理方法或药物纠正体温，以防体温过高或过低使机体对毒物的敏感性增加，或导致脱水，影响毒物的代谢率。

4. 治疗休克

可采取补充血容量，纠正酸中毒和给予血管扩张药物（如苯苄胺、异丙肾上腺素）。美国新药速补 18 有一定的预防和治疗作用。

5. 调节电解质和体液平衡

对腹泻、呕吐或食欲废绝的中毒动物，常静脉注射 5% 葡萄糖、生理盐水、复方氯化钠注射液等，脱水严重时要注意补钾（KCl）。

6. 维持心脏功能

可注射 5% ~ 10% 葡萄糖溶液，配合安钠咖、维生素 C 等。

7. 缓解疼痛与镇静

适时给予镇静剂及止痛药物，如氯丙嗪、安乃近等。

六、预防中毒的措施

1. 开展经常性调查研究

中毒性疾病的种类繁多，随着生产的发展、外界条件的不断变化，中毒性疾病更趋于复杂。因此，必须从调查入手，切实掌握中毒性疾病的发生、发展动态及其规律，以便制订切实有效的防控方案并贯彻执行。

2. 各有关部门的大力协作

中毒性疾病的发生及其防控，同动物饲养管理、农业生产、植物保护、医疗卫生、毒物检验、工矿企业以及粮食仓库和加工厂等都有广泛的直接联系，况且许多中毒病也是人、畜共患疾病，为了进行彻底的防控，必须统筹兼顾，分工协作，全面地采取有效措施。

3. 饲料饲草的无毒处理

对某些已变质的饲料和饲草进行必要的无毒处理，是预防畜禽中毒性疾病的重要手段。事实上如霉稻草、黑斑病甘薯以及霉烂谷物与糟粕类饲料、饲草等，如不利用，即造成经济上的浪费，必须设法研究切实可行的去毒处理方法。目前的方法有翻晒、拍打、切削、浸洗、漂洗、发酵、碱化、蒸煮、物理吸附以及添加氧化剂、硫酸镁、生石灰或与其他饲料搭配使用等。

在安排饲料生产时，要注意敏感动物的饲料以及某些饲料作物的产毒季节。在利用新产品饲料、饲草时，要经过饲喂试验，确证无害后才能喂给成群畜禽。防止反刍动物过食大量谷物。根据不同的动物品种、年龄、生产性能和生产季节，饲喂全价日粮并配合均匀。科学地种植、收获、运输、调制、加工和贮存饲料，做到既保证产品质量和数量，又不让其发霉变质。加强农业新技术的研究，培育低毒高产的农作物和饲料作物，如培育无棉酚的棉花新品种等。

4. 农药、杀鼠药和化肥的保管和使用

要加强农药、杀鼠药和化肥的组织管理，健全保管、运输、领取和使用制度，克服麻痹大意思想。对喷洒过农药的作物应作明显的标志，在有效期间严防畜禽偷食。装过农药的瓶子、污染农药的器械以及盛过农药的其他容器应收回统一处理，不可乱堆乱放。运输过农药和化肥的车、船，堆放过农药和化肥的房舍，必须彻底清扫，才能运输和贮存饲料。农药和化肥仓库应远离饲料仓库，避免污染。作为杀鼠的毒饵，应妥善放置，防止畜禽误食。

5. 宣传和普及有关中毒性疾病及其防控知识

发动群众进行检毒防毒活动是大牧场或地区性防控中毒性疾病的有效措施。加强公共环境卫生的研究，贯彻执行环境保护法规，及时处理工业"三废"；加强高效低毒农药新产品的研制，限制或停止使用高毒性、残效期长的农药；防止滥用农药造成对饲料的污染。

6. 提高警惕，加强安全措施，坚决制止任何破坏事故的发生。

技能 1   常见毒物检验检材的采取与包装

毒物检验是利用化学和物理方法，对进入动物体内的有毒物质进行分离、鉴定，查清毒物种类及中毒原因，为中毒病的诊断、急救和预防提供科学依据。

（一）毒物检验检材的采取与包装

为了获得准确的分析结果，对毒物检样的采集步骤、数量和种类有一定要求。毒物分析采取的样品应当没有化学污染；样品不能用水冲洗，以防毒物流失，同时水也有可能稀释样品；也不能用消毒药液和防腐剂，以免混入检材内影响检验结果；取材时所用器械和装检材的器皿，应事先洗净并用蒸馏水反复冲洗，经干燥后备用。

毒物检验的材料首先应采集可疑的草、料、饮水及机体可能摄入的可疑物质，但这些外界检材的检验结果，并不能直接证明病畜就是由检出的毒物引起的中毒，因此必须采集病畜的呕吐物、排泄物（粪、尿）、血液及根据毒物的种类、中毒时间及染毒途径选择尸体样品，如采集胃肠及其内容物、肺、肝、肾、脑、骨等实质脏器。由于很少能预先确定为何种毒物中毒，故现场取材应尽可能全面，数量要充足，以免事后无法弥补。

1. 检材的选择采集方法

样品的采集应遵循以下原则。

①小动物采取胃和胃内容物时最好是全胃，先结扎胃两端，然后割取。对草食兽或单食兽则采取 1kg 以上胃内容物，并采取胃的病变部位。

②肠和肠内容物应采取有典型病变的部位，取 0.5m 左右长，结扎两端并割取。

③肝脏应在病变最明显部位采集不少于 0.5kg，并连同胆囊一起割取。如检验砷等，应采取全肝。

④肺脏也应采集病变最明显的部位，如支气管病变严重，连同支气管一起采取，结扎管口，以防渗出物外流。

⑤肾脏最好采取一个整肾，并连带一段输尿管。

⑥骨骼应取一块整骨。

⑦采取脑时，最好取整脑。

⑧血液生前采颈静脉血，死后抽取心血，不少于 100ml。

⑨尿液生前取刚排出的全部新鲜尿液 200～500ml。死后将输尿管和膀胱颈一起结扎割取。

⑩粪便生前从直肠掏取 250g 左右。死后结扎直肠一定肠段割取。

⑪呕吐物最好是正在呕吐时采取 200g 以上。

⑫采取剩余饲料时，应取其中部和深部的，以免挥发性毒物已从表层挥发掉而影响检验结果。采取量应在 0.5~1kg，应足够饲喂试验动物 1~2 周以上。采取饮水时，一般为 100~500ml，如怀疑为有机磷中毒时，则采取 400~500ml。

⑬采取有毒植物时，应采取全株（根、茎、枝、叶、花、种子和树皮）。

⑭如怀疑砷、汞、铅等重金属中毒时，可采取毛和羽毛。怀疑铅中毒时，可采取骨骼。怀疑铍中毒时，可采取淋巴腺（结）。

⑮如送检材料为小动物，应将整个尸体送检。

2. 采集样品的包装

对采集的送检样品，包装时应注意以下几点。

①使用的容器最好是玻璃广口瓶或食品塑料袋，绝不能用陶土的或锡的，不能使用橡皮闭合圈。因其成分可能会溶入检材中，影响结果。

②检材装入后，一般要求密封，特别是对挥发性毒物，更应密封好，外面再用蜡封。

③用食品塑料袋包装时，可多包几层，并多层密封，以免毒物挥发和流失。

④检材内不能加防腐剂，因其本身即为毒物而且还可能与检材中的毒物作用，使检材中的毒物分解，影响检验结果。特殊原因非加不可者，可加入纯酒精防腐，但必须同时送检纯酒精样品，以供对照用。

（二）毒物检验检材的采取、包装注意事项

在现场调查中，很重要的一项工作是现场样品的采集、保存和运输。正确采集、妥善保存和尽快送检样品，以及随后对样品检测结果进行正确的判读和分析。现场调查的目的主要可分为两大类：一是查明原因，二是进行卫生质量监测和评价。尽管根据调查目的、检测对象和样品种类不同，采样具有其特殊性，但应该遵循如下总原则。

1. 注意生物安全

采样中避免造成人员感染、标本和环境的污染。采用防护装备，注意安全操作和安全包装样品。需要采取的具体措施包括如下两方面。

①个人防护：采样时要戴手套，接触不同患者时不能重复使用一副手套，以免交叉感染，并注意手套是否有小的破损；采样中尽可能穿防护服，根据所估计的疫情级别，选择不同的防护服；采样后消毒要穿戴防护服和厚橡胶手套，对污染区表面和溢出物进行消毒；如怀疑有高度传染力的病原，需使用护目镜、呼吸面罩等；为了防止意外，确保安全，采样应备有急救包，供意外泄漏时应急使用。

②恰当处理污染废弃物：污染的可废弃设备和材料应先消毒后废弃；用过的针头妥善收集消毒，并按规定销毁或损毁；在暴发疫点使用过的防护服、设备、材料等使用化学消毒剂消毒后再清洗，特殊情况也可在现场建简易焚烧炉焚烧。

2. 注意采样的代表性或针对性

以卫生质量评价为目的的样品采集，影响采样代表性的因素包括采样量、采样部位、采样时间、采样的随机性和均匀性，以及按批号抽样。同时还应考虑原料情况（来源、种类、地区、季节等）、加工方法、运输、保藏条件、销售中的各个环节（例如，有无防蝇、防污染、防蟑螂及防鼠等设备）及销售人员的责任心和卫生认识水平等对样品可能的影响。以查明突发公共卫生事件或疾病暴发流行的原因为目的的样品采集，不要求样品的代表性，强调针对性，尽可能采集病原微生物含量最多的部位和足够检测用的样本；根据疾病表现和流行病学调查资料，指导采集正确的样品。

3. 注意采样时间和种类

一般原则是根据不同疾病的特点和临床表现，确定采样时间和标本种类。以分离培养细菌为目的，则应尽量在急性发病期和使用抗生素之前采集标本，如果已使用抗生素，采样和分离培养最好加入相应的中和剂（中和样品中残存的抑菌物质）或进行其他处理，避免抗菌药物对细菌培养的干扰。作病毒分离和病毒抗原检测的标本，应在发病初期和急性期采样，最好在发病 1~2d 内采取，此时病毒在体内大量繁殖，检出率高。

4. 注意避免采样引入新的污染或者对微生物的杀灭因子

所有采样用具、容器需严格灭菌，并以无菌操作采样。对容器基本要求是选耐用材料制成，容器包装好后可防渗漏，能承受空中或地面运送过程中可能发生的温度和压力变化。对微生物样品，应避免采样时对微生物的杀灭作用和引入新的抑菌物质，如容器是否有消毒剂的残留，或使用刚烧灼未冷却的采样工具。并注意保护目的微生物，注意使用正确的采样液和加入中和剂。

5. 注意对样品的详细标记

用于卫生质量评价的样品，应标明样品名称、编号、采样时间、采样量、采样者、检测项目等。用于调查中毒的样品，其中毒的因子可分为化学性、生物性和物理性三类，中毒的途径主要有消化道和呼吸道，而中毒的表现也各种各样，如急性胃肠炎、呼吸道症状、神经系统症状或者全身多器官损坏等。因此，调查中毒的样品既包括与食品、水、空气和食品接触的相关人员的样品，又包括中毒者的呕吐物、排泄物、血液等临床标本，而中毒的原因样品往往只能一次性提供。分述如下。

（1）胃内容物　是确定中毒的最好样本之一。可以通过收集患者呕吐物、洗胃液、胃内抽取液和尸体解剖获得。在采集时要注意避免污染，洗胃液最好采集最初抽出的，用高锰酸钾洗胃后的胃液意义要小些。在收集尸检材料中的胃内容物时，要注意胃的底部胃液的收集，因为比重大、溶解度低的物质往往沉淀于底部。采集的胃内容物量较大时，可取出后倾倒入一较大的玻璃漏斗内，漏斗的出口先塞住，混杂在胃内容物中的结晶和粉末将沉淀在漏斗底部，然后将上层液体和下层固体分别收集。在尸检中，对中毒迁延一段时间后才死亡的患者或生前已经进行洗胃的患者，要注意收集肠内容物。胃内容物的收集时效性强，错过了时机不能弥补。所采集的样本可用玻璃、聚乙烯或聚四氟乙烯器皿盛装，避免使用金属器皿。采集量最好达到 100g（ml）以上。

（2）血液　是确诊中毒最主要的样本，因为某些经常可能服用的药物，如镇静催眠药剂，胃内容物中查到不能确诊，只有从血中检测到超过中毒量及死亡量时才能够确定。血液采集方法同前，应注意：①根据不同毒物在血液中的半减期决定采样时机；②选择恰当的盛装血样的容器，如疑为百草枯中毒患者的血液不能用玻璃试管，因为玻璃可以使百草枯钝化，钝化后的百草枯实验室不能检出；③注意密封，如疑为一氧化碳中毒者应尽早抽血 5~15ml 装满玻璃试管，必须用密封玻璃塞塞紧，避免瓶中残留空气，血液是分析一氧化碳中毒的唯一检材；对于其他易从样本中逸出的毒物也要密封保存，尽快检测，如氰化物；④尽量不加防腐剂和抗凝剂。

（3）尿液　毒物常以原型或其代谢物的形式排泄，因此，尿液也是毒物检测的重要样品。尿液可直接收集、导出或注射器抽取，无尿者也可取膀胱冲洗液。尿液一般每次采集100ml，用玻璃或塑料瓶盛装，不加防腐剂；注意采集时间，一些毒物在中毒初期尿检阴性，如百草枯一般要在口服后2h采集。

技能 2　检材的处理

检材中的毒物，一般含量少，浓度低，因此有效做好毒物的分离提取与净化，尽可能减少毒物损耗，排除干扰物质，是保证毒物检验顺利进行的关键步骤。下面就不同类型的毒物，分别叙述其提取方法。

（一）水溶性毒物的提取

水溶性毒物指易溶于水的强酸、强碱及某些有毒的无机盐类，如亚硝酸盐、氯化钠、氟化钠、可溶性钡盐、汞盐、锌盐等。

1. 水浸法

利用毒物易溶于水的原理，将检材剪碎或研碎，用蒸馏水浸泡1h或稍加热，促使毒物溶解，然后进行过滤或离心，取滤液或离心后的上清液进行检验。如颜色过深，可加活性炭脱色。

2. 透析法

无机化合物或低分子有机化合物，因其离子或小的分子在溶液中可以通过半透膜，而一些分子结构大的化合物，如脂肪、蛋白质等却不能通过半透膜，从而得以分离。具体操作步骤如下。

（1）制作半透膜　取火棉胶数毫升，倾入洁净干燥的小烧杯中，迅速转动烧杯，使火棉胶均匀地分布在烧杯内壁上，形成一层薄膜。将多余的火棉胶液倒回原瓶中，待膜干后轻轻用刀尖将边缘剥离，向薄膜与烧杯之间轻轻吹气或注入蒸馏水，即可取下完整半透膜。

（2）透析　将半透膜置于一稍大的烧杯中，将检材研碎或剪碎后，用蒸馏水调成稀粥状，倒入半透膜内。再往烧杯内（半透膜外）加蒸馏水至与检材液面水平，透析1h，膜外透析液供检验用。

（3）注意事项　为增加透析速度及提高透析效率，可将烧杯适当加热（不超过50℃），并经常更换半透膜外的蒸馏水，保持膜内外较大的浓度差，合并透析液，在水浴上浓缩后供检验用。为了透析完全，可延长透析时间。为防止检材腐败，可在冰箱内进行。

（二）挥发性毒物的提取

挥发性毒物是指一些分子量较小，分子结构比较简单，在酸性水溶液中可随水蒸气挥发的毒物。兽医上常见的挥发性毒物有氰化物和氢氰酸、磷及磷化锌、敌敌畏和敌百虫、氟及氟化物、芥子油、四氯化碳、水合氯醛等。

1. 水蒸气蒸馏法

挥发性毒物多具有较高的蒸汽压，当与酸性水溶液同时加热时，可在较原沸点为低的温度下随水蒸气蒸馏出来，根据这一特性而达到分离目的。

（1）试剂　10%酒石酸、1%氢氧化钠。

（2）操作步骤　取1 000ml圆底烧瓶作水蒸气发生瓶，加入1/2容量的水和数粒玻璃珠，插上安全管（约 60cm 长玻璃管）。取 250ml 的平底烧瓶作检材瓶，加入研碎的检样 10～20g，加蒸馏水 30ml 使呈粥状，同时加入 10% 酒石酸 2～3ml，使检材呈明显的酸性。将检材瓶浸于温水浴中，将两瓶用玻璃管连接起来（接头处用石膏或火棉胶封口），检材瓶再连一冷凝器，冷凝器末端的接液管插入接收瓶中（已加入 1% 氢氧化钠溶液 5ml）开始加热，水蒸气发生瓶要用大火把水蒸沸，同时小火加热检材瓶，防止水蒸气因冷却而凝集成水。待接收瓶中液体达到 10ml 时取下接收瓶，供检验氰化物用。再换另一个接收瓶，收集馏液 30ml，供检验其他挥发性毒物。

（3）注意事项

①检样的细度很关键，检样越细分离提取得越充分。检样的酸度也很重要，必须充分酸化后再蒸馏。最好用酒石酸酸化。

②检样如果是糊状物，可加入 2～3ml 液体石蜡或适量的三氯醋酸溶液，避免蒸馏时产生大量泡沫溢入冷凝管。

③接液管末端，必须插入接收瓶中氢氧化钠溶液液面以下，以防毒物挥发损失。

④蒸馏完毕时，应先将接收瓶取下再停火，以防蒸馏液倒吸入蒸馏瓶内。

⑤为了操作简便，也可用直接蒸馏法分离提取挥发性毒物，即将水蒸气发生瓶和检材瓶合成一个瓶，检材加 2～3 倍水搅成糊状，再加 10% 酒石酸溶液使呈酸性（总量不要超过检材瓶的 1/3），直接加火蒸馏，挥发性毒物即随水蒸气馏出。但火力应小，缓缓蒸馏，以防止检材溅到瓶壁遇高热分解，或冲入冷凝器和接收瓶，污染蒸馏出来的待检液，影响检验。

2. 离心法

血液和尿液等检样不适宜用水蒸气蒸馏法分离提取挥发性毒物，可采用离心分离提取。取血液或尿液 10ml 于 50ml 离心管中，加冰乙酸 10ml，碳酸钾 5g，充分混合均匀后，离心分离，取上清液供检。

3. 微量扩散法

微量扩散法适用于各种挥发性毒物的分离提取，特别是当被检样量很小时，不易进行水蒸气蒸馏，用微量扩散法分离极为方便。

（1）原理　将纯溶剂（吸收剂）与含挥发性毒物的检样，分别置于分为内、外室的密闭池中，检样中的挥发性分子即不断向空间挥散，池内的溶剂则不断吸收溶解空间中的挥发性分子，如此反复挥散、吸收溶解，最终挥发性物质在溶剂中自行富集，当挥发到一定程度或全部挥发、吸收溶解后，取出一部分溶剂进行定性检验或含量测定。当检样中被测物质不易挥发时，可向检样中添加某种试剂（释放剂），使被测物质经过化学反应而释放出来。

（2）仪器　主要仪器为康威（Conway）扩散池。该池是一个同心圆的双层皿，大小规格不一，可根据检样量的多少，自行选择。扩散池有瓷制、玻璃制、有机玻璃制和聚乙烯塑料制。池的内室高度比外室略低一些，池盖是一块正方形的磨口玻璃板，盖严后不可漏气。除双层扩散池外，尚有三层封口的扩散池，是三层同心圆的圆环，外层池盖边缘向下镶嵌于最外层槽内。一般讲，双层扩散池较多用。

（3）操作步骤　先将检样与蒸馏水以 1∶5 的比例混匀，取一定量加入扩散池的外室中，定量的吸收溶剂加入内室，池盖涂以凡士林或硅酮酯等封闭剂。若需加释放剂时，盖上方玻璃盖并留一小细缝，将释放剂从细缝处加入，迅速盖严，小心旋转，放置一定时间后，移去池盖，取内室中的吸收液待检。

（三）农药中毒检材的提取

有机氯农药已停止使用，这里只重点介绍有机磷农药与氨基甲酸酯农药的提取。

1. 有机磷农药的提取

（1）试剂　有机磷绝大多数为脂溶性毒物，易溶于有机溶剂中。通常用苯、氯仿、二氯甲烷、丙酮、乙醇等中、强极性的有机溶剂，比较常用的是氯仿和苯。因丙酮和乙醇能从生物样品中带出多量杂质，特别是色素，干扰检验结果，故较少应用。根据有机磷农药易挥发和在碱性溶液中易水解的特点，一般均在中性或弱碱性条件下用沸点较低的有机溶剂提取。

（2）操作步骤

①挥发性强、沸点低的有机磷农药的提取：可用水蒸气蒸馏法提取。收集馏液 50 ~ 100ml 于分液漏斗中，再用有机溶剂提取分离，用无水硫酸钠脱水，挥发至近干时供检。

②固体检样的提取：取适量被检样于具塞三角瓶中，加氯仿或苯浸泡，并不断振摇，1h 后过滤，收滤液于蒸发皿中，残渣用氯仿或苯洗两次，合并洗液于蒸发皿中，在 60℃ 以下水浴上蒸发近干，供检。

③半固体检样的提取：取适量被检样于乳钵中，加适量无水硫酸钠研成砂粒状，移入具塞三角瓶中，按固体检样的提取方法进行提取。若检样中含水分较多，用无水硫酸钠不易磨成细砂粒状，可取检样适量于具塞三角瓶中用丙酮或乙醇等亲水性溶剂提取、过滤，滤液用 2% 硫酸钠溶液稀释 5 ~ 6 倍，以减低有机磷在水中的溶解度，然后用正己烷在分液漏斗中振摇提取，分出正己烷于蒸发皿中。再向分液漏斗中加适量氯仿，振摇提取，将氯仿层合并于蒸发皿中，在不超过 60℃ 的水浴上挥发近干，残渣待检。

④液体检样的提取：取适量液体检样（水、尿液等）置于分液漏斗中，加氯仿或苯振摇提取，分离出氯仿或苯于蒸发皿中，再重复提取 1 ~ 2 次，合并提取液，在不超过 60℃ 的水浴上蒸发近干，待检。

被检样品经上述有机溶剂提取并浓缩后，如果含杂质较少，可直接检验。若含杂质较多，则需进一步净化。净化方法如下。

①液—液分配法：若被检样含脂肪量较多，可将被检样磨碎，取适量于具塞三角瓶中，加乙腈浸提 3 次，合并乙腈液于大分液漏斗中，加 6 倍量的 2% 硫酸钠溶液，混合后加正己烷振摇提取 2 ~ 3 次，再加氯仿提取 2 ~ 3 次，合并提取液，用 K. D 浓缩器浓缩，或置于蒸发皿中，在 60℃ 以下的水浴上挥发至近干，待检。

②吸附柱层析法：常用吸附剂为中性氧化铝和活性炭。吸附柱为内径 1.5cm，长 30cm，下端带活塞的玻璃柱（可用滴定管代替），底部放置少许脱脂棉，然后细心地装入高 1.8cm 的无水硫酸钠层，再填充中性氧化铝 10g 与活性炭 0.5 ~ 1g 的均匀混合物，最后再装入 1.8cm 高的无水硫酸钠层。将提取浓缩液缓缓滴入，用提取分离时同样的溶剂进行洗脱，收集洗脱液，经 K. D 浓缩器浓缩或直接挥发浓缩至近干，供检。

通过此法净化，可将提取物中的色素、脂肪、蜡质等基本除去，所得检液比较纯净，不仅可用于薄层层析和化学方法检验，而且可用于气相色谱分析。

（3）注意事项　不同的有机磷农药其极性的强弱不同，在提取中要注意根据有机磷极性的强弱和检材中脂肪、蛋白、色素等杂质含量的高低，选择合适的溶剂。原则上，极性强的有机磷如敌百虫、敌敌畏、乐果、磷胺、久效磷等应用强极性的有机溶剂提取，极性弱的有机磷如 3911、1240 等应用极性弱的有机溶剂提取。在浓缩时，温度不宜过高，应控制在

60℃以下的水浴上进行，而且绝不能蒸发至干，否则极易造成有机磷农药的损失。为避免其损失，并回收溶剂，可采用 K. D 浓缩器。

2. 氨基甲酸酯类农药检材的处理

氨基甲酸酯类农药是一类极性化合物，易溶于极性有机溶剂。

操作步骤　取适量检样于具塞三角瓶中，用乙醇浸泡，并不断振摇，1h 后过滤，滤液在水浴上挥发近干。如含杂质较多，再加乙醇溶解，过滤，滤液再挥发近干，待检。

（1）饲料及胃内容物　可用无水硫酸钠脱水，加甲醇振荡提取，甲醇液在硫酸钠溶液存在下加石油醚洗涤，除去提取物中的油类及色素等弱极性物质。净化液经二氯甲烷提取，氨基甲酸酯类农药转入二氯甲烷层。二氯甲烷液在 50℃水浴上减压浓缩 1ml，用氮气吹尽二氯甲烷溶剂，用丙酮溶解残渣并定容至 2.0ml，供分析用。

（2）血液和组织匀浆　加入无水硫酸钠脱水，加乙腈在 80℃水浴上加热提取，乙腈提取液在硫酸钠溶液存在下用氯仿振荡提取，氯仿液经无水硫酸钠脱水，于浓缩器中挥干，残渣用 1ml 丙酮溶解，供分析用。

3. 灭鼠药中毒检材的处理

（1）磷化锌中毒　一般情况下，可直接取检材进行检验。如能将检材中的磷化锌分离出来，再行检验，则效果更好。呕吐物，可放置或离心，取其沉淀物进行检验。胃内容物应从各个部位进行取材，合并后用 95% 的乙醇进行漂洗去渣，挥发掉乙醇液，取残留物供检。如发现胃黏膜上的黑色可疑物应仔细刮取进行检验。可疑饲料可用过筛或水洗的方法，收集筛下物或沉淀物进行检验。

锌的检验方法为取固体或蒸干后的液体，放在坩埚中，先在电炉上加热至炭化，然后再置于高温炉或喷灯上进一步灰化，灰分用稀盐酸溶解，供检验用。

（2）安妥中毒　取适量检材，如含水分，则加无水硫酸钠脱水或置水浴上蒸干，然后置于具塞三角瓶中，加适量丙酮浸泡，置 40～50℃水浴上，1h 后过滤，含色素多时加少许活性炭脱色，滤液置水浴上蒸干，残渣供检。

（3）敌鼠中毒　预先在水浴上将待检物的水分挥干，取适量固体或半固体检样，置于具塞三角瓶中，加适量无水乙醇，在水浴上温浸 15min，过滤，滤液在水浴上挥干，残渣加无水乙醇溶解，滤去不溶物，滤液浓缩至少量，供定性检验用。若进行仪器分析或含量测定，乙醇液浓缩后，再过中性氧化铝柱纯化，用氯仿洗脱，洗脱液浓缩后供检。液体检样，可取适量于分液漏斗中，先加稀盐酸酸化，再用氯仿振摇提取，分出氯仿液，在水浴上浓缩至近干，供定性检验。必要时可用中性氧化铝柱纯化。

（4）有机氟化物中毒

①氟乙酰胺中毒：取固体检样 30～50g，置具塞三角瓶中，加甲醇适量。室温浸泡 4～6h（也可 60℃以下水浴 1～2h），过滤，滤液在不超过 60℃的水浴上挥发近干，残渣用乙醇加热溶解，彻底放冷后过滤，滤液在 60℃的水浴上挥干，残渣加少量甲醇溶解，备检。半固体检样先在不超过 60℃的水浴上将水分蒸干，然后按固体检样处理。液体检样取 30～50ml 待检液于分液漏斗中，加氯仿 30ml 振摇提取 3 次，合并提取液（若含有水分，应加无水硫酸钠适量），置水浴上挥发近干，备检。以上检样经处理后，如仍含有较多色素或油脂等，可采用柱层析法净化，吸附剂常用中性氧化铝，洗脱剂可用甲醇或乙醇。洗脱液挥发近干，备检。如果被检样是内脏组织，可将组织磨碎，加磷酸钠或醋酸镁固定，然后按灼烧法

破坏有机质，使有机氟变成无机氟，然后按无机氟检测法检验。

②氟乙酸钠中毒：取适量检样，加0.05mol/L硫酸溶液湿润，用乙醚提取3次，合并提取液，浓缩至20～30ml时，再用0.1mol/L氢氧化钠溶液反复提取3次，每次10ml，合并氢氧化钠溶液，浓缩至少量，备检。

【项目小结】

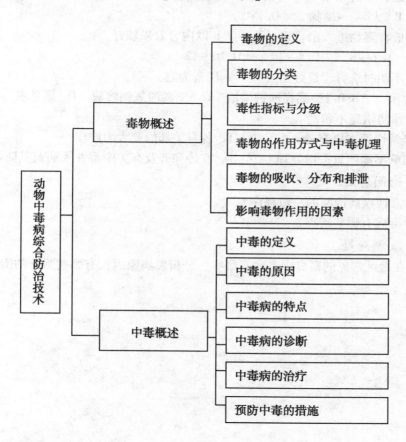

【项目检查与评价】

根据上述学习情况进行职业能力测试，以检查和评价你的学习掌握程度。

（一）判断题

（　　）1. 被动转运的特点是转运过程中生物膜不具有主动性，不消耗能量。

（　　）2. 毒物与非毒物没有绝对的界限，只是相对而言的。

（　　）3. 毒物通过体膜进入血液的过程称为吸收。

（　　）4. 半数致死量指毒物对急性实验动物的群体中引起半数（50%）动物死亡的剂量。

（　　）5. 最小致死量指引起一组动物中个别死亡的剂量。

（二）单项选择题

1. 不是中毒病特点的是（　　　）

A. 群发性　　B. 传染性　　C. 可以复制　　D. 体温一般正常或低于正常

2. 清除消化道毒物的一般急救措施不包括（　　　）

A. 催吐　　B. 洗胃　　C. 下泻　　D. 放血

3. 催吐不适合于清除（　　　）动物的胃内容物。

A. 猪　　B. 犬　　C. 猫　　D. 牛

4. 洗胃一般在毒物进入消化道（　　　）h 以内者效果较好。

A. 4～6　　B. 6～8　　C. 8～10　　D. 10～12

5. 在病因不明时洗胃，最好用（　　　）洗胃为宜。

A. 清洁常水　　B. 0.1% 高锰酸钾溶液　　C. 5% 碳酸氢钠溶液　　D. 肥皂水溶液

6. 中毒病预防措施不包括（　　　）

A. 开展经常性调查研究　　　　　　B. 各有关部门要大力协作

C. 饲料饲草不能随意去毒处理　　　D. 宣传和普及有关中毒性疾病及其防治知识

（三）理论问答题

1. 畜禽中毒性疾病诊断的一般程序？

2. 动物中毒病有哪些特点？

（四）实践调查题

调查你所在地区常见的畜禽中毒病有哪些？分析发病原因？有哪些治疗的措施？

项目二　饲料中毒病

【岗位需求】能对常见的饲料中毒病进行综合防控。

【能力目标】掌握硝酸盐和亚硝酸盐、氢氰酸、菜籽饼、食盐、反刍动物瘤胃酸中毒的概念、病因、临床症状、剖检变化、诊断及鉴别诊断、防治；熟悉饲料毒物的去除方法。

【案例导入】2006年春季，泰州某4户养殖户用焖煮的莙荙、胡萝卜、麸皮等饲喂1～2月龄羔羊。在饲喂后，陆续发现部分羔羊倒地发病症状，共计发病羔羊42只，其中有16只因发现治疗太晚而死亡。兽医根据发病情况调查，结合饲料状况以及病畜黏膜发绀、精神沉郁、呼吸困难、体温偏低和血液呈暗褐色等临床症状综合诊断为亚硝酸盐中毒，采取早期发病的羔羊肌肉注射10%安钠咖5ml强心，再静脉注射25%葡萄糖500ml、5%碳酸氢钠250ml、维生素C 6ml。对肌颤站不稳的羔羊可再静脉注射10%葡萄糖500ml（与碳酸氢钠不能同时静脉注射）。对病重的羔羊，将美蓝制剂按0.1～0.2ml/kg体重溶于25%葡萄糖溶液中静脉注射，再静脉注射或多次肌肉注射维生素C 10ml，经治疗，其余羔羊恢复健康。

点评：这一案例典型的反映了在畜禽的日常饲料中，对饲料或饲料原料保管不当，存在着一些有毒或产生毒素的植物饲料，如亚硝酸盐、氢氰酸中毒等；有些农作物加工后的副产品，由于未经脱毒处理或饲喂量过大而引起中毒，如菜籽饼、棉籽饼中毒等，故饲料中毒对养殖业危害是相当严重的，养殖户应当高度重视。这类植物性饲料虽然有一定的毒性，但巧妙饲用或经适当加工处理后可成为畜禽的饲料，若不慎引发中毒，应积极采取防治措施。

任务2-1　亚硝酸盐中毒

亚硝酸盐中毒，是由于饲料富含硝酸盐，在饲喂前的调制中或采食后在体内转化形成亚硝酸盐，吸收入血后使血红蛋白氧化为高铁血红蛋白而失去携氧能力，导致组织缺氧，而引起的中毒。临床上以发病突然，黏膜发绀、血液褐变、呼吸困难、神经功能紊乱，经过短急为特征。多种动物均可发生，常见于猪和反刍动物，俗称"猪饱潲病"、"烂菜叶中毒"等。

【病因分析】

1. 蔬菜性饲料煮后焖放或腐败、霉变

是猪亚硝酸盐中毒的常见病因，鲜青菜约含硝酸盐0.1mg/kg，焖放5～6h即有危险，12h毒性最高；鲜青菜腐烂6～8d硝酸盐含量可达340mg/kg。甜菜含硝酸盐0.04mg/kg，煮后焖放可增至25.7mg/kg，达500倍。霉变食品中，亚硝胺的含量可增高25～100倍，而亚硝酸盐的毒性比硝酸盐大6～10倍。20世纪60年代在南方报道的"猪饱潲瘟"就是此原因所致亚硝酸盐中毒。

2. 反刍动物摄入的硝酸盐超过其还原能力

即可引起中毒。正常情况下，反刍动物瘤胃可将硝酸盐分步彻底还原为氨，使中间还原物亚硝酸盐不致蓄积，维持这种还原能力的平衡要受以下三个条件的制约：

（1）瘤胃内微生物群的状况　一定数量的含氢化酶和硝酸盐还原酶的微生物就能将硝酸盐定量地还原为亚硝酸盐，如琥珀酸孤菌、溶纤维丁酸孤菌等。

（2）供氢　碳水化合物分解后生成的乳酸、琥珀酸、苹果酸、葡萄糖、甘油和甘露醇可提供氢的来源。故饲喂适量的碳水化合物能降低亚硝酸盐的蓄积。

（3）瘤胃的 pH 值　饲料中碳水化合物少时，瘤胃 pH 值保持 7 左右，能促进硝酸盐还原为亚硝酸盐，抑制亚硝酸盐还原为氨的过程，从而使亚硝酸盐蓄积；饲料中碳水化合物多时，瘤胃 pH 值下降，硝酸盐还原为亚硝酸盐的过程受抑制，却促进了亚硝酸盐还原为氨的过程，故不能使亚硝酸盐蓄积。

3. 误投药品

硝酸盐肥料、工业用硝酸盐（混凝土速凝剂）或硝酸盐药品等酷似食盐，被误投混入饲料或误食而中毒。

4. 饮水

经常饮入含过量硝酸盐的水。

5. 腌制食品

伴侣动物食入腌制不良的食品。

6. 其他

当动物营养不良，饥饿，瘤胃机能障碍，维生素 A、维生素 E 缺乏，饲料中碳水化合物不足时，瘤胃的菌群失调，供氢不足，pH 值升高，从而其还原能力失去平衡，亚硝酸盐蓄积，同时动物对亚硝酸盐中毒的耐受性也降低。

亚硝酸盐和硝酸盐的毒性：不同动物对亚硝酸盐的敏感性不同，猪最敏感，其次为牛、羊、马、家禽，兔与经济动物亦可发生。猪的亚硝酸钠中毒量为 48～77mg/kg 体重，致死量为 88mg/kg 体重；牛的亚硝酸钠最小致死量为 88～110mg/kg 体重，羊为 40～50mg/kg 体重。硝酸钾以 4～7g/kg 体重可引起猪的致死性胃炎；硝酸钾对牛的最小致死量是 600mg/kg 体重。

【临床症状】

亚硝酸盐中毒多为急性中毒。猪一次食入大量含外源性生成的亚硝酸盐饲料后，多在 0.5h 内发病；牛、羊大约在食入硝酸盐或含硝酸盐饲料 5h 左右才出现中毒症状。

1. 猪

猪急性中毒，初期表现沉郁，呆立不动，食欲废绝，轻度肌肉颤动，呕吐，流涎，呼吸、心跳加快；继而不安，转圈，呼吸困难，口吐白沫，体温低于正常，末梢发凉，黏膜发绀。严重中毒，皮肤苍白，瞳孔散大，肌肉震颤，衰弱，卧地不起，有时呈阵发性抽搐，惊厥，窒息而死。

2. 牛

急性中毒表现精神沉郁，凝视，头下垂，步态蹒跚，呼吸急促，心跳加快，尿频，体温低于正常，可视黏膜发绀，流涎。瘤胃迟缓，轻度膨气，腹痛与腹泻。四肢无力，行走摇摆，至后肢麻痹，卧地不起，肌肉颤动，最后全身痉挛，虚脱而死。

3. 鸡

表现不安或精神沉郁，食欲减少或废绝，嗉囊膨大。站立不稳，两翅下垂，口黏膜与冠、髯发绀，口内黏液增多。呼吸困难，体温正常，最后死于窒息。

最急性中毒常无前驱症状即突然死亡且主要发生于猪。

慢性中毒时，表现的症状多种多样。牛的"低地流产"综合征，就是因摄入含高硝酸盐的杂草所致，其他动物也表现有流产、分娩无力、受胎率低等综合征。较低或中等量的硝酸盐还可引起维生素 A 缺乏症和甲状腺肿等。而畜禽虚弱，发育不良，增重缓慢，泌乳量少，慢性腹泻，步态强拘等则是多种动物常见的症状。

动物一次摄入大量的硝酸盐，可直接刺激消化道黏膜引起急性胃肠炎，表现为流涎，呕吐，腹泻及腹痛。

【剖检变化】

亚硝酸盐中毒的特征性剖检变化是血液呈咖啡色或黑红色、酱油色，凝固不良。其他表现有皮肤苍白，发绀，胃肠道黏膜充血，全身血管扩张，肺充血、水肿，肝、肾淤血，心外膜和心肌有出血斑点等。

一次性过量硝酸盐中毒的剖检变化是胃肠黏膜充血，出血，胃黏膜容易脱落或有溃疡变化，肠管充气，肠系膜充血。

【诊断】

亚硝酸盐急性中毒的潜伏期为 0.5h 到 1h，3h 达到发病高峰，之后迅速减少，并不再有新病例出现。

1. 病史调查

如饲料种类、质量、调制等资料，提出怀疑诊断。

2. 临床检查

根据可视黏膜发绀、呼吸困难、血液褐色、抽搐、痉挛等特征性临床症状，结合病理剖检实质脏器充血、浆膜出血、血色暗红至酱油色变化等，即可作出初步诊断。

3. 毒物分析及变性血红蛋白含量测定

有助于本病的诊断。用美蓝等特效解毒药进行抢救治疗，疗效显著时即可确诊。

急性硝酸盐中毒可根据急性胃肠炎与毒物检验作出诊断。

4. 鉴别诊断

依据发病急、群体性发病的病史、饲料储存状况、临诊见黏膜发绀及呼吸困难、剖检时血液呈酱油色等特征，可以作出诊断。可根据特效解毒药美蓝进行治疗性诊断，也可进行亚硝酸盐检验、变性血红蛋白检查。

【治疗措施】

1. 特效解毒

特效解毒药为美蓝（亚甲蓝）和甲苯胺蓝，可迅速将高铁血红蛋白还原为正常血红蛋白而达解毒目的。

（1）美蓝 是一种氧化还原剂，其在低浓度小剂量时为还原剂，先经体内还原型辅酶Ⅱ（NADPH）作用变成白色美蓝，再作为还原剂把高铁血红蛋白还原为正常血红蛋白。而在高浓度大剂量时，还原型辅酶Ⅱ不足以将其还原为白色美蓝，于是过多的美蓝则发挥氧化

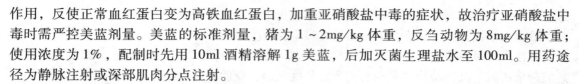

作用，反使正常血红蛋白变为高铁血红蛋白，加重亚硝酸盐中毒的症状，故治疗亚硝酸盐中毒时需严控美蓝剂量。美蓝的标准剂量，猪为 1～2mg/kg 体重，反刍动物为 8mg/kg 体重；使用浓度为 1%，配制时先用 10ml 酒精溶解 1g 美蓝，后加灭菌生理盐水至 100ml。用药途径为静脉注射或深部肌肉分点注射。

（2）甲苯胺蓝　可用于不同动物，剂量为 5mg/kg 体重，配成 5% 溶液进行静脉注射或肌肉注射。

（3）还可用 25% 维生素 C 静脉注射作为还原剂进行解毒治疗　剂量分别为马、牛 40～100ml，猪、羊 10～15ml。

2. 其他疗法

①剪耳放血与泼冷水治疗，对轻症病畜有效。

②市售蓝墨水，以 40～60ml/头剂量给猪分点肌肉注射，同时肌肉注射安钠咖，在偏远乡村应急解毒抢救有一定疗效。

③家禽中毒时灌服 0.1% 高锰酸钾溶液 10～50ml，可减轻中毒症状。

④中药疗法，雄黄 30g，小苏打 45g，大蒜 60g，鸡蛋清 2 个，新鲜石灰水上清液 250ml，将大蒜捣碎，加雄黄、小苏打、鸡蛋清，再倒入石灰水，每日灌服两次。

急性硝酸盐中毒可按急性胃肠炎治疗即可。

3. 对症治疗

以上药物解毒治疗需重复进行，同时配合以催吐、下泻、促进胃肠蠕动和灌肠等排毒治疗措施，以及高渗葡萄糖输液治疗。对重症病畜还应采用强心、补液和兴奋中枢神经等支持疗法。

【预防措施】

①为防止饲用植物中硝酸盐蓄积，在收割前要控制无机氮肥的大量施用，可适当使用钼肥以促进植物氮代谢。

②青绿菜类饲料切忌堆积放置而发热变质，使亚硝酸盐含量增加，应采取青贮方法或摊开敞放，可减少亚硝酸盐含量。

③提倡生料喂猪，除黄豆和甘薯外，多数饲料经煮熟后营养价值降低，尤其是几种维生素被破坏，且增加燃料费。若要熟喂，青饲料在烧煮时宜大火快煮，并及时出锅冷却后再饲喂，切忌小火焖煮或煮后焖放过夜饲喂。对已经生成过量亚硝酸盐的饲料，或弃之不用，或以每 15kg 猪饲料加入化肥碳酸氢铵 15～18g，据介绍可消除亚硝酸盐。牛羊可能接触或不得不饲喂含硝酸盐较高的饲料时，要保证适当的碳水化合物的饲料量，再加入四环素（30～40mg/kg 饲料），以提高对亚硝酸盐的耐受性和减少硝酸盐变成亚硝酸盐。

④禁止饮用长期潴积污水，粪池与垃圾附近的积水和浅层井水或浸泡过植物的池水与青贮饲料渗出液等，亦不得用这些水调制饲料。

【知识拓展】

机体摄入亚硝酸盐并吸收入血后，交换进入红细胞，使含氧血红蛋白（HbO_2）迅速氧化为高铁血红蛋白（MetHb），致血红蛋白（Hb）中的二价铁（Fe^{2+}）转变为三价铁（Fe^{3+}），此时 Fe^{3+} 同羟基（—OH）稳定结合，不能还原为 Fe^{2+}，使血红蛋白（Hb）丧失了携氧的能力，其结果引起全身性缺氧。在缺氧过程中，中枢神经系统最为敏感，出现一系列神经症状，最终发生窒息，甚至死亡。

亚硝酸盐可松弛血管平滑肌，扩张血管，使血压降低，导致血管麻痹而使外周循环衰竭。此外，亚硝酸盐还有致癌和致畸作用。亚硝酸盐、氮氧化物、胺和其他含氮物质可合成强致癌物——亚硝胺和亚硝酰胺，其不仅引起成年动物癌肿，还可透过胎盘屏障使子代动物致癌；亚硝酸盐可通过母乳和胎盘影响幼畜及胚胎，故常有死胎、流产和畸形。

一次性大量食入硝酸盐后，硝酸盐及其与胃酸释放的 NO_2 对消化道产生的腐蚀刺激作用，可直接引起胃肠炎。

技能3 亚硝酸盐的检验

(一) 检材及处理

亚硝酸盐为水溶性毒物，可采取剩余饲料、呕吐物、胃内容物及非腐败血液等作为检材用水浸法或透析法处理，取滤液或透析液作检液。

(二) 定性检验

1. 格利斯（Griess）反应（灵敏度 1∶5 000 000）

（1）原理 亚硝酸盐在酸性溶液中与对氨基苯磺酸作用生成重氮化合物，再与甲萘胺作用生成紫红色偶氮化合物。

（2）检验方法

①方法一

试剂 甲萘胺1g、对氨基苯磺酸10g、酒石酸89g，置于乳钵中，研细、混匀，保存于密封的棕色瓶中，备用。

操作 取检液1~2ml放入小试管中，加干粉0.1~0.2g，振荡试管，观察颜色变化，如有亚硝酸盐存在，立即呈现红色，颜色的深浅视含量而定，粗略比例见下表。

表 亚硝酸盐概略定量表

溶液的颜色	亚硝酸盐含量（mg/L）
刚刚呈玫瑰色	小于0.01
淡玫瑰色	0.01~0.1
玫瑰色	0.1~0.2
鲜艳玫瑰色	0.2~0.5
深红色	大于0.5

②方法二 此法为亚硝酸盐的特异性反应。

试剂 甲液：取对氨基苯磺酸0.5g溶于150ml体积的20%冰醋酸中，稍加热溶解，置棕色瓶。乙液：取甲萘胺0.2g溶于150ml体积的20%冰醋酸中，过滤，置棕色瓶中。并将二液保存于冰箱（可用一周）。

操作 试管中加入检材0.5ml，依次各加入上述试剂0.5ml，混匀。如有亚硝酸盐，即显紫红色。依颜色深浅可按上表判定含量。

2. 联苯胺冰醋酸反应 （灵敏度 1 : 400 000）

（1）原理 亚硝酸盐在酸性溶液中，将联苯氨重氮化生成一种醌式化合物，呈现棕红色或黄红色。

（2）试剂 取联苯胺 0.1g 溶于 10ml 冰醋酸中，加蒸馏水稀释至 100ml，过滤，滤液盛于棕色瓶中，备用。

（3）操作 取检液 1～2 滴，置白瓷反应板上，加 1～2 滴联苯胺冰醋酸溶液，如有亚硝酸盐存在，即出现红棕色。亚硝酸盐含量大时，试剂需多加数滴才能出现颜色。

3. 安替比林反应 （灵敏度 1 : 10 000）

（1）原理 亚硝酸盐在酸性条件下，使安替比林亚硝基化，溶液呈绿色。

（2）试剂 取安替比林 5g 溶于 1mol/L 硫酸 100ml 中。

（3）操作 取检液一滴，置白瓷反应板上，加安替比林溶液 1 滴。如有亚硝酸盐存在，检液呈绿色。

4. 快速诊断法

本方法适用于亚硝酸盐中毒猪的现场快速检验。眼液、血清（浆）及血滤液反应明显，可作临床辅助诊断的主要指标，尤以眼液用棉签吸附检样，更为方便。尿液也是良好检材。

（1）原理 同格利斯反应。

（2）试剂 偶氮试剂，甲液：取无水对氨基苯磺酸 0.2g，10% 冰醋酸 50ml，稍加热并搅拌至溶解，置棕色瓶中保存；乙液：取甲萘胺 0.1g、10% 冰醋酸 50ml，加热并搅拌至溶解，滤纸过滤，置棕色瓶中。用前将甲、乙两液等量混合（混合液的量，视用量多少而定）。制备棉签：在牙签的一端，缠以少量脱脂棉即成。待检液：眼液、血清、血浆、血滤液、胸液、腹液、心包腔液、胃肠内容物（水分）及尿液等。

（3）操作 用棉签在眼结合膜囊内擦拭数次，以吸附泪腺分泌物，或沾吸血清、血浆、血滤液、胸液、腹液、心包腔液、胃肠内容物中的水分或尿液等。然后向棉签上滴加混合好的偶氮试剂 1～2 滴，5min 后观察颜色反应。如出现洋红色为阳性反应，呈现的深浅可反映亚硝酸盐含量的多少。

附：血滤液的制备

试剂 氢氧化锌沉淀剂：取 45% 硫酸锌溶液 25ml、0.4% 氢氧化钠溶液 475ml，充分混合，即成乳白色的氢氧化锌胶体溶液。在室温下可长期保存，久置易出现沉淀，临用前需振荡均匀。

操作 取试管一支，加蒸馏水 4ml，采血 1ml，稍加摇动促使溶血，再加入氢氧化锌沉淀剂 5ml，反复颠倒振荡数次，使之均匀，然后用滤纸过滤（或离心）即得澄清无色的血滤液，供检验用。此滤液可装于清洁试管内，保存在冰箱中。

5. 血液分光镜检查

（1）原理 亚硝酸盐在血液中使血红蛋白变成高铁血红蛋白，因此对光谱的吸收发生了改变，根据吸收带的位置，可以检查血液中是否有高铁血红蛋白，从而帮助判断是否为亚硝酸盐中毒。

（2）试剂 5% 氰化钾、5% 氟化钠。

（3）操作 将血液用水稀释（1 : 10），置试管中，用分光镜观察吸收带。若为高铁血红蛋白，则在红色光谱 620~635nm 处出现特殊吸收线。若加5%氰化钾溶液数滴，由于形成氰化血红蛋白，此吸收线消失，而在光谱中央有一根很宽的浅色吸收带。当高铁血红蛋白含量少于20%时，其特殊吸收线不易看出，需加少量5%氟化钠溶液，使形成氟化钠变性血红蛋白，即在橙黄色光谱中，600nm 处呈现明显的吸收线。

（4）注意事项　亚硝酸盐在酸性条件下易分解、挥发，如送检不及时，不易检出。格利斯反应十分灵敏，因痕量的亚硝酸盐在饮水、青饲料、空气和泥土中均存在，所以出现阴性可作否定结论，反应强烈时才能定为阳性，同时需作空白对照，必要时需进行定量分析。

（三）定量测定（格利斯反应）

1. 原理

同定性检验1，即格利斯反应。

2. 试剂

（1）格利斯试剂　甲液：取对氨基苯磺酸0.5g 溶于30%醋酸150ml 中。乙液：取甲萘胺0.1g 溶于蒸馏水20ml 中，过滤，滤液与30%醋酸150ml 混匀。临用时甲、乙两液等量混合。

（2）亚硝酸钠标准液　准确称取亚硝酸钠0.149 5g 置100ml 容量瓶中，用蒸馏水定容，临用时再稀释100倍。

3. 操作

（1）标准色阶的制备　取7只比色管，分别加入再稀释标准液0ml、0.1ml、0.2ml、0.4ml、0.6ml、0.8ml、1.0ml，再分别加蒸馏水至5.0ml，然后每只管各加格利斯试剂1ml，放置5min。

（2）样品测定　取检液1ml 于小试管中，加蒸馏水4ml，然后加格利斯试剂1ml，5min 后与标准色阶进行比较，推算出含量。

任务2-2　氢氰酸中毒

氢氰酸中毒是家畜采食富含氰苷配糖体的青饲料植物，在体内水解生成氢氰酸，使呼吸酶受到抑制，组织呼吸发生窒息的一种急剧性中毒病。以突然发病、极度呼吸困难、肌肉震颤、全身抽搐和为期数十分钟的闪电型病程为临床特征。本病主要见于牛和羊，马、猪和犬也可发生。

【病因分析】

1. 采食富含氰苷的植物

本病的发生主要是动物采食富含氰苷的植物所致。常见含氰苷的饲料植物有玉米和高粱幼苗，亚麻籽（包括亚麻饼），豆类，木薯及蔷薇科植物（桃、李、梅、杏等）的叶和种子等。

2. 接触无机氰化物

动物接触无机氰化物（氰化钾、氰化钠、氰化钙）和有机氰化物（乙烯基氰等），如误饮冶金、电镀、化纤、染料、塑料等工业排放的废水，或误食、吸入氰化物农药如钙腈酰胺等均可引起中毒。

3. 诱因

猪、犬、马等单胃动物由于胃液可破坏转化水解氰苷为氢氰酸的酶类，因此易感性较低。反刍动物的瘤胃为氰苷的转化提供了适宜的环境，有利于微生物发酵和酶的作用，使得牛、羊易感性增高而多发氢氰酸中毒。长期饥饿、缺乏蛋白质时，可大大降低对氢氰酸的耐受性。

【临床症状】

家畜严重中毒者在数分钟至 2h 内死亡，人食入过量的苦杏仁后多数在 1～2h 内出现症状，而动物大量食入木薯后一般 0.5h 即出现症状。

中毒病畜开始表现兴奋不安，站立不稳，全身肌肉震颤，呼吸急促，可视黏膜鲜红，静脉血液亦呈鲜红色。短时间内发生呼吸极度困难，心动过速，流涎，流泪，排粪，排尿，后肢麻痹而卧地不起，肌肉自发性收缩，甚至发展为全身性抽搐，出现前弓反张和角弓反张。后期全身极度衰弱，体温下降，眼球颤动，瞳孔散大，张口呼吸，终因呼吸麻痹而死亡。症状出现后 2h 以上的动物大多可恢复。

【剖检变化】

剖检变化为早期血液鲜红色，凝固不良，尸体亦为鲜红色，尸僵缓慢，不易腐败。延迟死亡的慢性病例血液则为暗红色（这是由于中毒时间持续延长，呼吸中枢抑制阻止了血红蛋白与氧的结合所致），血凝缓慢。胃内容物有苦杏仁味，胃与小肠黏膜充血，出血，心内外膜下出血。气管内有泡沫状液体，肺充血水肿。实质器官变性。

【诊断】

1. 初步诊断

根据采食生氰植物的病史，发病突然且病程进展迅速，黏膜和静脉血鲜红，呼吸极度困难，神经肌肉症状明显，体温正常或偏低等，即可作出初步诊断。

2. 毒物检验

氢氰酸定性与定量检验是确定诊断的依据。由于氢氰酸易挥发损失，故取样和检测应及时，尽快进行，一般采集可疑植物和瘤胃内容物、肝脏、肌肉等样品。肝脏和瘤胃内容物应在死后 4h 内采集，肌肉样品取样不超过 20h，所有样品必须密封，或浸泡在 1%～3% 氯化汞溶液中送检。检验结果分析，以 HCN 含量在可疑饲料（植物）中超过 200mg/kg，瘤胃内容物中超过 10mg/kg，肝脏达 1.4mg/kg 以上，肌肉浸液含 0.63mg/L 时即可确定为氢氰酸中毒。

3. 鉴别诊断

（1）急性亚硝酸盐中毒　静脉血呈酱油色，因其为变性血红蛋白，经试管振荡酱油色不褪；氢氰酸中毒晚期虽也表现暗红，但经试管振荡可恢复成氧合血红蛋白而变鲜红。

（2）硫化氢中毒　血液和组织的色泽变深，尸体发出硫化氢气味，全身广泛性出血为区别特征。

（3）尿素中毒　有剧烈的疝痛及感觉过敏症状，黏膜发绀，瘤胃内容物散发氨味，血氨氮值明显升高。

44

【治疗措施】

病畜应尽早应用特效解毒药，同时配合以排毒与对症、支持疗法。

1. 特效解毒

首选亚硝酸钠或大剂量美蓝与硫代硫酸钠进行特效配伍解毒，按 15～25mg/kg 体重的亚硝酸钠溶解于 5% 葡萄糖溶液，配制成 1% 的亚硝酸钠溶液静脉注射。也可静脉注射 1%～2% 美蓝溶液，剂量为 2～5mg/kg 体重。数分钟后，再静脉注射 25% 硫代硫酸钠溶液，剂量为 5～10mg/kg 体重。1h 后可重复应用一次。其作用原理是，亚硝酸钠或大剂量美蓝可使部分血红蛋白氧化成高铁血红蛋白，后者在体内达到一定浓度（20%～40%）时，即夺取与细胞色素氧化酶结合的 CN^-，生成高铁氰化血红蛋白，使细胞色素氧化酶的活力得以恢复；为防止高铁氰化血红蛋白又能释放出 CN^- 而毒性复发，再用硫代硫酸钠作为供硫体，在肝脏中经硫氰酸酶的催化下，使之转化为稳定无毒的硫氰化物，经肾脏随尿排出体外。

对不同动物也可按下列处方比例混合一次静脉注射：牛用亚硝酸钠 3g，硫代硫酸钠 15g，蒸馏水 200ml；猪、羊用亚硝酸钠 1g，硫代硫酸钠 2.5g，蒸馏水 50ml。注射前需过滤消毒。

2. 排出毒物

促进毒物排出与防止毒物吸收可选用或合用催吐、洗胃和口服中和、吸附剂等措施。

（1）猪、犬内服 1% 硫酸铜或吐根酊 20～50ml 催吐后，再内服 10% 亚硫酸铁 10～15ml。硫酸亚铁可与 CN^- 合成低毒并不易吸收的普鲁士蓝，随粪便排出体外。

（2）大家畜初期应及时用 0.5% 高锰酸钾溶液或 3% 双氧水洗胃，再内服 10% 亚硫酸铁 80～100ml。

（3）口服活性炭阻止肠道对毒物的吸收，其剂量为猪、羊 15～50g，牛、马 250～500g。

3. 对症治疗

中毒严重者配合对症和支持疗法，可根据循环系统与呼吸系统。机能状态，进行兴奋呼吸（尼可刹米）、强心（樟脑，安钠咖）；注射升血压药（肾上腺素）可防治应用亚硝酸盐引起的低血压；静脉注射大剂量的葡萄糖溶液，还能在支持治疗的同时，使葡萄糖与氰离子结合生成低毒的腈类。

4. 其他治疗

①Q-酮戊二酸 2g/kg 体重，用氢氧化钠调 pH 值至 7.7、然后静脉注射。

②对二甲氨基苯酚（4-DMAP）10mg/kg 体重，配成 10% 溶液进行静脉或肌肉注射，可与硫代硫酸钠配伍应用。

③牛口服或瘤胃内注入 30g 硫代硫酸钠，1h 后重复给药，可阻止胃肠内氢氰酸的吸收。

【预防措施】

尽量限用或不用氢氰酸含量高的植物饲喂动物，不可避免时，可采取以下处理措施：

①氰苷在 40～60℃ 时易分解为氢氰酸，其在酸性环境中易挥发，故对青菜、叶类可蒸煮后加醋以减少所含 CN^-。

②木薯、豆类饲料在饲用前，需用流水或池水浸渍、漂洗 1d 以上；或者边煮边搅拌至熟后利用，以使氰苷酶灭活，氢氰酸蒸发。

③亚麻籽饼应粉碎后干喂，或者进行敞盖搅拌煮熟后现煮现喂，避免较长时间的浸泡软化使氢氰酸产生过多。

【知识拓展】

植物氰苷本身对动物没有毒性，其配糖体在采食、咀嚼过程和瘤胃内适宜的环境中，在植物细胞自身释放出的水解氰苷酶作用下，生成剧毒的氢氰酸（HCN）。生氰植物生长发育不良，受冰雹霜冻，枯萎时，或在收割后放置和贮存不当，如被踩踏、压榨或散放时，可使这些酶从组织细胞中溢出并降解氰苷成为氢氰酸。

工业无机和有机氰化物均为剧毒物，进入体内后与氢氰酸一样，由 CN^- 离子起着毒害作用。

大量氢氰酸和氰化物进入机体后，上述解毒作用不能将毒物解毒处理时，即产生毒害作用。氢氰酸和氰化物的氰离子（CN^-）迅速与细胞色素氧化酶的 Fe^{3+} 结合，形成十分稳定的 CN^- 细胞色素氧化酶复合物，从而使细胞色素氧化酶失去传递电子、激活分子氧的功能，细胞内氧化磷酸化过程受阻，呼吸链中断。此时，到达细胞的氧合血红蛋白不能借呼吸链上的电子传递作用完成氧交换，生物氧化中断，组织细胞不能从毛细血管的血液中摄取氧，以致造成动脉和静脉血液中氧饱和而组织细胞氧缺乏。CN^- 还能与过氧化物酶、脱羟酶、琥珀酸脱氢酶等其他 40 多种酶发生反应抑制这些酶的生物活性，破坏细胞内的生化代谢，加重细胞窒息。中枢神经系统对缺氧最为敏感而且氢氰酸在类脂质中溶解度较大、容易透过血脑屏障，故中枢神经首先受害，尤其是呼吸中枢和血管运动中枢，临床出现先兴奋后抑制的神经症状，而呼吸麻痹则可使动物在短时间内死亡。

此外，硫氰酸盐还可干扰甲状腺激素的合成，使甲状腺机能减退，幼畜慢性氰化物中毒时常伴有甲状腺肿。各种家畜的口服氢氰酸最小致死量一般为 2 ~ 2.3mg/kg 体重，哺乳动物吸入 HCN 200 ~ 500mg/kg 数分钟即死亡。

技能 4　氢氰酸和氰化物的检验

（一）检材及处理

中毒动物吃剩的饲料、病畜的呕吐物及胃肠内容物是检验氢氰酸和氰化物的最适宜检材，其次是肺、脑、肝和血液。前者可用"水蒸气蒸馏法"提取，脏器和血液可用"微量扩散法"或"提取法"提取。因氢氰酸不稳定易挥发，特别是在酸性环境中很快分解，故应及时检验。严重腐败的检材，很难检出氢氰酸或氰化物。若检材未发生腐败，保存在非酸性的密闭容器中，数日后仍可检出。

（二）定性检验

1. 快速普鲁士蓝法（灵敏度 0.1 ~ 10μg）

本方法不需水蒸气蒸馏，可用检样直接检验，操作简便、快速。

（1）原理　酸化的检样受热后，氰化物变成氢氰酸逸出，在碱性条件下与硫酸亚铁作用，生成亚铁氰络盐，用酸酸化后，与高铁离子反应，生成普鲁士蓝。

（2）试剂　10% 酒石酸溶液、10% 硫酸亚铁溶液（用时现配）、10% 氢氧化钠溶液、10% 盐酸。

（3）操作　取检样5～10g置于三角烧瓶中，加蒸馏水，使成粥状，再加10%酒石酸酸化，立即在瓶口上盖一张滤纸，并迅速向滤纸的中央加10%硫酸亚铁1～2滴，稍干，再加10%氢氧化钠1～2滴，然后缓缓加热，当微沸有蒸汽产生时，把滤纸取下（瓶口再盖一张滤纸，重复操作），向滤纸上滴加10%盐酸或将滤纸浸于10%盐酸溶液中。如有氰化物，滤纸立即显蓝色，若含量低，可显蓝绿色。

（4）注意事项　若检样是血液时，可加20%三氯乙酸酸化并使蛋白质凝固。也可用蒸馏液进行此反应，其方法是取碱性接收液2ml于试管中，加10%硫酸亚铁溶液2～3滴，微热，加10%盐酸酸化，如有氰化物存在，即产生蓝色或蓝绿色，含量高时，可产生蓝色沉淀。

2. 苦味酸试纸法（灵敏度15μg）

（1）原理　氰化物在弱酸性条件下加热可产生氢氰酸，氢氰酸遇碳酸钠生成氰化钠，再遇苦味酸即生成异紫酸钠，呈玫瑰红色。

（2）试剂　10%酒石酸溶液、10%苦味酸溶液、饱和碳酸钠溶液。

（3）操作步骤

①碱性苦味酸试纸的制作　取定性滤纸一条，在10%苦味酸溶液中浸湿，用滤纸吸去多余溶液，再滴加饱和碳酸钠溶液，阴干即可应用。

②检验　取检样5～10g置于三角瓶中，加蒸馏水混匀使之呈粥状，加10%酒石酸酸化，立即在瓶口上悬一条碱性苦味酸试纸条，加胶塞封盖，在小火上缓缓加热。如有氰化物存在，则试纸条变为玫瑰红色。

（4）注意事项　本反应不是氰化物的专一反应，酮、醛、硫化氢等还原性物质也可呈阳性反应，因此，需作空白对照试验，或用其他试验确证。此方法可与快速普鲁士蓝法同时进行，即将碱性苦味酸试纸条悬于瓶内，瓶口盖上滤纸做快速普鲁士蓝反应。

3. 水合茚三酮法

（1）原理　在碳酸氢钠作用下，氰化物生成氢氰酸，氢氰酸能催化水合茚三酮，在碱性介质中生成红棕色阳离子化合物。

（2）试剂　无水碳酸钠粉末（AR）、水合茚三酮结晶（AR）、碳酸氢钠粉末（AR）。

（3）操作步骤

①水合茚三酮棉花的制作　取无水碳酸钠少许，加蒸馏水1～2滴使之溶解，取一小团脱脂棉在碳酸钠溶液中湿润后挤去多余溶液，再蘸取水合茚三酮1～2粒（此时棉花应为黄色，若变红说明试剂不纯或变质，不能再用），备用。

②检验　取一配胶塞小三角瓶，胶塞中心插入内径为0.5cm小玻璃管的孔，将水合茚三酮棉花松插入玻璃管的下口内。向小三角瓶内加被检样5～10g，加3～5倍量的蒸馏水调成粥样（总体积不要超过三角瓶高度的1/2），再加碳酸氢钠粉0.2～0.5g，立即将胶塞塞紧振摇均匀，反应5min。若有氰化物存在，水合茚三酮棉花变成红色。

（4）注意事项　本反应速度快，不受氰复盐的干扰，加碳酸氢钠后必须立即塞紧胶塞，否则氢氰酸会迅速外逸，影响测定结果。本反应也可取蒸馏液进行检验，方法是取蒸馏液2～5ml于中试管中，加碳酸钠0.1g和水合茚三酮结晶少许，振摇溶解后，溶液显红色说明含有氰化物。

4. 氰络盐的鉴别

氰的络合物，例如铁氰化钾、亚铁氰化钾、硫氰酸盐、亚硝基铁氰化钠等，长时间受热能不同程度的产生氢氰酸，从而干扰氢氰酸的定性检验。为排除干扰，可取少量检样用水浸泡，浸出液加10%醋酸酸化，做以下试验：

（1）三氯化铁反应　取酸化后的浸出液1ml于小试管中，加1%三氯化铁溶液数滴。若生成蓝色物，表明含有亚铁氰化物；若显红色，表明含有硫氰酸盐。

（2）硫酸亚铁反应　取酸化后的浸出液1ml于小试管中，加新配制的10%硫酸亚铁数滴。如果显蓝色，表明含有铁氰化物。

（3）硫化钠反应　取酸化后的浸出液1ml于小试管中，加0.5%硫化钠溶液数滴。若显紫红色，并很快褪去，表示有亚硝基铁氰化钠。

任务2-3　食盐中毒

食盐（氯化钠）是畜禽日粮所必需的营养成分，饲喂适量的食盐，既可保证血液的电解质平衡而维持正常的生理功能，也可提高饲料的适口性而增强食欲。一般动物食盐需求量为饲料的0.25%~0.5%。如在饮水不足的情况下，过量摄入食盐或含盐饲料易引起以消化紊乱和神经症状为特征的中毒性疾病，主要的病理学变化为嗜酸性颗粒白细胞（嗜伊红细胞）性脑膜炎。各种动物均可发病，主要见于猪和家禽，其次为牛、马、羊和犬等，中毒量：牛、马，1~2.2g/kg；绵羊，3~6g/kg。鸡，1~1.5g/kg；致死量：猪，125~250g/次；犬，30~60g/次；牛，1 500~3 000g/次。

本病的发生与水密切相关，又被称为"缺水—盐中毒"或"水—钠中毒"。其他如乳酸钠、丙酸钠和碳酸钠等钠盐引起的实验中毒和自然中毒，剖检变化和临床症状与食盐中毒基本相同，故又统称为"钠盐中毒"。

【病因分析】

钠离子的毒性与饮水量直接相关，当水的摄入被限制时，猪饲料中含0.25%的食盐即可引起钠离子中毒。如果给予充足的清洁饮水，日粮中含13%的食盐也不至于造成中毒。又如"盐水治结"时，1%~6%的食盐浓度不会引起口服中毒。有报道认为，动物在饮水充足的情况下，日粮中的食盐含量不应超过0.5%，含量过高会引起胃肠炎和脱水。

1. 舍饲家畜

中毒多见于配料疏忽，误投过量食盐或对大块结晶盐未经粉碎和充分拌匀，或饲喂含盐分高的泔水、酱渣、咸菜及腌菜水和卤咸鱼水等。

2. 放牧家畜

则多见于供盐时间间隔过长，或者长期缺乏补饲食盐的情况下，突然加喂大量食盐，加上补饲方法不当，如在草地撒布食盐不匀或让家畜在饲槽中自由抢食。

用食盐或其他钠盐治疗大家畜肠阻塞时，一次用量过大或多次重复用钠盐泻剂。

3. 饮水不足

鸡在炎热的季节限制饮水或寒冷的天气供给冰冷的饮水，容易发生钠离子中毒。一般认为，鸡可耐受饮水中0.25%的食盐，湿料中含2%的食盐即可引起雏鸭中毒。

4. 诱发因素

当畜禽缺乏维生素 E 和含硫氨基酸、矿物质时，对食盐的敏感性增高；环境温度高而又散失水分时敏感性亦升高；高产奶牛在泌乳期对食盐的敏感性升高，幼龄猪、禽较成年猪、禽易发生食盐中毒。

各种动物的食盐内服急性致死量为：牛、猪及马约 2.2g/kg 体重，羊 6g/kg 体重，犬 4g/kg 体重，家禽 2～5g/kg 体重。动物缺盐程度和饮水的多少直接影响致死量。

【临床症状】

动物急性中毒主要表现神经症状和消化紊乱，因动物品种不同有一定差异。

1. 牛

病牛烦渴，食欲废绝，流涎，呕吐，下泻，腹痛，粪便中混有黏液和血液。黏膜发绀，呼吸急促，心跳加快，肌肉痉挛，牙关紧闭，视力减弱，甚至失明，步态不稳，球关节屈曲无力，肢体麻痹，衰弱及卧地不起。体温正常或低于正常。孕牛可能流产，子宫脱出。

2. 猪

猪因中毒量不同，症状有轻有重。体温 38～40℃，因痉挛而升到 41℃，也有的仅 36℃，食欲减退或消失，渴欲增加，喜饮水，尿少或无尿。不断空嚼，大量流涎，口吐白沫，呕吐。出现便秘或下痢，粪中有时带血。口腔黏膜潮红肿胀，有的腹痛。腹部皮肤发紫、发痒，肌肉震颤；心跳每分钟 100～120 次，呼吸加快，发生强直痉挛，后驱不完全麻痹或完全麻痹，大约 5～6d 死亡。最急性，兴奋奔跑，肌肉震颤，继则好卧昏迷，2d 内死亡。急性，瞳孔散大，失明耳聋，不注意周围事物，步行不稳，有时向前直冲，遇障碍而止，头靠其上向前挣扎，卧下时四肢做游泳动作，偶有角弓反张，有时癫痫发作，或做圈圈运动，或向前奔跑，7～20min 发作 1 次。

3. 禽类

禽表现口渴频饮，精神沉郁，垂羽蹲立，下痢，痉挛，头颈扭曲，严重时腿和翅麻痹。小公鸡睾丸囊肿。

4. 犬

表现运动失调，失明，惊厥或死亡。

5. 马

表现口腔干燥，黏膜潮红，流涎，呼吸急促，肌肉痉挛，步态蹒跚，严重者后驱麻痹。同时有胃肠炎症状。

动物慢性食盐中毒常见于猪，主要是长时间缺水造成慢性钠潴留，出现便秘、口渴和皮肤瘙痒，突然暴饮大量水后，引起脑组织和全身组织急性水肿，表现与急性中毒相似的神经症状，又称"水中毒"。牛和绵羊饮用咸水引起的慢性中毒，主要表现食欲减退，体重减轻，体温低下，衰弱，有时腹泻，多因衰竭而死亡。

【剖检变化】

1. 猪

剖检变化可见肝肿大、质脆，小肠有不同程度的炎症，肠系膜淋巴结充血、出血，心内膜有出血点，肺水肿，胃肠黏膜充血、出血，尤以胃底部最严重，直至有溃疡。死亡的猪，尸僵不全，血液凝固不全成糊状，脑脊髓有不同程度的充血、水肿。组织学变化为嗜酸性粒细胞性脑膜脑炎，即脑和脑膜血管周围有嗜酸性粒细胞浸润，血管扩张，充血与透明血栓形成，血管内皮细胞肿胀，增生，核空泡化；血管外周的间隙水肿增宽，有大量的嗜酸性粒细胞浸润，形成明显的"管套"或"套袖"；若已存活 3~4d 的病例，则嗜酸性粒细胞返回血液循环，看不到所谓的"管套"现象，但是仍然可观察到大脑皮层和白质间区形成的空泡。同时肉眼观察，可见脑水肿，软化和坏死病变。

2. 鸡

病死鸡皮肤干燥、发亮呈蜡黄色，羽毛较易脱落。剖检变化：消化道病变严重，食道黏膜充血，嗉囊充满黏性液体，黏膜脱落，腺胃黏膜充血，少数表面形成假膜。小肠呈卡他性炎症，小肠黏膜充血发红，并伴有出血点。盲肠扁桃体肿胀。腹腔和心包积水，心肌、心冠脂肪有点状出血，肺淤血，水肿，肝脏有出血斑。脑膜血管扩张并伴有针尖状出血点。皮下组织水肿，血液浓稠，色泽变暗。肾脏肿胀，肾小管内充满尿酸盐，整个肾脏呈灰白色，少部分死鸡心包积液。雏鸡剖检，营养中等偏下，腹部皮下水肿，嗉囊空虚；十二指肠、小肠、直肠黏膜充血，有点状出血；肾脏水肿；心尖有出血点；脑水肿，血管努张，有散在出血点。

【诊断】

根据病畜有摄入大量食盐或其他钠盐，同时饮水不足的病史，结合神经和消化机能紊乱的典型症状，病理组织学检查发现特征性的脑与脑膜血管嗜酸性粒细胞浸润，可作出初步诊断。

确诊需要测定体内氯离子，氯化钠或钠盐的含量。尿液氯含量大于 1% 为中毒指标。血浆和脑脊髓液钠离子浓度大于 160mol/L，尤其是脑脊液钠离子浓度超过血浆时，为食盐中毒的特征。大脑组织（湿重）钠含量超过 1 800mg/kg 即可出现中毒症状。猪胃内容物氯含量大于 5.1g/kg，小肠内容物氯含量大于 2.6g/kg，大肠内容物和粪便氯含量大于 5.1g/kg，即疑为中毒。正常血液氯化钠含量为（4.48±0.46）mg/ml，当血中氯化钠含量达 9.0mg/ml 时，即为中毒的标志。另外，中毒猪耳朵氯化钠含量超过 5.9mg/g。

本病的突发脑炎症状与伪狂犬病、病毒性非特异性脑脊髓炎、马属动物霉玉米中毒、中暑及其他损伤性脑炎容易混淆，应借助微生物学检验、病理组织学检查进行鉴别。表现的胃肠道症状还应与有机磷中毒、重金属中毒、胃肠炎等疾病进行鉴别诊断。

【病程及预后】

急性食盐中毒的病程一般为 1~2d，牛的病程较短，往往在 24h 内死亡。猪的病程相对较长，从数小时至 3~4d。具体中毒病例的病程与治疗时机、饮水限制等因素有关。

预后判断取决于血中氯化钠浓度变化。正常血液氯化钠含量为（4.48±0.46）mg/ml，当血中氯化钠含量达 9.0mg/ml 时即出现中毒症状；达 13.0mg/ml 时，为严重中毒；达 15.2mg/ml 时提示预后不良。

【治疗措施】

尚无特效解毒剂。对初期和轻症中毒病畜，可采用排钠利尿、双价离子等渗溶液输液及对症治疗。

1. 发现早期，立即供给足量饮水，以降低胃肠中的食盐浓度

猪可灌服催吐剂（硫酸铜0.5~1g或吐酒石0.2~3g）。若已出现症状时，则应控制为少量多次饮水。

2. 应用钙制剂

牛、马大动物可用5%葡萄糖酸钙200~500ml或10%氯化钙200ml静脉注射；猪、羊可用5%氯化钙明胶溶液（明胶1%），0.2g/kg体重分点皮下注射。

3. 利尿排钠

可用双氢克尿噻，以0.5mg/kg体重内服。

4. 解痉镇静

5%溴化钾、25%硫酸镁静脉注射；或者盐酸氯丙嗪肌肉注射。

5. 缓解脑水肿，降低颅内压

25%山梨醇或甘露醇静脉注射；也可用25%~50%高渗葡萄糖溶液进行静脉或腹腔（猪）注射。

6. 其他对症治疗

口服石蜡油以排钠；灌服淀粉黏浆剂保护胃肠黏膜；鸡中毒初期可切开嗉囊后用清水冲洗；如排尿液少或无尿用10%葡萄糖250ml与速尿40ml混合静注，每日2次，连用3~5d，排出尿液时停用。如病猪出现牙关紧闭不能进食，用0.5%的普鲁卡因10ml两侧牙关、锁口穴封闭注射；也可针耳尖、太阳、山根、百会穴，剪耳、尾放血。

【预防措施】

畜禽日粮中应添加占总量0.5%的食盐或以0.3~0.5g/kg体重补饲食盐，以防因盐饥饿引起对食盐的敏感性升高。限用咸菜水、面浆喂猪，在饲喂含盐分较高的饲料时，应严格控制用量的同时供以充足的饮水。食盐治疗肠阻塞时，在估计体重的同时要考虑家畜的体质，掌握好口服用量和水溶解浓度（1%~6%以内）。

①利用含盐残渣废水时，必须适当限量，煮沸并不能削减盐分，并配合其他饲料。食槽的底部往往有食盐结晶沉淀，因此必须经常注意清洗。

②严格控制饲料中食盐添加量，不得超过0.3%~0.5%。鸡体对过量食盐较敏感，在高温条件下耐受性更差。对于临产母牛、泌乳期的高产牛饲喂时应限制食盐的用量。

③动物日常供给充足的饮水，特别是炎热的夏季，对泌乳期的高产奶牛更要充分供给。对中毒严重的动物则一定要控制饮水，防止一次大量给水而导致组织严重水肿，宜间隔1~2h有限地供给清洁饮水。

④适当补充矿物质及多种维生素，以降低动物对盐的敏感性。

⑤饲料盐要注意保管存放，不要让动物接近，以防偷食。

【知识拓展】

食盐的毒性作用主要表现在两个方面，即氯化钠对胃肠道的局部刺激作用和钠离子潴留对组织，尤其脑组织的损害作用。

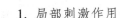

1. 局部刺激作用

大量高浓度的食盐进入消化道后，刺激胃肠黏膜而发生炎症过程，同时因渗透压的梯度关系吸收肠壁血液循环中的水分，引起严重的腹泻、脱水，进一步导致全身血液浓缩，机体血液循环障碍，组织相应缺氧，机体的正常代谢功能紊乱。

2. 组织损害作用

经肠道吸收入血的食盐，在血液中解离出钠离子，造成高钠血症，高浓度的钠进入组织细胞中积滞形成钠潴留。高钠血症既可提高血浆渗透压，引起细胞内液外溢而导致组织脱水，又可破坏血液中一价阳离子与二价阳离子的平衡，而使神经应激性升高，出现神经反射活动过强的症状。钠潴留于全身组织器官，尤其脑组织内，引起组织和脑组织水肿，颅内压升高，脑组织供氧不足，使葡萄糖氧化供能受阻。同时，钠离子促进三磷酸腺苷转为一磷酸腺苷，并通过磷酸化作用降低一磷酸腺苷的清除速度，引起一磷酸腺苷蓄积而又抑制葡萄糖的无氧酵解过程，使脑组织的能量来源中断。

另外，钠离子可使脑膜和脑血管吸引嗜伊红细胞在其周围积聚浸润，形成特征性的嗜伊红细胞套袖现象，连接皮质与白质间的组织连续出现分解和空泡形成，发生脑皮质深层及相邻白质的水肿、坏死或软化损害，故又称为"嗜伊红细胞性脑膜炎"。

技能 5　食盐的检验

（一）眼结膜囊内液氯化物的检验

1. 原理

氯化钠中的氯离子在酸性条件下与硝酸银中的银离子结合，生成不溶性的氯化银白色沉淀。

2. 试剂

酸性硝酸银溶液，取硝酸银 1.75g、硝酸 25ml、蒸馏水 75ml 充分混合、溶解即成。

3. 操作

取蒸馏水 2~3ml 置于试管中，用小吸管取眼结膜囊内液少许，放入小试管中，然后加入酸性硝酸银溶液 1~2 滴，如有氯化物存在呈现白色浑浊，量多时浑浊程度增大。

（二）血清中钠的含量测定

在食盐中毒时，测定血清钠的含量是有意义的。正常猪血清中钠含量为 315mg/L，食盐中毒时显著增高，可高达 4 330mg/L。若同时测定血清中氯，其含量与钠呈平行的增高。血清中钠含量测定的具体方法，可参考临床生化检验。

（三）肝中氯化物含量测定——摩尔法

1. 原理

氯化物与硝酸银作用生成白色的氯化银。当溶液中的 Cl^- 与硝酸银反应完全后，稍过量的硝酸银即与指示剂铬酸钾作用，生成砖红色铬酸银沉淀即为终点，根据硝酸银的消耗量可计算氯化钠的含量。正常鸡与猪肝中分别含氯化钠 0.45% 和 0.17%~0.2%，中毒时可分别增至 0.58% 和 0.4% 以上。

2. 试剂

0.1mol/L 硝酸银溶液，称取硝酸银 7g，加蒸馏水稀释至 1 000ml，然后用 0.1mol/L 氯化钠溶液标定。0.01mol/L硝酸银溶液，用已标定的0.1mol/L硝酸银溶液稀释。5%铬酸钾溶液。

3. 操作步骤

（1）肝组织滤液制备 取肝组织10g，置于50ml小玻瓶（或离心管）中，剪碎，然后称取3.0g剪碎组织，放入150ml三角瓶中，加蒸馏水80~90ml，在30℃条件下浸15min以上，并不时摇动，然后过滤，收集滤液于100ml容量瓶中，用水洗滤渣直至总体积达刻度为止。如果滤液无色透明，可直接进行以后操作；如果滤液呈红色或不透明时，可将滤液转入小烧杯中，加热煮沸1~2min，然后再用滤纸过滤到100ml容量瓶中，加蒸馏水至刻度。

（2）参比溶液制备 用移液管吸取10ml上述滤液于小烧杯中，加入5%铬酸钾指示剂0.5ml，选择5ml滴定管用0.01mol/L硝酸银溶液缓缓滴定，当溶液刚刚出现明显砖红色浑浊时暂停，再加蒸馏水50ml左右稀释，如果放置片刻砖红色不消失并有红色沉淀生成，说明已达终点。如果溶液又变黄，需要继续用硝酸银滴定，直到砖红色不消失为止，记下所消耗硝酸银溶液的毫升数，再多加1滴作为参比溶液。

（3）测定 取滤液三份，每份10ml，各加5%铬酸钾指示剂0.5ml，作为正式测定样，分别用0.01mol/L硝酸银溶液滴定至出现明显砖红色浑浊并不消失为止（与参比溶液对照），记录每份样液消耗0.01mol/L硝酸银溶液的毫升数，取其平均值，进行计算。

4. 计算

肝中氯化物的含量（%）：

$$肝中氯化物的含量（\%）=\frac{0.000585 \times a \times d \times 100}{b \times c}$$

a：滴定时所消耗0.01mol/L硝酸银溶液的量（ml）；b：滴定时取样液的量（ml）；c：检验时取检材的量（g）；d：滤液的总体积（ml）。

5. 注意事项

指示剂的用量各文献介绍不一致，一般取检样10ml，滴定总体积不超过50~60ml时，加0.5ml指示剂已足够。如果滴定总体积超过70ml或更高时，可再多加0.5ml指示剂。摩尔法滴定要求的酸碱度为pH值6.5~10.5。用肝脏为检材，如果没有腐败，滤液接近中性，可直接滴定。如果检材滤液pH值低于6.5时，可加硼砂或碳酸氢钠调整滤液的pH值至7.0以上，再进行滴定。滴定不能在热的情况下进行。因为随着温度升高，铬酸银的溶度积亦增加，因而对银离子的灵敏度降低，所以经煮沸后的滤液应冷到室温后再进行滴定。

任务2-4 菜籽饼粕中毒

菜籽饼粕中毒是其所含芥子油苷可水解生成异硫氰酸丙烯酯和硫氰酸盐，畜禽采食过多时引起肺、肝、肾及甲状腺等多器官损害，临床上以急性胃肠炎、肺气肿、肺水肿和肾炎为特征的中毒性疾病。以猪、禽中毒多见，其次为羊、牛，马属动物较少发病。

【病因分析】

油菜为十字花科芸薹属，一年生或越年生的草本植物，是我国大部分地区主要的油料作物之一。油菜籽榨油后的副产品为菜籽饼，仍含有丰富的蛋白质（约32%~39%），其中可消化蛋白质为 27.8%，而且所含氨基酸比较完全，是畜禽的一种重要的高蛋白质饲料。但油菜饼与油菜全株含有毒物质，若不经去毒处理而大量饲喂，则可引起畜禽中毒。

菜籽饼粕和油菜中含有芥子苷或黑芥子酸钾，其本身虽无毒，但是在芥子酶的催化下，可分解为有毒的丙烯基芥子油或异硫氰酸丙烯酯、恶唑烷硫酮等物质。菜籽饼粕的毒性，亦即有毒物质的含量随油菜的品系、加工方法、土壤含硫量而有所不同，菜籽型含异硫氰酸丙烯酯较高，甘蓝型含恶唑烷硫酮较高，而白菜型二者都较低。

本病的发生是畜禽长期饲喂未去毒处理的菜籽饼，或突然大量饲喂未减毒的菜籽饼所致。家畜采食多量鲜油菜或芥菜，尤其开花结籽期的油菜或芥菜亦可引起中毒。在大量种植油菜、甘蓝及其他十字花科植物的地区，以这些植物的根、茎、叶及其种子为饲料，或利用油菜种子的粉或饼作为动物饲料时，常常发生该病的流行。

菜籽饼粕的毒性，猪一次采食 150～200g 未处理的菜籽饼粕即有可能中毒。鸡日粮中菜籽饼粕超过 5%，猪日粮中菜籽饼超过 10%～20%，即出现中毒症状。

【临床症状】

1. 牛

主要有四种类型：呼吸增数，张口呼吸，发出鼾音及皮下气肿为主的呼吸障碍型征候；精神委顿，前胃驰缓，食欲废绝，便秘或出血性肠炎等消化机能障碍型征候；兴奋、狂暴、视力障碍为主要特征的神经型征候；因溶血引起血红蛋白尿的泌尿障碍型征候。反刍兽中毒发病一般都比较急，常经过暂短的消化器官征候后，突然出现强烈的兴奋、狂暴等神经症状。有时还可见感光过敏，患牛皮肤日晒后可出现发痒、红斑、皮疹。

慢性中毒则可引起甲状腺肿，抑制动物生长发育，母牛妊娠期延长及新生犊牛死亡率升高。

2. 犬

表现为食欲下降，饮欲增加，消瘦。精神沉郁，不愿吠叫，偶尔兴奋时由于四肢无力，在前冲或后退时经常摔倒。呼吸迫促，肺部听诊有湿性罗音，叩诊肺界增大，心跳弱而快，体温 37.5～38.5℃。眼结膜黄染，齿龈苍白。尿液呈红褐色，粪便表面带有黏液，后期重症病犬稀便带血。食多者病情严重且最先死亡。

3. 猪、兔

表现相似：卧地不起，驱赶起立后四肢震颤无力，走几步又倒地喘息，叫声嘶哑，食欲废绝，呕吐、拉稀，大便呈黑褐色。部分猪的粪便带有血液、恶臭难闻，排尿频繁，尿液落地后可溅起棕红色泡沫；少数严重病例口角及鼻孔有粉红色泡沫液体，鼻唇发紫，瞳孔散大，结膜发绀，体温 39.5～40.5℃，呼吸 48～62 次/min，心率 86～105 次/min。

4. 幼龄动物

表现生长缓慢，甲状腺肿大。孕畜妊娠期延长，新生仔畜死亡率升高。病畜由于感光过敏而表现背部、面部和体侧皮肤红斑、渗出及类湿疹样损害，家畜因皮肤发痒而不安、摩擦，会导致进一步的感染和损伤。有些病例还可能伴有亚硝酸盐或氢氰酸中毒的症状。

【剖检变化】

一般动物多见皮下脂肪淤血，胸、腹膜有出血点，心肌弛缓，右心室充满凝固不良的血液，血液稀薄，暗褐色；肺表现严重的破坏性气肿，伴有淤血和水肿，切面流出多量紫黑色泡沫状液体；肝脏实质变性，斑状坏死，呈黑色，质地硬脆；胆囊萎缩，胆汁浓稠呈深黑色；肾呈蓝紫色，切面皮髓界限不清；膀胱充盈，外观呈紫色，切开后尿液呈红褐色，黏膜有出血点；胃内充满褐色食糜，胃底黏膜脱落，胃壁呈黑褐色；肠黏膜脱落，肠壁呈紫红色；脑膜有出血点。组织学检查，肺泡广泛破裂，小叶间质和肺泡隔有水肿和气肿，肝小叶中心性细胞广泛性坏死。

犬则可见肌肉苍白，略有黄染，凝血不良。胸腔和腹腔内积有大量淡红色透明液体。心包积液，心内膜有点状出血。肝充血、肿大、质脆。胆囊增大，充满胆汁，胆汁稀薄，胆囊黏膜出血。肺充血、水肿，气管黏膜有出血点，肺门淋巴结肿大。胃肠黏膜呈弥漫性出血性炎症，肠系膜淋巴结肿大、变硬。

【诊断】

1. 初步诊断

根据病史调查，结合贫血、呼吸困难、便秘、失明等临床症状即可初步诊断。

2. 毒物检验

菜籽饼中异硫氰酸丙烯酯含量的测定为确诊提供依据。

3. 鉴别诊断

本病的症状与许多疾病有相似之处，应注意鉴别诊断，如溶血性贫血型病例应与其他病因所致溶血性贫血症相区别；急性肺水肿和肺气肿病牛要与牛再生草热、肺丝虫病、霉烂甘薯中毒等相鉴别；感光过敏性皮炎伴随肝损害病例应与其他光敏物质中毒、肝毒性植物中毒等相区别；神经型病例要与食盐中毒、有机磷中毒及其他具有神经症状的疾病相区别。

【病程与预后】

神经型和泌尿型多为急性中毒，病程短，发展快，牛急性中毒出现神经症状时，一般在10h内死亡。溶血性病例，严重者常突然发病，很快虚脱死亡。普通泌尿型病例，也多为预后不良，个别幸存病畜也长久难愈。其他类型的中毒病例，虽病程较长，需几周或更长时间，但一般预后良好。

【治疗措施】

目前尚无特效解毒药物。病畜立即停喂可疑饲料，尽早应用催吐、洗胃和下泻等排毒措施，如用硫酸铜或吐酒石给猪催吐，高锰酸钾液洗胃，石蜡油下泻。

中毒初期，已出现腹泻时，用2%鞣酸洗胃，内服牛奶、蛋清或面粉糊以保护胃肠黏膜。

甘草煎汁加食醋内服有一定解毒效果，甘草用量为猪20～30g，牛200～300g煎成汁；醋用量为猪50～100ml，牛500～1 000ml，混合一次灌服。

对肺水肿和肺气肿病例可试用抗组织胺药物和肾上腺皮质类固醇激素，如盐酸苯海拉明和地塞米松等肌肉注射。

牛的溶血性贫血型病例，应及早输血，并补充铁制剂，以尽快恢复血容量。若病牛为产后伴有低磷酸血症，同时用20%磷酸二氢钠溶液，或用含3%次磷酸钙的10%葡萄糖液

1 000ml静脉注射，每日一次，连续3~4d。

对严重的中毒病畜还应采取包括强心、利尿、补液、平衡电解质等对症治疗措施。

【预防措施】

控制畜禽日粮中菜籽饼所占的比例，一般不应超过饲料总量的20%。对孕畜和仔畜最好不喂菜籽饼和油菜类饲料。即使控制用量的菜籽饼，也应去毒后再行饲喂，常用的去毒方法有以下几种：

1. 碱处理法

用15%石灰水喷洒浸湿粉碎的菜籽饼，闷盖3~5h，再笼蒸40~50min，然后取出炒散或凉散风干。此法可去毒85%~95%。

2. 坑埋法

将菜籽饼按1:1比例加水泡软后，置入深宽相等、大小不定的干燥土坑上，上盖以干草并覆盖适量干土，待30~60d后取出饲喂或晒干贮存。此法可去毒70%~98%。

3. 蒸煮法

用温水浸泡粉碎菜籽饼一昼夜，再蒸煮1h以上，则可去毒。

【知识拓展】

异硫氰酸丙烯酯对消化道黏膜具有很强的刺激性，与芥子酸、芥子碱等成分共同作用，引起胃肠道发生炎症。异硫氰酸丙烯酯与恶唑烷硫酮经胃肠道被吸收入血后，可使微血管扩张，严重时导致血容量下降，心率减缓，同时损害肝脏和肾脏。异硫氰酸丙烯酯还能干扰甲状腺对碘的摄取，导致甲状腺肿，影响动物的生长发育。

菜籽饼中还含有一种经瘤胃细菌转化后产生的 S^- 甲基半胱氨酸二亚砜毒物，能促使红细胞中血红蛋白分子形成 Heinz-Ehrlich 小体，该小体再从红细胞中被驱出，并通过脾脏而从血液循环中被清除时，导致溶血性贫血的发生。此外，菜籽饼中尚有感光过敏物质，可引起黄疸、血红蛋白尿和肝细胞广泛性坏死等感光过敏综合征。

菜籽饼和油菜中还有诸多毒素，如亚硝酸盐、氢氰酸，能引起肺脏、心脏、肝脏、中枢神经系统等多种损害，出现不同的综合症状。

技能 6 菜籽饼中有毒物质的检验

（一）检材

采取病畜吃剩的饲料，即菜籽饼或混合油饼。

（二）定性检验

1. 气味检查

剖检中毒死亡的尸体，当切开胃壁或启封送检材料的瓶盖时，若是菜籽饼或芥子饼中毒，最初逸出的气体，具有辛辣的刺激气味。将病畜食剩的饼粕充分捣碎，放入具塞的三角瓶中，加70~75℃温水调成糊状，随即盖紧瓶盖，放置20~30min后开塞检查，如果含有多量的芥子油，可闻到芥子气味。

2. 显色反应

（1）原理 菜籽饼中含有的糖甙类物质，在水解酶的作用下，形成异硫氰酸丙烯酯，它可与浓硝酸或氨水呈现特殊的颜色反应。

（2）操作步骤 取菜籽饼 20g，加蒸馏水 100ml 充分混合，静置过夜。取浸出液 10ml 分置于两个试管中，每管 5ml，取其中一管，加入浓硝酸 2~3 滴。若迅速呈现明显的红色，表明含有异硫氰酸丙烯酯；向另一管中加浓氨水 2~3 滴，如果能迅速呈现明显的黄色，也表明含有异硫氰酸丙烯酯。

（三）定量检验

1. 异硫氰酸丙烯酯的测定

（1）原理 菜籽饼中所含有的糖甙，经水解酶的作用，可产生异硫氰酸丙烯酯。氨水可使异硫氰酸丙烯酯变成硫氰酸氨基丙烯，再与硝酸银作用，生成丙烯氰胺和硫化银沉淀。以硫酸铁铵为指示剂，用硫氰化钾滴定剩余的硫酸银。根据硫氰化钾的用量，即可计算出异硫氰酸丙烯酯的含量。

（2）试剂 氨水、乙醇，硝酸水溶液（4∶1，V/V），硫酸铁铵（纯铁钒）指示剂（将 6mol/L 硫酸 200ml 与蒸馏水 800ml 共煮沸，加入纯铁钒 100g 使之溶解），0.1mol/L 硝酸银溶液（取硝酸银 16.989g，加 1 000ml 蒸馏水使之溶解），0.1mol/L 硫氰化钾溶液（取硫氰化钾 10g，加 1 000ml 蒸馏水使之溶解）。

（3）操作步骤 取粉碎的饼粕 10g，置于 200ml 容量瓶中，加 20~25℃ 温水适量，充分混合并补水至刻度，然后转移至蒸馏瓶中，浸泡 24h 后进行蒸馏，用装有氨水（1∶1）、乙醇各 10ml 的 200ml 三角烧瓶接收蒸馏液 40~50ml。冷却后，加入 0.1mol/L 硝酸银溶液 20ml，摇匀，瓶口上放一小漏斗，置沸水浴上加热 1h，冷却后细心移入 100ml 容量瓶中，用蒸馏水洗涤接收瓶，合并洗液于容量瓶中，最后补蒸馏水至刻度，摇匀过滤，取滤液 50ml 置于 200ml 烧杯中，加硝酸 6ml，硫酸铁铵指示剂 5ml，用 0.1mol/L 硫氰化钾滴定至呈血红色为终点。

（4）计算

$$异硫氰酸丙烯酯含量（\%）= \frac{[（V_1 \times N_1）-（V_2 - N_2）] \times 0.00495 \times 2}{检样重量（g）}$$

V_1 为 0.1mol/L 硝酸银的用量（ml），N_1 为硝酸银的浓度，V_2 为 0.1mol/L 硫氰化钾的用量（ml），N_2 为硫氰化钾的浓度，0.00495 为 1ml 0.1mol/L 硝酸银相当于异硫氰酸丙烯酯的量。

2. 菜籽饼中芥子甙的含量测定

（1）原理 菜籽饼粉碎加水后，其中的芥子甙在芥子酶和盐酸的作用下，很易发生水解，如下式：

$$芥子甙 \rightarrow 糖甙残基 + 葡萄糖 + KHSO_4$$

每分子的芥子甙水解时，可生成一分子的硫酸氢钾（$KHSO_4$），用氯化钡沉淀 SO_4^{2-} 使生成硫酸钡（$BaSO_4$），再根据所生成 $BaSO_4$ 的量计算出菜籽饼中芥子甙的含量。在盐酸（或芥子酶）的催化作用下，可使菜籽饼中所含的芥子甙全部水解，故所测得的是菜籽饼中的总芥子甙。但实际上菜籽在收获后，所含的芥子甙有一部分在菜籽中芥子酶的自动催化作用下已发生水解，这部分芥子甙为已破坏的芥子甙。用芥子甙的总含量减去已破坏的芥子甙含量，就是残存在菜籽饼中芥子甙的含量。

（2）试剂 0.05mol/L 氯化钡溶液、6mol/L 盐酸、0.1mol/L 硝酸银溶液。

（3）操作步骤

①总芥子甙的测定 取菜籽饼 4g，置于 400ml 的烧杯中，加入刚煮沸的蒸馏水 50ml，再煮沸 5min 以上，趁热用布氏漏斗抽滤，残渣用热蒸馏水 30ml 洗涤，重复 4 次。合并滤液，并将滤液转移至 200ml 容量瓶中，冷却后用蒸馏水稀释至刻度，为待测滤液。

取滤液 25ml 置于 300ml 烧杯中，然后在沸水浴上加热，当烧杯内的液体温度达 90℃ 以上时，加入 6mol/L 盐酸 1ml，并取氯化钡溶液 3ml，逐滴滴入，并轻轻摇匀，当氯化钡溶液加完之后，继续在沸水浴上加热 40min 并不断摇匀烧杯中的液体，同时补加蒸馏水，使杯中的液体始终保持在 25～30ml 之间，待硫酸钡结晶长粗后，取优良定量滤纸过滤，并用蒸馏水刷洗（用带橡皮头的玻璃棒将杯壁和杯底部的结晶全部刮下）烧杯，洗液同时过滤。

将所得硫酸钡结晶连同滤纸一同放入预先衡重过的坩埚中，先在 300～400℃ 下将滤纸灰化，移入已预热至 300℃ 的高温炉中，逐渐升温至 800℃ 左右，灼烧沉淀 20～30min。取出坩埚，稍冷，移入干燥器中，使其冷至室温，取出，用分析天平迅速称重。按下式计算总芥子甙的含量：

$$\text{总芥子甙的含量（\%）} = \frac{\text{芥子甙的克分子量} \times \text{硫酸钡的克数}}{\text{硫酸钡的克分子量} \times \text{样品的重量}} \times \frac{200}{25} \times 100$$

注：芥子甙的克分子量约为 411。

②已被破坏的芥子甙的测定 取待测滤液（见总芥子甙测定）25ml，按总芥子甙测定方法操作，当加入 6mol/L 盐酸 1ml 及氯化钡溶液 3ml 之后，为防止芥子甙发生水解，不再加热。将烧杯中的硫酸钡沉淀静置 30min，待结晶长粗后，过滤，再与总芥子甙测定方法同样操作，并同样计算，所得含量即为已破坏的芥子甙的含量。

③菜籽饼中芥子甙的含量 将总芥子甙的含量减去已被破坏的芥子甙的含量，即为菜籽饼中芥子甙的含量。

任务 2-5 棉籽饼粕中毒

棉籽饼中毒是动物采食大量含棉酚的棉籽饼而引起的以全身水肿、出血性胃肠炎、血红蛋白尿、肺水肿、肝脏和心肌变性坏死为特征的中毒性疾病。棉籽饼是棉籽榨油后的副产品，棉籽饼含蛋白质 36%～42%，其必需氨基酸的含量在植物中仅次于大豆饼，可以作为全价的畜禽日粮蛋白质来源，是动物的优质蛋白质饲料，棉籽壳也是动物饲料的纤维添加剂。然而，由于棉籽饼中含有多种有毒的棉酚色素，长期过量饲喂可引起畜禽中毒。

所有动物对棉酚都敏感，但本病主要发生于非反刍动物及犊牛，成年反刍动物抵抗力较强。反刍动物对棉籽饼的主要毒性物质棉酚有一定的解毒能力，可使游离棉酚与瘤胃中可溶性蛋白质结合而丧失毒性。一般情况下，棉籽饼不会引起成年牛中毒。犊牛之所以对棉酚敏感就是因为其瘤胃功能尚不完善，不能有效地结合游离棉酚。成年牛在一定条件下有发生中毒的可能性。单胃动物及家禽、成年奶牛、肉牛和马较少中毒。

【病因分析】

1. 棉籽饼本身含毒

棉籽饼富含蛋白质和磷，其所含必需氨基酸也仅次于大豆粉，但含有毒的棉酚色素，包括相酚、棉蓝素、二甲基棉酚、棉紫素、棉黄素等，同时还缺乏维生素 A 和维生素 D，钙含量也极低。棉籽含有大约 6% 的棉酚，其含量受植物品种、环境（如气候、土壤）和肥料的影响，除极少数品种外，棉酚是棉花植株中的自然成分。

2. 摄入棉籽饼量过大

单纯以棉籽饼长期饲喂畜禽，或在短时间内大量以棉籽饼作为蛋白质补饲时易发生棉籽饼中毒。尤其冷榨生产的棉籽饼，不经过炒、蒸的机器榨油的棉籽饼，其游离棉酚含量较高，更易引起中毒。棉花植株的叶、茎、根和籽实中含较多的棉酚，用未经去毒处理的新鲜棉叶或棉籽作饲料，长期饲喂猪、牛，或让放牧家畜过量采食亦可发生中毒。

3. 诱因

以棉籽饼为饲料的哺乳期母畜，其乳汁中含有多量棉酚，也可引起吮乳幼畜患病。当饲料缺乏维生素 A、钙、铁，或青绿饲料不足，或过度劳役时，动物对棉酚的敏感性增加，容易发生中毒。

【临床症状】

本病的潜伏期一般较长，中毒的发生时间和症状与蓄积采食量有关。各种动物共同的表现为食欲减退，体重下降，虚弱，呼吸困难，心功能异常，对应激敏感，以及钙磷代谢失调引起的尿石症和维生素 A 缺乏症。

1. 犊牛

食欲降低，精神委靡，体弱消瘦，行动迟缓乏力，常出现腹泻，黄疸，呼吸急促，流鼻液，肺部听诊有明显的湿罗音，视力障碍或失明，瞳孔散大。成年牛羊食欲下降，反刍稀少或废绝，渐进性衰弱，四肢浮肿，严重时腹泻，排出恶臭、稀薄的粪便，并混有黏液和血液甚至脱落的肠黏膜，心率加快，呼吸急促或困难，咳嗽，流泡沫性鼻液，全身性水肿，可视黏膜发绀，共济失调直至卧地抽搐，孕畜流产。部分牛羊可发生血红蛋白尿或血尿，公畜易出现尿结石症。

2. 猪

表现精神沉郁或委靡不振，食欲减退甚至废绝，呕吐，粪便初干而黑，而后稀薄色淡，甚至腹泻，尿量减少，皮下水肿，体重减轻，日渐消瘦。低头拱腰，行走摇晃，后躯无力而呈现共济失调，严重时搐搦，并发生惊厥。呼吸急促或困难，心跳加快，心律不齐，体温升高，可达 41℃，此时喜凉怕热，常卧于阴湿凉爽处。有些病例出现夜盲，肥育猪出现后躯皮肤干燥和皲裂，仔猪常腹泻、脱水和惊厥，可很快死亡。

3. 马

以间歇性腹痛为主要症状，并常发生便秘，粪便上附有黏液或混有血液。尿液呈红色或暗红色，有典型的红细胞溶解现象。

4. 家禽

食欲下降，体重减轻，双肢乏力欠活泼。母鸡产蛋变小，蛋黄膜增厚，蛋黄呈茶色或深绿色，不易调碎调匀，煮熟后的蛋黄坚韧有弹性，而称"橡皮蛋"或"硬黄蛋"，蛋白呈粉红色，蛋孵化率降低。

5. 犬

精神委靡，发呆，厌食，呕吐，腹泻，体重减轻。后躯共济失调，心跳加快，心率不齐，呼吸困难，进而表现嗜睡和昏迷。最后因肺水肿、心衰和恶病质而死亡。

【剖检变化】

1. 眼观病变

全身皮下组织呈浆液性浸润，尤其以水肿部位明显，胸、腹腔和心包腔内有红色透明或混有纤维团块的液体。胃肠道黏膜充血，出血和水肿，猪肠壁溃烂。肝淤血，肿大，质脆，色黄，胆囊肿大，有出血点。肾脏肿大，被膜下有出血点，实质变性，膀胱壁水肿，黏膜出血。肺脏充血，水肿和淤血，间质增宽，切面可见大小不等的空腔，内有多量泡沫状液体流出。心脏扩张，心肌松软，心内外膜有出血点，心肌颜色变淡。淋巴结水肿，充血。鸡胆囊和胰腺增大，肝、脾和肠黏膜上有蜡质样色素沉着。

2. 组织病变

组织学变化为肝小叶间质增生，肝细胞呈现退行性变性和坏死，主要病变部位在小叶中心，多见细胞浑浊肿胀和颗粒变性，线粒体肿胀。心肌纤维排列紊乱，部分空泡变性和萎缩。肾小管上皮细胞肿胀，颗粒变性。视神经萎缩。睾丸多数曲精小管上皮排列稀疏，胞核模糊或自溶，精子数减少，结构被破坏，线粒体肿胀。

【诊断】

根据长时间大量用棉籽饼或棉籽作为动物饲料的病史，结合呼吸困难、出血性胃肠炎和血红蛋白尿等症状和全身水肿、肝小叶中心性坏死、心肌变性坏死等病变可作出初步诊断。饲料中游离棉酚含量的测定为本病的确诊提供依据，一般认为，猪和小于 4 月龄的反刍动物日粮中游离棉酚含量高于 100mg/kg，即可发生中毒；成年反刍动物对棉酚的耐受量较大，但日粮中游离棉酚的含量应小于 1 000mg/kg。有报道认为，绵羊肝脏和肾脏棉酚含量分别超过 10mg/kg 和 20mg/kg，表示动物接触过多量的棉酚，但目前仍缺乏动物组织中棉酚含量的背景值和中毒范围。

血液学检查主要变化为红细胞数和血红蛋白减少，白细胞总数增加，其中嗜中性白细胞增多，核左移，淋巴细胞减少。

本病应注意与以下疾病相鉴别：具有心脏毒性的离子载体类抗生素（如莫能菌素、拉沙里菌素）中毒，氨中毒，镰刀菌产生的霉菌毒素中毒，某些具有心脏毒性的植物中毒，硒缺乏，铜缺乏，肺气肿，肺腺瘤等。

【病程与预后】

较严重的病例病期较短且死亡率高，一般在一周之内即可致死。大多数病例为慢性经过，病期约一月左右，治疗及时则预后较好。成年反刍动物和马属动物有较强的耐受力，病程较长，预后一般良好。猪中毒时病程较短，病死率较高。

【治疗措施】

由于该病的发病机制还未完全弄清，目前还无好的治疗方法，主要采用消除致病因素、加速毒物的排出及对症疗法。

首先病畜应立即停止饲喂含有棉籽饼或棉籽的日粮，禁止在棉地放牧。同时进行导胃、洗胃、催吐、下泻等排出胃肠内毒物，以及使棉酚色素灭活的治疗措施。常用 0.03% ~ 0.1%的高锰酸钾溶液，或用 5%的碳酸氢钠液洗胃。若胃肠道内容物多，胃肠炎不严重时，可内服盐类泻剂；胃肠炎严重的，可用消炎剂、收敛剂，如磺胺脒、鞣酸蛋白。也可用硫酸亚铁内服。还可用藕粉、面糊等与其他药物混合内服，以保护肠黏膜。

解毒可口服硫酸亚铁（猪每次 1 ~ 2g，牛每次 7 ~ 15g）、枸橼酸铁铵等铁盐，并给以乳酸钙、碳酸钙、葡萄糖酸钙等钙盐制剂。静脉注射 10% ~ 50%高渗葡萄糖溶液或 10%葡萄糖氯化钙溶液与复方氯化钠溶液，配以 10% ~ 20%安钠咖、维生素 C、维生素 D 及维生素 A 等。

对胃肠炎、肺水肿严重的病例进行抗菌消炎，收敛和阻止渗出等对症治疗。

为了阻止渗出、增强心脏功能、补充营养和解毒，可用 25%葡萄糖溶液 500 ~ 1 000ml、10%安钠咖 20ml、10%氯化钙溶液 100ml，牛一次静脉注射。注射维生素 C、维生素 A、维生素 D 等都有一定的疗效，特别是对视力减弱的患畜，维生素 A 疗效很好。

当病畜尚有食欲时，尽量多喂些青绿饲料或青菜、胡萝卜等，对病的恢复效果很好。并应注意增加饲料里矿物质，特别是钙的含量。此外，还可用健胃剂等对症疗法。

【预防措施】

1. 限制喂量

预防本病的关键是限制棉籽饼和棉籽的饲喂量，若饲喂未经脱毒的棉籽饼和棉籽时，应控制饲喂量，牛每天 1.5kg，猪每天 0.5kg，雏鸡不超过日粮的 2% ~ 3%，成年鸡不超过 5% ~ 7%。并适当地进行间断饲喂为宜，如连续饲喂棉籽饼半月后，应有半月的停饲间歇期，以免引起蓄积性中毒。

2. 搭配供给

若长期饲喂棉籽饼和棉籽时，应与其他优质饲草和饲料进行搭配供给，如豆科干草、青绿饲料、优良青干草等。还应适当地补饲含维生素 A 原较高的饲料，如胡萝卜，玉米等，同时补以骨粉、碳酸钙等含钙添加剂。猪日粮中棉籽饼和棉籽可与豆饼等量混合，或者豆饼 5%、鱼粉 2%与棉籽饼混合，或者鱼粉 4%与棉籽饼混合。另据报道，猪饲料中铁增加到 400mg/kg，禽饲料增加到 600mg/kg，就可有效地阻断动物接触饲料棉酚引起的临床症状和组织中的残留，此时的铁与游离棉酚比例常为 1∶1 ~ 4∶1。

3. 脱毒减毒

（1）加热减毒处理　榨油时最好能经过炒、蒸，使游离的棉酚转变为结合的棉酚。生棉籽皮炒了再喂，棉渣必须加热蒸煮 1h 后再喂，若同 10%的大麦粉混合蒸煮则去毒效果更好；或将青绿棉叶或秋后的干棉叶晒干，去尘，压碎后发酵，随后用清水洗净，再用 5%的石灰水浸泡 10h，软化解毒后再喂猪。

（2）加铁去毒　由于铁能与游离棉酚结合成为复合体，使其丧失活性并不被肠道所吸收，而达到解毒和保护畜禽不发生中毒之目的，其剂量与饲料所含游离棉酚 1∶1 计算，但需注意应使铁与棉籽饼充分混合接触，以猪饲料铁含量 400 ~ 600mg/kg 为宜。用 0.1% ~ 0.2%硫酸亚铁溶液浸泡棉籽饼，可使棉酚的破坏率达 80%以上。猪饲料中的铁含量不得超过 500mg/kg。

（3）增加日粮中蛋白质、维生素、矿物质和青绿饲料　饲料中蛋白质含量越低，中毒率越高。饲料里增加维生素（主要是胡萝卜素）、矿物质（主要是钙和食盐）、青绿饲料对预防棉籽饼中毒都有很好的作用。

【知识拓展】

棉酚在棉籽和棉籽饼中以结合和游离两种不同状态同时存在，对机体有毒害作用的是游离棉酚，棉籽饼中游离棉酚的含量一般为 0.04% ~ 0.05%，并且因加工方法不同其含量有较大差异，工法榨油时含量高达 0.196%（0.014% ~ 0.523%）。

1. 对胃肠道损伤作用

动物采食后，游离棉酚刺激消化道，引起胃肠的卡他性和出血性炎症。

2. 增强血管壁的通透性

被吸收入血后，能增强血管壁的通透性，促进血浆与血细胞渗透到外周组织，使外周组织发生浆液性浸润和出血性炎症。

3. 贫血

棉酚还能与铁结合，影响血红蛋白中铁的作用，引起缺铁性和溶血性贫血。

4. 对实质器官损害作用

棉酚随血液循环可分布到全身各组织器官，在肝脏中浓度最高，因易溶于类脂质，而容易通过血脑屏障，滞留于脑组织中。由于棉酚为细胞毒，引起心、肝、肾等实质器官变性，坏死，并毒害中枢神经系统。

5. 对内皮细胞毒性作用

棉酚对全身内皮细胞亦具有毒性作用，同时棉籽饼和棉籽缺乏维生素 A，故易导致多种器官上皮细胞的变性，而呈现维生素 A 缺乏症。

6. 影响繁殖能力

棉酚能使子宫收缩，引起怀孕母畜流产。破坏公畜曲细精管，影响精细胞的形成，从而造成公畜不育。棉籽饼中的环丙烯脂肪酸，能使母鸡卵巢和输卵管萎缩，产蛋率和孵化率下降，以及蛋黄绿染。

7. 影响维生素 A 和钙磷代谢

棉籽饼和棉籽还因钙含量低，磷含量高，同时缺乏维生素 A 和维生素 D，可导致体内钙磷代谢失调和维生素 A 缺乏症，以及提高尿石症发病率。

技能 7　棉籽饼中有毒物质的检验

①将棉籽饼磨碎，取其细粉末少许，加硫酸数滴，若有棉酚存在即变为红色（应在显微镜下观察）。若将该粉末在 97℃下蒸煮 1 ~ 1.5h 后，则反应呈阴性。

②将棉籽饼按上法蒸煮后，再用乙醚浸泡，然后回收乙醚，浓缩，用上法检查，可出现同样的结果。

任务 2－6　鱼粉中毒

鱼粉是养鸡最佳的蛋白质饲料，营养价值高，必需氨基酸含量全面，并含有大量 B 族维生素和丰富的钙、磷、锰、铁、锌、碘等矿物质，还含有硒和促生长的未知因子。但如鱼粉在生产加工、运输过程中产生一些有害物质如溃疡素、组胺、霉菌毒素、细菌（如沙门氏菌）等，并被这些有害物质污染或鱼粉中含盐过多或变质，则可导致畜禽中毒。

【病因分析】

1. 掺盐鱼粉

鱼粉自身含有一定的盐分，若再在鱼粉中掺入过量盐分则可能造成畜禽盐中毒。

2. 霉变鱼粉

鱼粉在高温、高湿条件下易生霉、变质。当1g鱼粉中霉菌含量超过5×10^4个，细菌含量超过5×10^6个，并有产毒菌株存在时，即可酿成畜禽慢性霉菌毒素中毒。

3. 酸败鱼粉

鱼类特别是海水鱼体内脂含量较高，当不饱和脂肪酸含量过高时，很容易发生酸败。酸败鱼粉不仅适口性较差，而且长期饲喂还可酿成畜禽维生素缺乏症。

4. 含尿素鱼粉

掺入尿素的鱼粉，磷含量很低，用这种鱼粉喂畜禽会造成机体必需的氨基酸（如赖氨酸、蛋氨酸）含量缺乏。用按正常比例添加尿素的鱼粉喂畜禽即可引起尿素中毒。据报道，劣质鱼粉仅占饲料总量的4.5%，虽未能引起急性中毒，但由于长期饲喂的蓄积作用，且可能有鱼粉腐败过程中产生的胺的长期毒性，致使鸡长期处于营养不良状态，体质虚弱，抵抗力低下，从而使鸡群在3月后于3h内暴发大批死亡。

5. 含杂物鱼粉

鱼粉中掺入棉籽饼、菜籽饼、羽毛粉等，不仅使鱼粉质量降低，甚至还可引起疾病。

【临床症状】

1. 鸡

病鸡表现严重贫血，脱水，精神不振，无食欲，喜喝水，腹泻，拉出黑色混有血液的粪便，嗉囊膨胀，倒提病鸡或挤压嗉囊时，从口腔流出黑色黏液，病鸡呈蹲坐姿势。有的有神经症状，产蛋率下降。雏鸡、肉仔鸡中毒后出现畏寒、嗉囊柔软、口流水状液体、消瘦、饮水剧增的症状。多数雏鸡中毒后拉稀，粪便呈黄褐色或棕色。少数鸡呼吸困难，角弓反张。慢性病例所有鸡群均严重营养不良，出现腹泻、羽毛蓬松、呆立等症状，且病程较长。

2. 貂

成龄貂发病轻，在临床上只表现食欲不振或者拒食，有少部分出现轻度下痢，未有死亡。幼貂发病重，死亡多。幼貂多在食后1.5h突然发病，常以呕吐、腹泻、下痢、精神委顿、后躯麻痹为主要症状。病情严重的，意识丧失，反射消失，出现全身麻痹，最后死亡，病程1.5~6h。以发育好、个体大的幼貂发病严重。

【剖检变化】

死鸡全身消瘦，口腔黏液增多，嗉囊内有黏稠黑褐色渗出物，腺胃扩张，黏膜面附有大量黏液，呈胶冻状，肌胃角质膜内暗绿色与黑色相间，皱壁增厚，表面粗糙呈树皮状，肌胃角质层出现糜烂、溃疡，深达肌层深部呈火山口状。雏鸡外观肛门周围被毛污浊、严重营养不良，部分鸡只腹部有青紫色肿块。肝脏边缘淤血及有土黄色坏死灶，腺胃出血，肌胃内容物呈稀粥样，小肠充血，大肠有出血点，胸肌、胸骨、肺等有出血、淤血。

貂的剖检变化不尽相同，剖检可见胃内食物较多，腹水和胸水变成浅红色，胃和小肠有轻度炎症，其他无明显异常。

【诊断】

可用偶氮呈色法对鱼粉中组胺进行定量测定，鱼粉中的组胺含量高、毒力强，用其造病，实验动物所表现的临床症状与喂鱼粉中毒的症状一致，根据以上情况可得出诊断。

另要注意排除河豚毒素中毒的可能。可对河豚毒素的毒力进行测定，河豚毒素的定量测定主要靠生物测定法提供毒力依据。方法：先利用酸性甲醇提取鱼粉中的河豚毒素，将甲醇除去，再用乙醚洗去脂肪，留下的浅黄色黏稠物即是粗制的河豚毒素。将河豚毒素再按一定比例配制成不同稀释倍数的试验液，利用小白鼠进行毒力测定（选择体重18g的小白鼠12只，每组4只，分为3个毒力级数：80U、100U、200U），据资料介绍，河豚毒素的毒力在100U以下可认为无毒，在300U以上可引起中毒。

【治疗措施】

①更换新鲜的全价料，加大青绿多汁饲料的喂量。

②饮水中加入0.2%～0.4%的碳酸氢钠，中午前后加喂1次3%～4%的葡萄糖水，以加强肾脏的排泄作用和肝脏的解毒能力，早晚各1次，连用4～5d。

③饲料中多维加倍，同时添加0.1的维生素C粉和亚硫酸氢钠甲萘醌（维生素 K_3 粉）。也可给病鸡肌注维生素 K_3，0.5～1mg/羽，止血敏50～100mg/羽，每天2次，连用4～5d，并要在饲料中补充多种维生素。

【预防措施】

①鱼粉的用量要适当：质量好的鱼粉用量可占饲料量的15%～20%，一般鱼粉的用量为12%左右。

②质量较差的鱼粉（含组胺0.3%以上），喂前要加工处理。加工方法：因组胺是碱性物质，可用含醋5%的水溶液，将鱼粉调至适当湿度，用大火蒸0.5h，使大部分组胺破坏，然后再将鱼粉中多余的水分压出，经此法处理的鱼粉可饲用。

③腐败变质的鱼粉不能作饲料：鱼粉中的含脂量不应超过9%，鱼粉应加入一定的抗氧化剂，并置于阴凉的暗处存放，以防酸败。

④选用鱼粉一定要注意质量。鱼粉因原料来源、加工方法的不同，在质量上会存在很大差异。鱼粉含有较高的组织胺，在鱼粉生产过程中，干燥或加热过度使组织胺与赖氨酸结合，形成糜烂素，鸡吃了含糜烂素的鱼粉，常会发生慢性中毒，一般于食用后几天到十几天可发生。同时，鱼粉含有较高的脂肪，贮藏过久，易发生氧化酸败。

⑤发病鸡群应换用优质鱼粉或减少鱼粉用量，添加酵母粉或其他蛋白质饲料。饮水中加0.4%的碳酸氢钠，早晚各1次，连饮3d；投服恩诺沙星，每天2次，连饮4～5d，也可服氨苄青霉素等；饲料中可适量添加维生素 K_3 粉。

【知识拓展】

鱼粉由海杂鱼加工而成，在这些海杂鱼中有些是中、上层鱼类，生活于海水表层，性情活跃，游泳迅速，活动力强，其肌肉的血管系统发达，体内酶的活性强，在捕获时常剧烈挣扎而死，造成体内糖元消耗产生大量乳酸，导致 pH 值下降、肌肉内血红蛋白和组胺酸含量较高。

另外，鱼粉保存不当被细菌污染，腐败变质，组氨酸被大量分解产生组胺，其理化性质稳定，所制成的鱼粉中含量就多。鱼、贝类制成的鱼粉，当含盐量小于 5%，在 15～37℃，有氧、弱酸环境下时，自身的组氨酸会在酶的作用下，分解形成组胺。尤其是用腐败鱼肉及其下脚料制成的鱼粉，其中含组胺较高。组胺是一种过敏原性物质，可使毛细血管扩张，支气管平滑肌收缩。食用这种鱼粉后畜禽表现为皮肤潮红，眼结膜充血，有时有荨麻疹，呕吐、腹泻、心跳加快、呼吸迫促，精神委顿。组胺中毒多发生于猪。

成年动物抵抗力比幼畜强，所以发育快、食量大的发育期畜禽，尚对食物的辨别力差，当喂含组胺多的饲料时，食量不减，这样吞食毒物多，中毒较严重。

任务 2-7 反刍动物瘤胃酸中毒

瘤胃酸中毒是反刍动物突然过量采食富含碳水化合物的谷物饲料，在瘤胃内发酵产生大量乳酸而引起的急性代谢性酸中毒。又称急性碳水化合物过食、乳酸中毒、过食谷物及过食豆谷综合征等。临床上以精神沉郁，瘤胃膨胀、内容物稀软，腹泻，严重脱水，共济失调，虚弱，卧地不起，乳酸血症及死亡率高为特征。本病可发生于各种反刍动物，以奶牛、奶山羊、役用牛、肉牛多见。

【病因分析】

能引起瘤胃酸中毒的物质有：谷物饲料（如玉米、大麦、燕麦、高粱、大豆、稻谷等），块根饲料（如马铃薯、甘薯、饲用甜菜），酿造副产品（如酒渣、豆腐渣、淀粉渣等），面食品（如生面团、面包屑），水果类（如苹果、葡萄、梨等），糖类及酸类化合物（如淀粉、乳糖、果糖、蜜糖、乳酸、酪酸等）。

1. 饲养管理不当

饲养管理不当是反刍动物采食过量碳水化合物饲料的条件，如为了提高产奶量、生长速度或催肥，突然增加精料，缺乏适应期；精料保管不当而被动物偷食；动物饥饿后自由采食；缺乏饲喂制度和饲喂标准，精料的饲喂量过于随意；霉败的粮食（如小麦、玉米、豆类等）人不能食用时，大量饲喂动物。控制饲喂量和提高日粮精料水平时执行合理的过渡适应期，可有效预防瘤胃酸中毒的发生。如肉牛以粗饲料为主添加精饲料时，饲喂大麦和小麦 6～7kg，8～10h 即可发病。

2. 本病发生的严重程度与饲料的种类、加工及动物机体的状况密切相关

小麦、大麦、玉米比燕麦和高粱的毒性大，粉碎可增加毒性，如小麦籽实对山羊的中毒量为 100～120g/kg 体重；高粱面粉 40mg/kg 体重即可使山羊中毒，50mg/kg 体重引起急性或最急性的中毒症状，60mg/kg 体重在 24h 内致死；通过胃管给山羊按 80g/kg 体重投服玉

米粉，4～8h 出现中毒症状；而粉碎的小麦 50～80g/kg 体重可使绵羊致死。营养状况与应激状态（如围产期）影响动物对碳水化合物饲料的敏感性，如粉碎小麦对营养良好的绵羊致死量为 75～80g/kg 体重，而营养不良的绵羊为 50～60g/kg 体重。

3. 诱因　瘤胃弛缓、瘤胃积食等继发

【临床症状】

临床上以精神兴奋或沉郁，食欲和瘤胃蠕动废绝，胃液 pH 值和血浆二氧化碳结合力降低以及脱水等为特征。急性者常无明显的症状，于采食后几小时死亡。较缓者，食欲废绝、精神沉郁、脱水；腹泻者排出黏性粪便；无尿或少尿，有的瘫痪卧地。体温多正常，血细胞压积、白细胞总数、嗜中性球、血钠、血尿素氮、球蛋白、总蛋白均升高。

【诊断】

根据过食浓厚饲料的病史、发病时间、病后临床表现，即脱水、瘫痪、腹泻等可初步诊断。有条件的牛场，血液二氧化碳结合力降低、酮体的检查，结合尿 pH 值降低可以确诊。本病与产后瘫痪易混淆，其区别是本病无颈部 S 状曲、无末梢知觉减退，有腹泻，钙剂治疗无效。

【治疗措施】

治疗以中和瘤胃内容物的酸度，解除脱水以及强心为原则。

1. 中和酸度

可用石灰水（生石灰 1kg，加水 5kg，充分搅拌，用其上清液）洗胃，直至胃液呈碱性为止，最后再灌入 500～10 000ml（根据动物体格大小，决定灌入量）。

2. 解除脱水

可补充 5% 葡萄糖盐水或复方氯化钠溶液，每次 8 000～10 000ml，分 2 次静脉注射。在补液中加入强心剂和碳酸氢钠则效果更好。

根据病情变化，随时采用对症疗法。如伴发蹄叶炎时，则注射抗组胺药物。

【预防措施】

主要控制浓厚饲料喂量，特别在奶畜泌乳早期，浓厚饲料的喂量，要慢慢增加，让其有一个适应过程。阴雨、农忙季节粗饲料不足时，更应严格控制喂量，防止过食而发生中毒，此外，应加强饲养管理，防止动物偷食。

任务 2－8　氨化饲料中毒

随着畜牧业的发展，用氨化饲料饲喂牛、羊技术也得到迅速推广。但在推广利用氨化饲料过程中，往往出现由于养殖户对氨化饲料处理不当，或饲喂不善，致使食入或吸入过量的余氨，而引起动物的中毒。

【病因分析】

1. 用量过大

尿素是农业上广泛应用的一种速效肥料，它又可以作为牛的蛋白质饲料，也可用于麦秸的氨化。成年牛应控制在每天 200 ~ 300g，但若用量过大，则可导致尿素中毒。

2. 饲喂量应循序渐进

用尿素喂牛的量，若初次即突然按规定量喂牛，则易导致牛发生中毒。故在饲喂时，尿素的喂量应逐渐增多。

3. 诱因

将尿素溶于水中喂牛时，也易发生中毒。另外，牛对尿素的耐受性降低，特别是在饥饿、长期饲喂低蛋白料以及机能状态降低时，即使按正常量饲喂，也可发生中毒。

【临床症状】

临床上牛、羊中毒症状相似，可分为急性和慢性两种。

急性病例：一般情况下，动物大量采食尿素后 0.5h 左右即可出现中毒症状。患牛表现精神痴呆，步态踉跄不稳。很快转为不安、呻吟。食欲减退，反刍减少甚至停止，多伴有瘤胃膨气，口内涎液分泌增多并垂流于体外；严重中毒的患牛还表现呻吟不安，全身肌肉震颤，动作失调，伴有前肢麻痹等症状。口内过度流涎并伴有大量泡沫，呼吸困难，口、鼻中流出泡沫状液体，心跳加快，达 100 次/min 以上。发病后期，患牛出冷汗，瞳孔散大，肛门松弛。急性中毒的病牛，多在 1 ~ 2h 内窒息死亡。有的牛病程可达 1d 左右，且常发生后躯不完全麻痹。

慢性中毒的患牛还表现肺水肿、肾炎或尿道炎，以及代谢紊乱，其表现症状为尿频而有疼痛感，从尿道排出脓性分泌物，公牛生殖器外露，且呈水肿症状。

【剖检变化】

急性病例主要有肺部充血、水肿，气管内有大量泡沫状液体；慢性病例可见肾脏肿大，尿道黏膜充血、炎症。

【诊断】

有采食氨化饲料的病史及临床症状可作出初步诊断。可通过测定血氨来确立诊断：一般情况下，血氨浓度达 8.4 ~ 13mg/L 时即可出现症状；达 20mg/L 时出现神经症状；达 50mg/L 时，可引起动物死亡。另外，本病要与有机磷中毒相区别：后者用阿托品和解磷定治疗有效，本病则不起作用。

【治疗措施】

牛一旦食氨化饲料而发生中毒症状，应立即停喂氨化饲料，并对中毒患牛实施紧急治疗措施，即用谷氨酸钠 100 ~ 200ml 加入 10% 葡萄糖注射液 1 000 ~ 2 000ml 给牛静脉滴注，使之与血液中的氨结合成无毒的谷氨酰胺，随尿液排出体外。

属食入氨化饲料而致中毒的患牛，可配合用食用醋 500 ~ 1 500ml 加常水 5 ~ 8 倍一次灌服，以降低瘤胃内容物的酸碱度，阻止余氨继续在瘤胃中分解，避免氨被吸收及产生碱毒症。同时灌服白糖 0.5kg 加 3 000 ~ 5 000ml 清洁饮水的糖水，并服 1.5kg 生蛋清或 2.5kg 鲜牛奶，以增强机体解毒能力和保护胃肠黏膜。

属慢性氨中毒的患牛，除采用上述药物治疗外，还需配合给牛肌肉注射抗菌素类药物（如青霉素、链霉素等），防止发生继发感染及炎症扩展。如患牛的中毒症状经过治疗得以稳定，并处于恢复期，需给牛配以内服健胃制剂（如陈皮酊、蓄木鳖酊等），以利患牛瘤胃内的微生物生态系得以恢复，促进牛的康复。

尿素中毒治疗：中毒后立即灌服食醋或稀醋酸等弱酸溶液，如醋酸 1 000ml，糖 250 ~ 500g，常水 1 000ml 或食醋 500ml，加水 1 000ml 一次灌服。抑制痉挛，可静脉注射 10% 葡萄糖酸钙溶液 200 ~ 400ml，或者静脉注射 10% 硫代硫酸钠溶液 100 ~ 200ml。消除胃中氨可用 1% ~ 3% 的甲醛溶液 100ml，缓慢灌服。同时应用强心、利尿、补液等疗法。

【预防措施】

要避免和减少牛食用氨化饲料发生余氨中毒，必须针对引起余氨中毒的原因采取有效的预防措施。

1. 加强氨化饲料的原料质量管理

氨化好的秸秆为棕黄色，有糊香味，手摸质感柔软。如果填装不实或漏气，秸秆就会发霉，颜色发白，变灰，甚至发生霉烂，颜色发黑、发黏、结块，并有腐烂味。霉烂变质的秸秆决不能用作饲料。

2. 掌握氨贮时间

根据气温条件决定氨化成熟时间，一般 20℃ 左右的温度要氨化 25d 后使用，冬季则要氨化 40d 后才能使用。根据不同季节的气温条件，严格掌握好氨化饲料的发酵成熟时间，以确保氨化饲料发酵成熟。如氨化饲料采用尿素、碳酸氢铵作为氨源时，务必使其完全溶解于水中后方可使用，且发酵装池时应将氨源溶解液均匀地喷洒于饲草上，以利氨源与饲料混合均匀。

3. 饲喂前要放尽余氨

氨化饲料发酵成熟后，需开封散氨后方可喂牛，一般开封散氨时间以晴天在 10h 以上，阴雨天在 24h 以上，且以散氨后氨化饲料仅略有氨味，不刺人眼、鼻时使用为佳，晾晒过干会降低营养价值。

4. 掌握好饲喂量

由于氨化秸秆适口性好，牛喜食，因此开始时应少喂，掺入未氨化秸秆，逐步增加饲喂量，3 ~ 5d 后可完全适应。氨化秸秆的饲喂量原则上以饲料量的 40% ~ 60% 为宜。

5. 做好饲养管理

氨化池、氨化饲料堆放处应与牛的饲养房严格隔开，做到随用随取，并随时保证饲养房内空气流通，谨防饲养房内氨气浓度过高，避免牛吸入余氨过多而中毒。

6. 使用禁忌

由于未断奶的犊牛瘤胃内的微生物区系尚未完全形成，一旦采食氨化饲料过多极易引起犊牛氨中毒，因此，未断奶的犊牛饲喂氨化饲料要慎重。另外，怀孕后期的母牛须禁用。

【知识拓展】

氨化饲料中毒主要是氨化料中的余氨和氨化时添加过量的尿素所致。

1. 氨毒

低浓度的氨对黏膜具有刺激作用，可致黏膜结构如结膜、角膜及上呼吸道黏膜发生充血、水肿、分泌物增多；高浓度的氨则可吸收组织水分，碱化脂肪，造成组织发生溶解性坏死，吸入高浓度的氨可引起肺充血、肺水肿。据认为，氨进入血液后，可阻断柠檬酸循环，使糖元无氧酵解，导致血糖和乳酸增多，引起动物酸中毒，刺激三叉神经末梢及能量供给不足导致呼吸中枢抑制，引起呼吸衰竭。

2. 尿素毒

尿素分解过程中产生的氨甲酰胺具有很强的毒性，据报道，用10%氨甲酰胺溶液给山羊静脉注射，可很快引起强直性痉挛，迅速死亡。

任务2-9　动物光敏物质中毒

感光过敏性中毒是指动物采食含有光敏物质或称光能效应物质、光能剂的植物饲料后，体表浅色素部分对光线产生过敏反应，以容易受阳光照射部位的皮肤产生红斑性炎症为其临床特征的中毒性疾病。本病又称为原发性光敏性皮炎，光能效应物质中毒或含光敏性饲料中毒等。本病主要发生于肤色浅、毛色淡的动物，如绵羊、山羊、白毛猪、白毛马等。

兽医临床上所见到的光敏性皮炎，究其发病原因可分为3种类型：原发性光敏性皮炎是指动物采食了含光能剂较多的饲料所引起，又称为外源性光过敏作用；继发性光敏性皮炎是因肝、胆炎症，胆管堵塞等原因，使光能剂不能顺利地转化和排泄，又称肝原性光过敏作用；遗传性或先天性光过敏性皮炎是指体内或者因卟啉形成过多或因卟啉转化排泄太慢，卟啉进入组织包括皮肤组织后引起光敏性皮炎，骨骼、牙齿内有红色卟啉沉着现象是其特点。

【病因分析】

许多植物富含有光能效应物质（又称光动力原性、光力子原性物质），如金丝桃属植物、荞麦、多年生黑麦草、三叶草、苜蓿以及灰菜等野生植物。在生长这些植物的地区，畜禽采食、误食了这些植物，或者当地以其中一些植物为饲料饲喂家畜时，则可能发生原发性光敏性皮炎，或所谓植物光敏物质中毒，如采食荞麦引起者叫荞麦疹或荞麦病。还有一些植物本身所含光力子原物质尚少，但当寄生某些真菌后使其光敏作用增强，如黍、粟、羽扇豆、野藜蓼等，被某些真菌寄生，动物采食这些植物亦易患光敏性皮炎。多年生黑麦草被纸状半知菌寄生后，可引起面疹。还有狗牙草、被小囊菌寄生的水藻等可引发食草动物的光敏反应。

某些蚜虫侵害过的植物也可产生光能效应物质，尤其连绵阴雨后，大量蚜虫生长繁殖，其寄生植物被放牧家畜采食后，即发生成批中毒，出现感光过敏性皮炎，特称其为蚜虫病。

此外，饲料中添加的某些药物也可引起光过敏反应，如预防蠕虫或锥虫病的吩噻嗪、菲啶等，被家畜采食后亦可发病。

有的病例还难以区分为原发性和肝源性光敏反应，如采食油菜、芜菁、红三叶草、车轴草、羊舌草、车前草、水淹后的三叶草、猪屎豆等，还有些牛、羊因采食幼嫩紫花苜蓿，有散在性光过敏现象。

【临床症状】

光敏性皮炎是光过敏的最基本症状，局部皮肤红、肿，形成丘疹、水疱甚至脓疱，多局限在皮肤色素浅、被毛稀、朝太阳的背侧，如嘴、眼周围、面部、耳廓。病区与健区皮肤界限明显，如病畜经常躺卧时，炎症亦可发生于乳头两侧、阴户、会阴等部位。先出现疹块，随后奇痒，常在墙壁、树干处擦痒或在灌木丛内擦面部。当乳头部皮肤炎时，动物常用后肢踢腹或站在水塘内将乳头浸于水内。

1. 牛

可引起呼吸困难，鼻腔堵塞，食欲减少，肿胀部磨破后出现渗出，被毛缠结，眼睑闭合，甚至出现局部皮肤坏死、黄疸、脱落。有的还可出现神经症状，兴奋、战栗、痉挛和麻痹，甚至双目失明。体温升高，水牛达 39.3℃，黄牛、乳牛达 41~42℃。

2. 绵羊

表现兴奋、狂躁，平衡失调，顶人撞物，瞳孔反射阴性，脉搏增数等。

3. 猪

采食光敏性食物，多在夏季 5~6 月间发病，主要影响 40~50 日龄白毛杂种猪，容易受阳光照射部位的皮肤呈桃红色，频频擦痒，严重时肿胀呈疹块状，紫黑色，有的变为干痂，有时从痂下流出黄色液体，疹块遍布头、颈、背、肘后、腹侧壁、臀部、尾根。肿块边缘整齐成片，皮温升高、剧痒。严重者因黏膜肿胀，表现呼吸困难、食欲减退以至废绝。全身肌震颤，阵发性痉挛，胃底及幽门黏膜充血，小肠、盲肠出血，黑毛猪症状较轻，表现为不安、鸣叫、不吃，有时体温升高至 39.7℃。

4. 鸡

吃新鲜灰菜，5h 后发现肉髯肿胀，色鲜红、发亮、摇头、停食等现象。继发性光敏反应，还有肝机能异常，黄疸指数升高，碱性磷酸酶活性升高等变化。

【剖检变化】

病变主要局限于体表皮肤，可观察到各种不同的皮肤疹块和炎症。有的表现肝脏肿大，肺水肿等病变。

【诊断】

根据采食含光敏物质饲料的病史，结合浅色皮肤斑疹性皮炎、奇痒等临床表现，可作出初步诊断。本病的确诊需依赖于不同光敏物质的实验室分析鉴定，除已知的荞麦素、金丝桃素、黑麦草碱、叶红素等被检出外，还有一些至今尚未鉴定的光敏物质则难以检验。

临床上需与本病进行鉴别诊断的疾病有：卟啉病、吩噻嗪中毒、肝病及猪的锌缺乏病。其中，卟啉病表现骨骼、牙齿内有红紫色的卟啉沉着；吩噻嗪驱虫时出现的中毒，除光敏反应外，还有红细胞溶解导致贫血。黄疸等；肝脏疾病引起继发性的感光过敏反应，同时有明显的肝功能损害症状；猪的锌缺乏病的皮肤病变部位主要在臀部、四肢，仅表现皮肤增厚、皲裂，皮屑增多，补锌有效。

【病程与预后】

本病一般预后良好，通过改变可疑饲料，避免日光直接照射，经适时合理治疗，约3~5d即可痊愈。一旦出现肺水肿和神经症状时，则提示预后不良，常在24h内死亡。

【治疗措施】

目前尚无特效解毒药。病畜应立即停喂可疑饲料，将病畜移至避光处进行护理与治疗。早期可用下泻与利胆药，以清除肠道中尚未吸收的光敏物质及进入肝脏中的毒物。

皮肤红斑、水疱和脓疱，可用2%~3%明矾水早期冷敷，再用碘酊或龙胆紫涂擦。已破溃时用0.1%高锰酸钾液冲洗，溃疡面涂以消炎软膏或氧化锌软膏，也可用抗生素治疗，以防继发病原菌感染。

对严重过敏的重症病畜，应以抗组织胺药物治疗，可用非那根、苯海拉明或扑尔敏等肌肉注射，扑尔敏每天2~3次，牛每次50~80ml，猪、羊每次10~15ml。也可用10%葡萄糖酸钙静脉注射，牛每天200~300ml，猪、羊每天40~60ml。为防止感染，可用明矾水洗患部，再用碘酊或龙胆紫药水涂擦患部，同时肌注抗菌药。

中药治疗可选用清热解毒、散风止痒的药物，可选用土茯苓30g、牛膝15g、蒲公英15g、银花10g、野菊花15g、钻地风9g、赤芍9g、地肤子20g、生甘草5g，按比例配制，煎汤灌服。

【预防措施】

本病一经诊断后应把动物移到避光处，停止饲喂光敏原性食物，使用缓泻剂，使未吸收的光敏性食物迅速排出。呈地方性发病或盛产荞麦等光敏饲料的地区，应饲养被毛和皮肤为黑色或暗色的动物品种，以充分利用当地的含光敏物质饲料资源，而又可减少发病。禁用鲜荞麦的基叶饲喂白色猪，白毛羊和黑白花牛不要在晴天放牧于密生荞麦、灰菜、蔾藜、三叶草等草地，也不要到蚜虫大量寄生区放牧。

【知识拓展】

含有光粒子原性或光敏物质的植物被家畜采食后，其所含光敏物质，如金丝桃属植物的金丝桃素，荞麦的荞麦素，三叶草、苜蓿的叶红素，黑麦草的普尔罗林（perloline），随血液循环分布于全身，当流经皮肤内的这些光能剂达到一定浓度时，无色素或浅色素皮肤中的光能剂吸收太阳光能而被激活，进而活化组织分子（氨基酸等），参与组织异常代谢，与组织小分子物质或氧形成游离的化学基团及过氧化物，从而损坏组织细胞的细胞膜和溶酶体膜，使细胞的结构受损而析出组织胺，同时细胞的通透性增高，而引起组织水肿，产生皮肤炎症。

本病在阳光照射后发生，所患皮炎多在皮肤色素较浅、被毛色白或较少且向阳部位，如头面部、耳廓、颈背、乳房等处，病变局部充血，水肿和坏死，全身性瘙痒，疹块，后期结痂，脱皮。光敏反应中，常伴有神经症状，其发生与肝功能受损有关，如肝性脑病。

任务 2 – 10 马铃薯中毒

马铃薯中毒是马铃薯素刺激消化道，损害中枢神经系统及红细胞，引起神经和消化机能紊乱为特征的中毒性疾病。此外，马铃薯茎叶所含硝酸盐和霉败马铃薯的腐败素也可引起亚硝酸盐和腐败素中毒。本病多见于猪、牛、羊，马亦可发生。

【病因分析】

马铃薯属茄科，俗称土豆、洋芋或山药蛋，其茎叶及秆中含有马铃薯素，又称龙葵素或茄碱，是一种弱碱性含苷生物碱。马铃薯素含有四种茄碱，分别为茄边碱、茄解碱、茄微碱和茄达碱。马铃薯素在植株各部位的含量不尽一致，绿叶中为0.25%，芽0.5%，花0.7%，果实内0.1%，薯的外皮0.61%，成熟的新鲜块茎0.004%。发芽块茎在日光照射下，其含量在块茎和芽中可分别增至0.08% ~ 0.5%和4.76%，长时间贮存后可使块根含量增加到0.11%，霉败块茎则可达0.58% ~ 1.38%。

马铃薯中尚含有4.7%的硝酸盐，有引起亚硝酸盐中毒的潜在危险性。霉败马铃薯含有腐败素，对动物亦有毒害作用。

本病的发生主要见于动物大量采食开花到结有绿果的马铃薯茎叶，长时间贮存已发芽、霉变或阳光照射下变绿的马铃薯。

【临床症状】

各种动物中毒后的共同症状为食欲减退，体温下降，脉搏微弱，精神委靡甚至昏迷。特征性症状有神经型、胃肠型和皮疹型3种类型。

1. 神经型

主要见于急性严重中毒，初期兴奋不安，烦躁或狂暴，伴随腹痛与呕吐。很快进入抑制状态，精神沉郁或呆滞，后肢软弱无力，共济失调，有的四肢麻痹，卧地不起。呼吸微弱，次数减少，黏膜发绀，瞳孔散大，最后因呼吸麻痹而死亡。

2. 胃肠型

主要见于慢性轻度中毒，病初食欲减退或废绝，口黏膜肿胀，流涎，呕吐，腹痛，腹胀和便秘。随着疾病的发生和发展，出现腹泻，粪便中混有血液，体温升高，少尿或排尿困难，严重者全身衰弱，嗜睡。孕畜发生流产。

3. 皮疹型

皮疹型为猪和反刍动物所特有，在口唇周围、肛门、尾根、四肢系部及母猪阴道和乳房发生湿疹或水疱性皮炎。病猪头、颈和眼睑部还出现捏粉样水肿。亦称马铃薯斑疹。

牛、羊中毒时3种类型的症状均可出现，皮疹严重者可发展为皮肤坏疽。羊还常表现溶血性贫血和尿毒症。

猪中毒以胃肠型和皮疹型为主，神经症状较轻微，怀孕母猪可产畸形仔猪，并且所生仔猪患严重的皮炎。

【剖检变化】

病畜口、鼻腔内有灰白色黏液；胸腔有红色积水；腹腔积有多量红色渗出液体；胃肠黏膜发生卡他性和出血性炎症，黏膜潮红、充血，上皮细胞脱落，肠系膜淋巴结肿大；气管内有白色泡沫，肺充血水肿；胆囊胀大有出血点；肝脏胀大淤血；肾脏轻度肿胀，切面呈淡红色，实质器官有散在出血点，心脏充满凝固不全的暗红色血液；脑充血，水肿。

在病死禽嗉囊和胃内可见采食后未经消化的马铃薯或其植株的茎叶。肝和脾肿大、淤血，血液呈暗紫色，不易凝固，胃肠卡他性炎症，腺胃黏膜脱落或有出血点，心包积液，心内外膜出血。

【诊断】

1. 初步诊断

根据病史调查，结合神经系统和消化道的典型症状，即可初步诊断。

2. 鉴别诊断

本病的胃肠型和皮疹型与口蹄疫有相似之处，应进行鉴别诊断。后者体温升高，传染性极强，口腔黏膜和趾间水疱病变，口蹄疫病毒抗原检测阳性。皮疹型还可与感光过敏相混淆，后者仅限于白色动物食入光敏原植物所致，如苜蓿、荞麦，表现奇痒。

3. 实验室诊断

进行马铃薯毒素分析。

依上述检测可确诊为马铃薯中毒。

【病程及预后】

急性严重中毒的神经型病例病程较短，一般预后不良，多在发病后 2～3d 死亡。以慢性经过的胃肠型和皮疹型病程较长，通常在一周以上，甚至长达数周之久，除发生溶血性贫血和尿毒症外，其余类型预后良好。

【治疗措施】

目前尚无特效解毒药。主要采取停喂马铃薯，更换易消化的优质饲料，立即排毒和对症治疗。洗胃、催吐与下泻疗法适宜于中毒初期和轻症病例，尤其一次性采食大量马铃薯幼芽、绿变与霉败马铃薯的病畜。而对于多日或较长时间连续蓄积性中毒者，只能采取一般解毒或对症治疗。

1. 首先清除胃肠道有毒物质

牛、羊可用 0.5% 高锰酸钾溶液或 5% 鞣酸溶液 3 000～5 000ml 洗胃灌肠；猪可口服 1% 硫酸铜 20～50ml 催吐。

2. 改善血液循环，加强解毒功能

对胃肠炎尚不严重的病畜，口服硫酸钠、硫酸镁或石蜡油等泻剂排出肠道中的残留毒物。对病情严重者，应采取补液强心等措施改善机体状况，可静脉注射 10%～50% 葡萄糖、右旋葡萄糖酐、维生素 C 和 10%～20% 安钠咖等。牛可用 10% 苯甲酸钠咖啡因 10ml、25% 维生素 C 10ml、2.5% 盐酸氯丙嗪 10ml、5% 硫酸镁 20ml、10% 葡萄糖 500ml，混合一次静

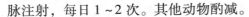

脉注射，每日 1~2 次。其他动物酌减。

3. 中药治疗

灌服绿豆解毒汤，药用：绿豆 30g，生地 20g，花粉 20g，葛根 20g，元参 20g，薄荷 15g，黄连 15g，麦冬 15g，芍药 15g，野菊花 15g，甘草 20g，上药混合，煎汤取汁，有饮欲的患畜让其自饮，无饮欲可人工灌服。无中药条件时，用生蜂蜜水、鸡蛋清灌服，轻度中毒亦能收到良好的疗效。还可用菜油 250ml、蜂蜜 250ml 混合 1 次灌服。亦可用绿豆 300g、甘草 30g 混合水煎 1 次灌服。

4. 马铃薯性斑疹处理

患部先剪去被毛，用 20% 鞣酸溶液或 3% 硼酸溶液洗涤，然后涂布 3% 龙胆紫或 3% 硝酸银溶液等，以消炎、收敛和制止渗出。

5. 家禽中毒处理

可手术取出嗉囊内的食物，清洗干净消毒后再进行缝合。重症病例者，迅速内服 10% 的葡萄糖溶液或 0.02% 的高锰酸钾溶液和 0.5% 的鞣酸溶液，并肌肉注射 20% 的安钠咖注射液 1ml，也可采取解毒、强心、利尿、镇静等药物对症治疗，同时在饲料内添加多种维生素。

【预防措施】

①马铃薯收获后应及时窖藏贮存，切忌在地面随意堆积而使其发热，霉烂与腐败，或经受长时间风吹日晒而变绿产毒，应放置在干燥、凉爽、无阳光照射的地方，以防生芽变绿；如已生芽变绿，喂前则应去除嫩芽及发绿的部分，并挖去芽眼周围部分，然后经蒸煮或加适量食醋后再行饲喂，可使马铃薯素分解或水解为无毒的糖而避免中毒；腐烂变质的马铃薯绝对不能用来饲喂，并要做好废弃处理工作，以防被动物误食。

②用马铃薯的茎、叶或花饲喂时，应与其他青绿饲料混合青贮发酵后，再行饲喂；或用猛火煮，待其毒素含量降低后再饲喂。

③利用马铃薯作鸭的饲料时，应采取由少至多逐渐增加的方式，使之逐渐适应，且用量不能超过日粮的 20%。

④用保存完好的马铃薯饲喂家畜时，也不可单一饲喂，应搭配其他饲料，使其控制在日粮的 50% 以内。

【知识拓展】

马铃薯在胃肠道消化吸收过程中，其含苷生物碱——马铃薯素产生类似皂荚苷的强刺激作用，引起消化道的炎症，发生出血性胃肠炎。马铃薯素经肠道被吸收入血后，能破坏红细胞而出现溶血现象。

马铃薯素随血液循环到达中枢神经系统，引起脑和脊髓的病理损伤，感觉神经和运动神经末梢发生麻痹，严重时表现先兴奋后抑制的神经症状，其包括运动和呼吸的抑制。大剂量时还会引起心脏骤停。马铃薯素经肾脏排泄时可造成肾脏的器质性损害，引起肾炎和尿毒症。马铃薯素还有致畸作用，母猪饲喂发芽的马铃薯可生产畸形仔猪。长期少量吸收马铃薯素会引起动物消瘦、体重下降等慢性损害。

马铃薯素的中毒剂量为 10~20mg/kg，属剧毒类。

技能 8　马铃薯素定性检验

（一）微量快速法

将马铃薯发芽部分切开，于芽附近加硝酸或硫酸 1 滴，如呈玫瑰红色，表示有马铃薯毒素。

（二）乌特克兹尔法

1. 试剂

（1）钒酸铵溶液　0.1g 钒酸铵溶于 100ml 1：2（酸：水）硫酸溶液中。

（2）硒酸钠溶液　0.3g 硒酸钠溶于 1 000ml 6：8 硫酸溶液中。

2. 操作

①将胃内容物、呕吐物或剩余饲料（切细），加水研磨，放置后倒出上清液（或经离心取上清），残渣再用水洗涤，后用热乙醇 20ml 提取 2 次，过滤，向滤液中加入氨水使马铃薯毒素沉淀，过滤，沉淀供检验用。

②取所得沉淀少许，加钒酸铵溶液数滴，初呈黄色，后变橙红色、紫色、蓝色、绿色，最后颜色消失。

③取所得沉淀少许，加硒酸钠溶液 1ml，温热，冷却，开始呈紫红色，再转成橙红色、黄褐色，最后颜色消失。

任务 2-11　草木樨中毒

草木樨中毒是由于草木樨贮存与保管不当，发霉后产生的双香豆素引起动物以广泛出血为特征的中毒性疾病。各种草食动物均可中毒发病，主要见于牛、羊、猪和马。

【病因分析】

草木樨为一种多汁、营养丰富的豆科饲草，在大面积种植收获后，往往在打捆、堆放或加工过程中处理不当，很容易感染霉菌，在腐烂过程中，无毒的天然香豆素转化为有毒的双香豆素，大量饲喂家畜，尤其是连续饲喂单一草木樨即可造成中毒。干草中双香豆素的水平达到 20～30mg/kg，即可引起牛中毒。

20 世纪 20 年代加拿大首次报道，牛饲喂发霉草木樨干草或青贮引起出血性贫血而死亡。此后，前苏联、南斯拉夫和美国等国家发表了许多有关草木樨中毒的报道。我国自 1943 年始推广种植草木樨以来，种植面积迅速扩大，主要品种有黄花草木樨、白花草木樨和印度草木樨，国内自然中毒病例报道较少。

【临床症状】

各种家畜对草木樨中毒的易感性不同，临床症状因动物品种不同而有一定差异，主要表现广泛性出血和贫血。

3 岁以下的牛对草木樨最为敏感，2 岁以内的牛采食发霉草木樨后在 46d 左右中毒，1 岁以下为 15d，老年及泌乳母牛敏感性较差。病牛体温、脉搏、呼吸正常，精神沉郁，黏膜苍白。数日后呼吸加快，因肌肉和关节出血而使步态强拘或跛行，有时臌气。鼻出血，粪便混有血液，呈柏油状。严重病牛皮下及血管周围出血，形成大小不等的血肿，多发生于下颌间隙，垂肉，髋关节，腕关节和跗关节等部位。有时表现黄疸。后期因严重贫血导致呼吸困难，后躯麻痹，卧地不起，短时间内因全身循环衰竭而死亡。

猪、羊和马中毒潜伏期较长，症状轻微。中毒病畜往往在去势、手术或意外的创伤后才发现出血不止，继而出现全身出血性贫血。

【剖检变化】

病畜皮下、结缔组织、浆膜及血管周围广泛出血，主要在关节周围、胸廓、腹部以及胃肠道等部位发生弥漫性出血或血肿，有的在腰肌、肾周围以及瘤胃腹膜面出血。肺、肾和肾上腺一般不出血。

病理组织学变化为肝、肾和心脏发生实质细胞变性。长期饲喂草木樨但未出现中毒症状的猪，表现肺水肿和慢性滤泡性胆囊炎的变化。

【诊断】

根据长期饲喂霉败草木樨的病史，结合广泛性的出血和特征性的剖检变化，即可初步诊断。临床病理学变化为血液凝固时间明显延长（可由正常的 40 秒延长至 15min 以上），血浆中凝血因子数量减少，红细胞数和血红蛋白含量降低。饲料中双香豆素含量的分析，可为本病的确诊提供依据。饲草料中双香豆素含量在 10mg/kg 以上时即可发生中毒。

【治疗措施】

病畜立即停止饲喂发霉草木樨，及时用维生素 K_1 进行治疗，剂量为 $1 \sim 2mg/kg$ 体重，肌肉或静脉注射，可在 24h 至数日内使凝血酶原恢复正常。也可按 5mg/kg 体重口服，连续 $5 \sim 7d$。可配合应用维生素 K_1 和 K_3。

严重贫血者可静脉输入抗凝血、脱纤维蛋白血或全血，剂量为 10ml/kg 体重，同时可按 1ml/kg 体重肌肉注射维生素 K，连续 $5 \sim 10d$（抗凝血应从未饲喂草木樨的同种健康动物采集，用 3.8% 枸橼酸钠抗凝；脱纤维蛋白血为强力振摇之健康动物全血，即将玻璃珠放在采血瓶中采血时用力振摇）。

辅助治疗措施为供给蛋白质、铁、铜和复合维生素 B，有助于红细胞生成和减少出血。

【预防措施】

草木樨的合理加工和防止霉变是预防中毒的关键，主要采取以下措施。

①合理加工和贮存草木樨，防止其发生霉变。

②去毒利用。草木樨同清水按 1：8 比例浸泡 24h 后，可使草木樨中的香豆素含量降低 84.47%，双香豆素降低 41.01%，用此喂猪，可防中毒。

③间断饲喂法防止中毒。三份青干草加一份草木樨饲喂两周后，再用其他饲料饲喂两周，这种交替饲喂方法可预防中毒。

④选择生长期收割、储藏和利用草木樨，因草木樨在成熟期所含香豆素和双香豆素最高。

【知识拓展】

草木樨天然含有香豆素，其本身无毒或毒性较小，但当草木樨感染霉菌后，可被霉菌作用而二聚转化为双香豆素或双羟基香豆素，则具有很强的毒性。任何易使草木樨发霉的干草贮存方法都可增加干草中双香豆素形成的可能性，特别是存放在外面的干枯的草料，通常含较高的双香豆素。

感染霉菌的草木樨被家畜采食后，所含双香豆素经肠道吸收入血，可干扰凝血酶原向凝血酶转化，同时使毛细血管通透性升高，降低血液凝固性，延长血液凝固时间。同时，双香豆素是维生素 K 的生理拮抗剂，双香豆素可阻碍肝脏对正常凝血因子的合成，使凝血因子 Ⅱ、Ⅶ、Ⅸ、Ⅹ 显著减少。这是由于双香豆素类化合物同维生素 K 的化学结构相似，竞争性地抑制维生素 K 之故。双香豆素可通过胎盘传递给新生动物。中毒动物因血液凝固不良而发生广泛性的出血，后期组织缺氧，机体衰竭而死。

任务 2 – 12　聚合草中毒

聚合草中毒是动物长期大量采食聚合草引起以巨红细胞症为特征的慢性中毒性疾病。主要发生于猪与马属动物，啮齿类实验动物也较敏感而易发生中毒。

【病因分析】

聚合草为紫草科聚合草属的一种多年生粗糙毛状草本植物，又名紫草根，其俗称和别名还有"爱国草"、"友谊草"、"肥羊草"、饲用紫草和俄罗斯紫草等。其作为家畜饲料的主要有药用聚合草（即日本聚合草）、粗糙聚合草（即澳大利亚聚合草）、外来聚合草（即朝鲜聚合草）和高加索聚合草等。聚合草含双稠吡咯啶生物碱，可损害肝脏。

饲用聚合草因其适应性强、产量高、含蛋白质营养丰富，可作为畜禽多汁青绿饲料。我国自 1972 年从朝鲜大量引进后，很快被推广到全国各地种植栽培，现已成为农户养猪和猪场主要的青饲料来源之一。猪长时间大量地饲喂聚合草，尤其是在春夏季节收割的聚合草幼嫩茎叶单一饲喂时，易发生慢性中毒。

本病流行区域主要在东北、西北、华北、华东、西南等广泛种植聚合草的地区。

【临床症状】

猪主要表现消化不良，黄疸，精神委顿或沉郁，进行性消瘦等。实验室血液生化和肝功能检查，可发现 γ – 谷氨酰转肽酶（γ – GT）的活性随聚合草饲喂累积量而平行升高，可达 1 333.60 ~ 1 500.30nmol/s（正常为 83.35 ~ 166.7nmol/s）；其他肝功能亦出现不同程度的损伤变化。

马属动物短时间大量采食新鲜聚合草可引起急性中毒，表现严重的腹痛。持续较长时间过量饲喂致慢性中毒，表现为中枢神经麻痹症状。

【剖检变化】

肝脏肿大，呈灰黄色或土黄色，表面有明显的灰白色结节隆起及大小不等的坏死灶。病理组织学变化主要为肝细胞核明显增大，颗粒变性，胞浆内含有嗜酸性小球，核内出现包涵体；汇管区和小叶间质局部增生，胆管上皮细胞轻度增生。肾小球内皮与间质细胞增生，胞核增多且密集；肾曲小管上皮细胞坏死脱落于管腔内。

【诊断】

根据采食大量聚合草的病史，结合病理解剖和组织学检查可作出初步诊断。确诊本病则需要进行有毒成分的分析鉴定。

聚合草的有毒成分是多种生物碱，需先提取总生物碱，而后将总生物碱装入硅胶柱进行层析，再采用梯度洗脱法，分离出毒性最强的聚合草素和聚合草醇碱。

【防控措施】

本病尚无特效解毒药，只能采取对症和支持治疗，且一般又是大群发病，个别治疗无实际意义，故应以预防为主。

以聚合草为主要青绿饲料的地区、猪场和农户，应适当控制其饲喂量和占总饲料的比例，避免大剂量或长期单一饲喂聚合草。鸡日粮中聚合草茎叶粉量应控制在25%以下为宜。

任务2-13　水中毒

水中毒是指动物因各种原因而引起的体内水过多而导致血浆渗透压下降、红细胞溶解、血红蛋白尿和神经机能紊乱为特征的疾病。各种动物均可发生，常见于马、牛、猪及家禽，幼龄动物更易发生。

【病因分析】

1. 过量饮水

因炎热环境或剧烈运动使动物体内水和盐大量丢失，在长时间得不到饮水的情况下，突然大量的暴饮而发病。犊牛也可见于以掺水奶代替全乳饲喂，如牛乳和水按照1∶3比例每天自由饮用2次，当天即可出现程度不同的水中毒症状，第8d出现血红蛋白尿。另外，家禽生产中为了提高饮水免疫效果而禁水时间过长，造成一次饮水过量，也会导致水中毒，常见于规模饲养的家禽。有报道17日龄雏鸡停水4个多小时，然后供给添加法氏囊疫苗的清洁饮水，1h后陆续开始发病。因幼龄动物对水、电解质调节能力差，更易发生水中毒。

2. 治疗不当

在临床上洗胃、灌肠或一些不法商贩出售动物前灌注过量水而超过机体正常调节水代谢能力，可引起急性水中毒。静脉输入含盐少或不含盐的液体过多过快，超过肾脏的排泄能力，也可引起水中毒。垂体后叶素过量使用，有时也会发病。

【临床症状】

主要表现血红蛋白尿和神经症状，因动物品种不同而有一定差异。

1. 犊牛

在暴饮后精神沉郁，目光呆滞，瘤胃臌胀，口腔流出泡沫状的液体，1h后即可出现程度不同的血红蛋白尿，颜色呈酱油色或葡萄酒色。肌肉震颤，四肢软弱无力，步态不稳，腹泻。呼吸困难，肺部听诊有罗音，可视黏膜苍白、黄染，心率增加（可达 110 次/min）。严重者共济失调，惊厥，昏迷而死亡。

2. 雏禽

主要表现精神沉郁，缩颈垂翅，呼吸困难，食欲减少或废绝，口流黏液或水样液体，排出水样稀粪，嗉囊膨大，触之有液气感，头颈歪向一侧。全身颤抖，步态不稳，共济失调，有的突然倒地，两肢划水样，最后昏迷而死亡。

3. 马

在长途运输后突然暴饮而发病，表现全身颤抖，头颈背仰，腹围增大，呼吸急促，严重者衰竭而死亡。

4. 猪

表现目光呆滞，食欲废绝，腹围增大，四肢无力，行动迟缓，呕吐，呼吸急促，步态不稳。严重者肌肉痉挛，卧地不起，昏迷而死亡。

【剖检变化】

剖检脑组织肿胀明显，脑回变平变宽，脑沟变浅变窄，脑脊液增加，脑室扩大。气管及支气管腔内有淡红色泡沫样液体，肺组织肿大，呈苍白色，肺脏切面流出粉红色泡沫样液体，胸腔积有少量淡红色液体。心脏、肝脏、脾脏和肾脏等器官瘀血。膀胱充满红色尿液。家禽嗉囊内有大量带泡沫的黏液性或水样液体，消化道轻度充血。

【诊断】

根据限制饮水后突然大量暴饮的病史，结合血红蛋白尿和神经症状，可初步诊断。血清 Na^+ 浓度和二氧化碳结合力降低，可作为辅助诊断指标。本病的血红蛋白尿应与泌尿系统出血、钩端螺旋体病、麻痹性肌红蛋白尿、药物中毒（如磺胺类）等引起的红色尿进行鉴别。

【治疗措施】

本病治疗原则是提高血浆渗透压、维持细胞完整性、缓解脑水肿。立即限制饮水，或采取少量多次饮水。家禽可倒提双腿使嗉囊中的水分流出。提高血浆渗透压，可用 10% 氯化钠溶液静脉注射，剂量为 1ml/kg 体重，家禽可少量多次饮用 0.45% 食盐水。缓解脑水肿，可用 20% 甘露醇或山梨醇溶液静脉注射。同时，强心、利尿，配合维生素 C 可提高疗效。

【预防措施】

在炎热的季节、长途运输和剧烈运动后，应限制自由暴饮，供给少量多次的饮水，或在饮水中适当的加盐。集约化养殖企业，圈舍内应有完善充足的饮水设施，以满足动物饮水的需要。气温较高时，应先供水后饲喂。犊牛严禁饲喂掺水的乳汁，幼禽在口服疫苗时禁水时间应不超过 4h。

【知识拓展】

动物在炎热夏季或剧烈运动，由于水分的蒸发，使血浆在一定程度上变得黏稠，随出汗

Na$^+$部分丧失，在突然吸收不含盐的大量水后，血容量急剧上升，稀释了血浆中原有 Na$^+$ 的浓度，使血浆渗透压急剧降低。Na$^+$ 的缺乏，不能与红细胞膜内的 K$^+$ 维持平衡，红细胞内渗透压升高，水迅速由血浆渗入红细胞内，使红细胞逐渐水肿、体积增大，最终崩解破裂造成溶血。大量的血红蛋白由破裂的红细胞中逸出，不能及时被体内网状内皮系统分解破坏，随血液循环由肾脏排出而出现血红蛋白尿。水中毒主要危害脑组织，因血脑屏障的关系，细胞外液的 Na$^+$、Cl$^-$ 不能迅速弥散到脑组织内，脑细胞肿胀和脑组织水肿使颅内压急剧增高，临床上可出现一系列的神经系统症状。

雏禽因心脏和肾脏功能尚不健全，暴饮后吸收过多的水分加重心脏和肾脏负担，极易导致心脏和肾脏功能衰竭而出现急性死亡。

【项目小结】

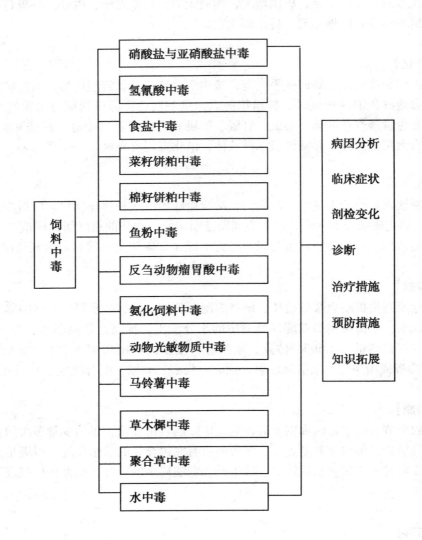

【项目检查与评价】

根据上述学习情况进行职业能力测试,以检查与评价你的学习掌握程度。

(一) 单项选择题

1. 亚硝酸盐中毒的特效解毒药是 (　　)。

A. 氯化钠　　B. 亚甲蓝　　C. 麝香草酚蓝　　D. 硫代硫酸钠

2. (　　) 患畜,临床上表现以黏膜发绀、呼吸困难为特征症状。

A. 氢氰酸中毒　　B. 黑斑病甘薯中毒　　C. 亚硝酸盐中毒　　D. 食盐中毒

3. 应用美蓝治疗亚硝酸盐中毒时,应选用 (　　)。

A. 低浓度,小剂量　　B. 高浓度,小剂量　　C. 低浓度,大剂量

D. 高浓度,大剂量

4. 亚硝酸盐中毒的猪,可出现皮肤发紫,呼吸极度困难,这是因为 (　　)。

A. 呼吸中枢受毒害　　B. 呼吸肌麻痹　　C. 呼吸道堵塞

D. 血红蛋白失去携氧功能

5. 亚硝酸钠或大剂量美蓝与硫代硫酸钠配伍可用作 (　　) 患畜的特效解毒剂。

A. 硝酸盐与亚硝酸盐中毒　　B. 食盐中毒　　C. 有机磷农药中毒　　D. 氢氰酸中毒

6. 下列几种关于氰化物中毒的剖检变化描述中,正确的是 (　　)。

A. 血液呈酱油色　　B. 肌肉暗红色　　C. 胃内容物有苦杏仁味　　D. 肺气肿

7. 某患畜剖检后发现:血液呈鲜红色,凝固不良,胃内容物有苦杏仁味,则该动物最可能患的疾病是 (　　)。

A. 氢氰酸中毒　　B. 硝酸盐与亚硝酸盐中毒　　C. 有机磷农药中毒

D. 灭鼠灵中毒

8. 食盐中毒时,组织学观察可见:血管外周的间隙水肿增宽,因大量 (　　) 浸润,形成"袖套"。

A. 嗜碱性粒细胞　　B. 嗜中性粒细胞　　C. 淋巴细胞　　D. 嗜酸性粒细胞

9. 猪食盐中毒表现明显的神经症状,主要是大脑血管周围有大量的 (　　) 浸润,形成所谓的"袖套"现象。

A. 淋巴细胞　　B. 嗜伊红细胞　　C. 嗜碱性细胞　　D. 单核细胞

10. 针对猪食盐中毒,临床上建议给予 (　　) 处理较好。

A. 大量灌水　　B. 芒硝泻下,同时补以高糖

C. 溴化钾镇静,配合利尿剂　　D. 氯丙嗪镇静,5% 葡萄糖静脉注射

11. 硫酸亚铁解毒法可作为 (　　) 的去毒减毒方法。

A. 菜籽饼　　B. 霉玉米　　C. 黑斑病甘薯　　D. 棉籽饼

12. 饲料中增加铁的含量,可预防下列疾病中的 (　　)。

A. 菜籽饼中毒　　B. 黑斑病甘薯中毒　　C. 硝酸盐和亚硝酸盐中毒　　D. 棉籽饼中毒

13. 下述所列,(　　) 可作为棉籽饼的去毒减毒方法。

A. 硫酸亚铁解毒法　　B. 坑埋法　　C. 碱处理法　　D. 酸处理法

14. 为了预防棉籽饼中毒,最好采取一些解毒措施,如经 (　　) 后,再作食用。

A. 0.1% $KMnO_4$ 溶液 24h　　B. 库藏三个月以后　　C. 草木灰水漂 24h

D. 太阳暴晒

15. 牛长期采食大量棉籽饼可引起视力障碍，猪亦可表现为晕病，这可能与棉籽饼内（　　）有关。

　　A. 棉酚过多　　　B. 维生素 A 缺乏　　　C. 维生素 B_1 缺乏　　　D. 影响视紫质合成因子

16. 棉籽饼是富含蛋白质的饲料，但易引起非反刍动物如猪中毒，其中的主要毒性成分是（　　）。

　　A. 游离棉酚　　　B. 棉酚　　　C. 棉籽苷　　　D. 有机浸提剂

17. 某沿海地区土壤中并不缺碘，但因饲料中（　　）太多，因而幼犊呈现明显的甲状腺肿。

　　A. 青干草　　　B. 豆饼粉　　　C. 菜籽饼粉　　　D. 亚麻籽粉

18. 下述所列，（　　）可作为菜籽饼的去毒减毒方法。

　　A. 坑埋法　　　B. 硫酸亚铁解毒法　　　C. 氨处理法　　　D. 吸附去毒法

19. 菜籽饼中毒后的临床表现可分为四种类型：泌尿型，呼吸型，神经型和（　　）。

　　A. 消化型　　　B. 内脏型　　　C. 关节型　　　D. 斑疹型

20. 坑埋法可作为（　　）的去毒减毒方法。

　　A. 菜籽饼中毒　　　B. 棉籽饼中毒　　　C. 黑斑病甘薯中毒　　　D. 亚硝酸盐中毒

（二）判断题

1. （　　）应用美蓝治疗亚硝酸盐中毒时，应选用高浓度、大剂量。

2. （　　）应用美蓝治疗亚硝酸盐中毒时，应选用低浓度，小剂量。

3. （　　）猪饱潲病是在饮水不足的情况下，过量摄入食盐或含盐饲料而引起以消化紊乱和神经症状为特征的中毒性疾病。

4. （　　）猪食盐中毒表现明显的神经症状，主要是大脑血管周围有大量的淋巴细胞浸润，形成所谓的"袖套"现象。

5. （　　）食盐中毒本质上是由 Cl^- 引起的中毒。

6. （　　）非反刍动物及犊牛对棉籽饼的毒性敏感，成年动物抵抗力较强。

7. （　　）棉籽饼中毒的毒性成分是结合棉酚。

（三）理论问答

1. 硝酸盐和亚硝酸盐中毒的治疗措施及需注意的问题？

2. 如何防治食盐中毒？

3. 如何对棉籽饼进行去毒处理？

4. 如何对菜籽饼进行去毒处理？

（四）病例分析

1. 一养牛专业户16头奶牛和10头小牛因饲喂过量糖厂的液体糖浆，当晚即开始发病，由于未及时救治，第三天来兽医院就诊时已死亡3头，另10余头病情严重。病牛初期精神沉郁，食欲较差或废绝，反刍减少，肠胃蠕动减慢，瘤胃膨胀，出现腹泻；中期病牛呆立，肌肉震颤，四肢无力，走路摇晃，站立困难，体温稍降，排出水样粪便，恶臭，带有黏液和组织碎块，头向背部弯曲，甩头，呼吸、心跳加快；后期表现衰竭及神经症状，卧地不起，眼球凹陷，瞳孔散大，少尿或无尿，临死前呈昏迷状态。病死牛尸僵不全，血凝不良。

2. 四头黄牛于放牧时采食玉米苗，之后在 8～10h 即相继出现中毒症状，精神沉郁，腹痛不安，卧地不起，呼吸浅表，眼球凹陷，体温 37℃，可视黏膜鲜红，反射消失，心动徐缓 65～75 次/min，排水样便，并带有少量鲜红血，严重者排多量鲜血，其中还有肌肉震颤、惊厥神经症状。

项目三 饲料添加剂中毒

【岗位需求】掌握常见营养性饲料添加剂、违禁饲料添加剂引发的中毒的诊断与综合防控；公共卫生安全知识。

【能力目标】掌握维生素中毒、瘦肉精中毒、二噁英中毒的诊断与防治；了解违禁饲料添加剂对人、畜的危害。

【案例导入】2011年"3·15"媒体对河南"瘦肉精"事件报道以来，在人们的生活中掀起了轩然大波，负面新闻报道接二连三；随后4月【财新网】（综合媒体报道）对河北省食品整治办在沧州查获198只从山东运来的"瘦肉精羊"做了报道。

点评：这一案例事件典型的反映了养殖者为了强化基础饲料营养价值，提高动物生产性能，节省饲料成本，改善畜产品品质等目的，而在饲料生产加工、使用过程中添加少量或微量饲料添加剂，甚至添加违禁物质。营养性饲料添加剂中毒的主要原因是长期、过量的使用，拌料不均匀，几种药物添加剂合用等。动物对饲料添加剂的耐受性与品种、性别、年龄、生理状况等因素有关。另外，有些药物添加剂可引起动物的过敏反应，而违禁饲料添加剂会对人畜健康造成危害。

任务3-1 维生素类饲料添加剂中毒

一、维生素 A 中毒

维生素 A 中毒是动物维生素 A 摄入量过大引起的以生长发育缓慢、跛行、共济失调和发生骨疣等为特征的中毒性疾病。各种动物均可发生，临床上常见于犬和猫。

【病因分析】
动物维生素 A 摄入量过大
饲料中鱼肝油严重超标

【临床症状】
动物维生素 A 中毒主要表现为食欲不振或废绝，生长缓慢，消瘦，皮肤干燥、发痒，出现鳞屑和皮疹，被毛脱落，蹄爪脆而易碎裂，骨变脆、易骨折，长骨变粗，关节疼痛，易出血且凝血时间延长。动物妊娠早期饲喂过量的维生素 A 易导致死胎，后期可引起胎儿畸形。因动物品种不同而有一定差异。

1. 猪

表现为被毛粗乱，皮肤感觉敏感，腹部和腿部有出血斑点，粪尿带血，肢体僵硬，并呈周期性肌震颤。仔猪常因大面积出血而死亡。妊娠早期饲喂大量的维生素 A 引起胎儿增大，但实验性的大量饲喂并未发现对猪胚胎的毒性和致畸作用。

2. 犊牛

表现生长缓慢，跛行，行走不稳，瘫痪等。第三指节骨形成外生骨疣（X 线拍片像是第四指节骨），骨节间软骨消失。长期大量给予维生素 A，可造成角的生长缓慢，脑脊液压力降低。

3. 犬、猫

表现倦怠，牙龈充血、水肿，食欲下降，腹胀，便秘，骨骼生长发育受阻。颈椎和前肢关节周围生成外生骨疣，颈部僵硬，前肢肘部和腕部骨骼融合，行走困难，跛行。猫脊椎骨融合时，脊柱弯曲困难，不能用舌梳理自己的被毛。有的病例表现齿龈炎和牙齿脱落，影响动物的采食和咀嚼。维生素 A 对软骨正常生长、矿化及重新溶解都很重要，当维生素 A 过多时可引起骨皮质内成骨过度，这是维生素 A 的主要毒性。长期大量服用维生素 A，可使动物胎儿畸形。

4. 家禽

表现为食欲不振或废绝，精神委顿，生长减慢，体重减轻，骨质疏松，骨骼变形。产蛋鸡产蛋下降，有的产软壳蛋；产蛋鸭产蛋个小、色暗、蛋壳变薄。

【剖检变化】

剖检可见肝脏肿大，色黄，有散在的出血点；脾脏肿大。组织学变化为肝小叶间和小叶内的结缔组织弥漫性增生，肝实质细胞被增生的结缔组织分开。

【诊断】

根据大剂量使用维生素 A 或摄入维生素 A 的病史，结合临床症状，即可诊断。必要时测定饲料及肝脏维生素 A 含量。犬、猫 X 线检查，在胸部和颈部椎体上出现骨疣和外生骨刺，骨刺也可发生在肩关节和肘关节。

【治疗措施】

立即停止饲喂维生素 A 含量过多的日粮，病情较轻者可恢复正常，但骨骼的变化一般难以恢复。急性中毒应及时进行解毒治疗，如催吐、缓泻，以排除毒物，同时还可静脉注射 10% 葡萄糖生理盐水。为缓解因肝脏损害而导致维生素 K 缺乏引起的出血现象，可口服或注射维生素 K 制剂。此外，根据病情采取相应的对症治疗。

【预防措施】

在饲料中添加维生素 A 制剂时，应严格控制其添加量。对于反刍动物，最大安全摄入允许量不超过正常需要量的 30 倍，非反刍动物不超过 10 倍。不同动物日粮中维生素 A 的安全摄入允许量（国际单位/千克）为：猪 4 000 ~ 20 000，鸡 1 500 ~ 15 000，犊牛 3 200 ~ 6 600，羊 940 ~ 45 000。此外，临床应用维生素 A 制剂时（如治疗维生素 A 缺乏症）要注意用量和持续用药时间，防止过量蓄积中毒。

【知识拓展】

纯维生素 A 为淡黄色晶体，缺氧时对热稳定，有氧时对热不稳定，易被紫外线破坏。维生素 A 仅存在于动物体内，植物中只有维生素 A 原——胡萝卜素和类胡萝卜素。α、β、γ-胡萝卜素和玉米黄素在动物肠壁细胞内及肝脏、乳腺内经胡萝卜素酶作用可转化为维生素 A。饲料中胡萝卜素的 90% 是 β-胡萝卜素，其他含量甚少，玉米黄素主要存在于玉米中，因此，在饲料中各种类胡萝卜素含量以 β-胡萝卜素计。在动物体内，胡萝卜素的吸收转化率很低，并因动物种类而异。

维生素 A 在动物肝内含量很高，鱼肝油富含维生素 A，全脂奶也含有一定的维生素 A。维生素 A 原主要存在于幼嫩、多叶的青绿饲料和胡萝卜中，随植物的熟、老逐渐减少。水果皮、南瓜、黄玉米、甘薯也含有较多的维生素 A 原。维生素 A 和胡萝卜素在光热条件下极易被氧化，当饲料贮存较久时，会渐被破坏，鲜草在阳光下晒制过程中，胡萝卜素损失 80% 以上，若在干燥塔中人工快速干燥可减少损失。20 世纪 70 年代以来的研究发现，β-胡萝卜素在种畜生殖过程中是不可缺少的。维生素 A 不易从体内迅速排出，食入量超过正常量的 50～500 倍会出现过多症，多出现在幼龄动物中。

二、维生素 B 族中毒

【病因分析】
添加过量或长期使用是导致维生素 B 族发生中毒的原因。

【临床症状】
鸡群食欲减退，精神尚好，但临死前出现痉挛抽搐，有些鸡粪呈黑褐色糊状。

【剖检变化】
剖检病死鸡可见肌、腺胃交界处有浅表性黑褐色出血带，肠道内黏液增多，其他器官未见异常。

【诊断】
结合发病情况、临诊症状和剖检结果，诊断为雏鸡 B 族维生素中毒。

【治疗】
立即采用中草药仙鹤草煮水饮服，全群每天用干仙鹤草 0.5kg、5% 葡萄糖水（每公斤水另加维生素 C 30mg）饮服，连用 3d。鸡群用药后，第 2d 死亡 9 只，第 3d 死亡 2 只，第 4d 停止死亡。

【预防】
除了停止使用 B 族维生素制剂外，应针对以肌、腺胃交界处出血的变化，采用止血药（如仙鹤草、维生素 K_3 等）、维生素 C、葡萄糖等对症治疗，以便取得迅速的效果。

任务 3-2　蛋氨酸饲料添加剂中毒

蛋氨酸在蛋鸡配合饲料中是必不可少的一种氨基酸，它具有促进蛋鸡生长发育、提高产蛋率、提高饲料报酬、增加经济效益的作用。但过量添加蛋氨酸会引起蛋鸡代谢紊乱的病症。

【病因分析】

添加蛋氨酸过量。

【临床症状】

采食逐渐减少，饮水增加，产蛋反而下降，开始产小蛋、薄壳蛋、软蛋，羽毛松乱少光，口腔流涎，精神委靡等。

【剖检变化】

肝肿大，质脆易碎，土黄色；肾肿大，质脆；肠变细；心脏脂肪变性；泄殖腔有少量脓液；卵巢有轻微炎症，输卵管略肿大。

【诊断】

根据症状、饲料变化情况及解剖病理变化，排除传染病，诊断为蛋氨酸中毒。

【治疗措施】

立即停止饲喂原配合饲料，供给加有5%葡萄糖、0.01%维生素C的清洁饮水；购买白菜叶、牛皮菜等青绿多汁蔬菜叶切碎饲喂；每天喂一次加有2%的饲料复合酶、2%甘草粉、3%绿豆粉的自配无蛋氨酸的饲料。产蛋恢复正常，改喂配合饲料。

【预防措施】

蛋氨酸是产蛋鸡饲料中的重要氨基酸。正常情况下，蛋氨酸为鸡机体吸收后，在各种氨基酸酶的作用下，主要在肝脏、肾脏中进行分解、合成代谢，转变成蛋白质、含氮活性物质和供能，供机体生长发育用。然而饲料中蛋氨酸如过量，吸收进入肝脏的蛋氨酸量超过肝脏的分解、合成能力，正常分解、合成代谢即被破坏，导致各种有毒物质不能分解、排除，蓄积在肝脏、肾脏，引起肝、肾细胞变性肿大，从而引起蛋鸡代谢平衡紊乱，发生中毒。一般蛋鸡配合饲料中已含有足够的蛋氨酸，不需再添加，急于助长过量添加，反而会适得其反。因此，饲养蛋鸡，切不可盲目在饲料中增加蛋氨酸含量。

【知识拓展】

目前，作为蛋氨酸添加剂的产品主要有 DL – 蛋氨酸和 DL – 蛋氨酸羟基类似物及其钙盐。蛋氨酸制剂还有蛋氨酸金属络合物和用于反刍动物的保护性蛋氨酸制剂。蛋氨酸金属元素络合物的研制主要是针对微量元素添加剂在饲料中添加量小，在饲料中准确添加并混合均匀比较困难，而无机元素毒性较大，某些无机化合物易吸湿结块，影响加工性能和其他活性成分的稳定性。而氨基酸金属元素络合物克服了这些不足，并可提高添加效果和安全性。目前商业产品已上市，但因价格问题还未广泛使用。蛋氨酸络合物有蛋氨酸锌、蛋氨酸硒、蛋氨酸铜等。

任务 3-3　违禁饲料添加剂中毒

一、瘦肉精中毒

"瘦肉精"学名盐酸克伦特罗，是一种白色或类白色的结晶粉末，在畜禽养殖业中常非法使用于饲养瘦肉型猪、鸡等。含有"瘦肉精"的猪肉、内脏如果被其他动物或人食用后，往往会出现肌肉震颤、心悸、战栗、呕吐、甚至不能站立等不同程度的中毒症状。

【病因分析】
1. 畜禽饲料中非法添加"瘦肉精"
2. 采食含有"瘦肉精"的畜禽肉、内脏

【临床症状】
1. 猪

病猪皮肤苍白，末梢器官发绀，行走不稳，步态踉跄，叫声嘶哑，吻突有轻度颤抖，体温升高，呼吸加快。

2. 犬

病犬兴奋、烦动不安，全身肌肉颤抖，走路不稳，呕吐出未消化棕色碎块状、糊状的肺片，脉搏加快，呼吸急促，体温升高，腹股沟淋巴结未见肿大，可视黏膜未见异常，尿液淡黄。

3. 人

急性中毒有心悸，面颈、四肢肌肉颤动，甚至不能站立，头晕，头痛，乏力，恶心，呕吐等症状。原有心律失常的患者更容易发生反应，如心跳过速，室性早搏，心电图提示 S－T 段压低与 T 波倒置；原有交感神经功能亢进的患者，如有高血压、冠心病、青光眼、前列腺肥大、甲状腺功能亢进者上述症状更易发，危险性也更大，可能会加重原有疾病的病情而导致意外；与糖皮质激素合用可引起低血钾，可能与交感神经兴奋导致血浆醛固酮水平增高，使肾小管排钾保钠作用增强所致。低钾使心肌细胞兴奋性增加，这种双重作用的结果，会使心脏猝死发生的机会大大增加；白细胞计数降低；反复使用还会产生药物耐受性，对支气管扩张作用减弱，持续时间也将缩短；长期食用会导致人体代谢紊乱，产生低血钾、高血糖及酮症酸中毒；还有致染色体畸变的可能，从而诱发恶性肿瘤。

【诊断】
根据病史和临床症状，作初步诊断。确诊需要进一步做实验室检测，发病动物尿样用 1.5ml 一次性塑料离心管采集，经离心机离心（4 500r/min 离心 10min）后取上清液，使用德国生产的 ELISA（酶联免疫吸附法）试剂盒，按试剂盒说明书操作，测得样品的"瘦肉精"含量，依据卫生部《动物性食品中克伦特罗残留量的测定》的规定标准，判断检测结果阳性。

【治疗措施】

主要是采取对症疗法。

对病犬一次性肌注盐酸氯丙嗪注射液2ml（规格2ml：25mg）以制止燥动，采用静脉推注少量的氨茶碱注射液80mg（每支2ml：250mg）以缓解喘息症状，然后静脉滴注50%葡萄糖注射液40ml（每支20ml：10g）、环丙沙星注射液5ml（规格5ml：50mg）、维生素C注射液2ml（每支2ml：0.1g）等促使毒物排出。10min后病犬逐见精神好转，呕吐停止，走路稳定，第2d随访痊愈。

对病猪可用心得安（又名盐酸普萘洛尔，为肾上腺素受体阻滞药，用于窦性心动过速，心房扑动，心房颤动，房性或室性早搏，心绞痛及高血压等）1片。

对人发生"瘦肉精"中毒后，应当进行洗胃、输液，促使毒物排出；在心电图监测及电解质测定下，使用保护心脏药物，如1，6–二磷酸果糖（FDP）等药物。

【预防措施】

①控制源头，加强法规的宣传，禁止在饲料中掺入瘦肉精。

②加强对上市猪肉、牛肉、羊肉和家禽的检验。

③购买鲜肉类，特别是猪肉的消费者，不要购买肉色较深、肉质鲜艳、后臀肌肉饱满突出、脂肪非常薄等有可能使用过"瘦肉精"的猪肉，少吃内脏，发现问题，要及时举报。

【知识拓展】

瘦肉精是一种平喘药。该药物既不是兽药，也不是饲料添加剂，而是肾上腺类神经兴奋剂。又名盐酸双氯醇胺、克喘素、氨哮素、氨必妥、氨双氯喘通、氨双氯醇胺。瘦肉精是一种β2-受体激动剂，20世纪80年代初，美国一家公司开始将其添加到饲料中，增加瘦肉率，但如果作为饲料添加剂，使用剂量是人用药剂量的10倍以上，才能达到提高瘦肉率的效果。它用量大、使用的时间长、代谢慢，所以在屠宰前到上市，在猪体内的残留量很大。这个残留量通过食物进入人体，就使人体渐渐地积蓄中毒。如果一次摄入量过大，就会产生异常生理反应的中毒现象，因此而被禁用。国内有些养猪户不顾国家的规定，为了使猪肉不长肥膘，在饲料中掺入瘦肉精。猪食用后在代谢过程中促进蛋白质合成，加速脂肪的转化和分解，提高了猪肉的瘦肉率，因此称为"瘦肉精"。

技能9 瘦肉精的竞争酶标免疫检验

（一）器材

诊断试剂盒、微孔板酶标仪（450nm）、均质器、冷冻离心机、离心管（50ml）、微量可调移液器（单道、八道）、RIDAC18柱、滤纸（0.45μm）、甲醇（分析纯、100%）、50mmol/L HCL、10mmol/L HCL、50mmol/L磷酸二氢钾缓冲液（pH值3.0）、500mol/L磷酸二氢钾缓冲液（pH值3.0）、1mol/LNaOH。

（二）样品处理

1. 尿样

尿样一般不用处理，取 20μl 清亮尿样直接测定。如果尿样混浊要过滤或离心至得到清亮尿样。

2. 肝脏、肉样

粉碎的 5g 样品与 25ml 50mmol/L HCL 混合，振荡 1.5 h，以达到均质的目的。称 6g 均质物（相当于 1g 肝脏），加入离心管中。10～15℃条件下 4 000 转/min 或更高的转速离心 15min。转移上清液到另一个离心管中，加 300μl 1mol/L NaOH 混合 15min。加入 4ml 500 mmol/L 磷酸二氢钾缓冲液（pH 值 3.0），简单混合并在 4℃保存至少 1.5 h 或过夜。10～15℃条件下 4 000 转/min 或更高的转速离心 15min。分离全部上清液，使其升至室温（20～24℃），然后用 RIDAC18 柱纯化。

RIDAC18 柱纯化样品必须在室温条件下（20～24℃），并严格控制过柱时流速。用 3ml 甲醇洗涤柱子，控制流速为 1 滴/s。用 2ml 洗涤液（50mmol/L 磷酸二氢钾缓冲液 pH 值 3.0），洗涤柱子。肝脏、肉样的全部上清液进柱，控制流速为 1 滴/4s。用 2ml 洗涤液（50mmol/L 磷酸二氢钾缓冲液 pH 3.0），洗涤柱子，流速为 1 滴/s。用正压除去残留的流体并用空气或氮气吹 2min，干燥柱子。用 1ml 甲醇洗脱样品，控制流速 1 滴/4s。50～60℃并在弱空气或氮气流下完全蒸发甲醇溶剂。用 1ml 蒸馏水溶解干燥的残留物，取 20μl 进行分析。

3. 饲料

取 10g 饲料样品，用 10mmol/L HCL 溶解，连续振荡 10min，用滤纸过滤，在滤液中加入 120μl 1mol/L NaOH 进行中和，检查 pH，用 NaOH 控制 pH 值在 6.5～7.5 之间，取上清液 20μl 进行分析。稀释倍数为 25（即含有 0.04 g 饲料样品/ml）。

（三）检验原理

"瘦肉精"克仑特罗竞争酶标免疫检测方法快速测定的基础是抗原抗体反应。酶联板的微孔包被有针对兔抗克仑特罗特异性抗体的羊抗体（第二抗体）。加入兔抗克仑特罗特异性抗体（第一抗体）与第二抗体结合而被固定，洗涤后加入标准液或样品溶液与酶结合物（酶标记抗原），标准液或样品中的游离抗原与酶标抗原竞争兔抗克仑特罗特异性抗体上有限的结合位点。通过洗涤除去没有与特异性抗体结合的酶标抗原，加入酶基质（过氧化脲）和发色剂（四甲基联苯胺）并孵育，结合到板上的酶标记物将无色的发色剂转化为蓝色的底物。加酸终止反应后，颜色由蓝色转变为黄色。在单波长 450nm 处测吸光度，吸收光强度与样品中的克仑特罗浓度成反比。

（四）测定步骤

①所有试剂及样品在开始检测前必须回升至室温（20～24℃），测定操作在 20～24℃下进行。

②用盒中缓冲液以体积 1∶10 的比例稀释实际用量的克仑特罗抗体浓缩液（黑色盖），稀释前轻轻混均抗体，不要猛烈振荡。

③取出实验需要数量的微孔板条，足够标准和样品所用的数量，标准和样品做两个平行试验，记录标准和样品的位置。剩余的微孔板条放进原锡箔袋中并且与提供的干燥剂一起重

新密封，置于 2 ~ 8℃冷藏。

④每个微孔中底部加 100μl 稀释后的抗体溶液，室温（20 ~ 24℃）孵育微孔板 15min，避免光线照射。

⑤孵育的同时进行酶标记物的稀释，用盒中缓冲液以体积 1∶10 的比例稀释实际用量的克仑特罗酶标记物浓缩液（红色盖），稀释前轻轻混均抗体，不要猛烈振荡，避光放置。

⑥洗板，甩出孔中液体，将微孔架倒置在吸水纸上拍打，直到纸上无明显水迹（拍打 3 次），以保证完全除去孔中的液体。用 250μl 蒸馏水充入孔中，再次甩掉微孔中液体，并在吸水纸上拍打，重复操作两次。加洗涤水的移液器管尖必须置于微孔上方约 0.5cm 处打出洗涤水，避免将板孔中的游离抗体带入洗涤水中。洗板后立即进行下一步操作，不要让板孔干燥。

⑦加入 20μl 标准或处理好的样品到各自的微孔底部，标准和样品做两个平行实验。

⑧加入 100μl 稀释了的酶标记物至微孔底部，轻轻振荡微孔板并在桌面上作圆周运动以混匀。移液器管尖不要接触到孔中的混合物，避免交叉污染。

⑨室温孵育微孔板 30min，避免放置，尽可能每隔 10min 轻轻振荡 1 次，准备好酶基质/发色剂，并注意避光放置。

⑩洗板，同第六步。在洗板过程中加洗涤水的移液器置于微孔板上方 0.5cm 处打出洗涤水，避免将板孔中的游离酶标记物带入洗涤水中。

⑪不要让板孔干燥，迅速加入 100μl 酶基质/发色剂到每个孔中，步骤操作要迅速，避免头尾反应时间相差过长，轻轻振荡板并在桌面上作圆周运动以混匀。移液器管尖不要接触微孔中的混合物，避免交叉污染。

⑫室温暗处孵育微孔板 15min，暗处避光放置，同时准备好反应停止液。

⑬每孔加入 100μl 反应停止液，混匀，60min 内用酶标仪测量 450nm 处波长吸光度值。

⑭所获得的标准和样品吸光度值的平均值除以第一个标准（0 标准）的吸光度值再乘以 100，并且以百分比的形式给出吸光度值，计算的标准值（吸光度值）绘成一个对应克仑特罗浓度（mg/kg）的半对数坐标系统曲线图，校正曲线在 200 ~ 2 000ng/kg 范围内应当成为线性。相对应每一个样品的浓度（ng/kg）可以从校正曲线上读出。

二、二噁英中毒

二噁英具有较强的脂溶性，最易残留于动物脂肪和乳汁中，禽、蛋、乳、肉、鱼是最易被污染的食品。二噁英的毒性很大，有"世纪之毒"之称。1997 年，WTO 将其列为第 1 类致癌物质。即便长期摄取微量二噁英也会引起皮肤、肝脏疾病及生殖障碍和癌症等。美国环保局（1995）公布结果显示：二噁英还具有生殖、免疫和内分泌毒性，而且极易污染环境。

【病因分析】

①焚烧垃圾、工业废品、医院废物及森林火灾都可产生二噁英，柴油废气中也能排出二噁英。

②在杀虫剂、除草剂、防腐剂和油漆添加剂等生产过程中，二噁英往往作为副产品或以杂质的形式存在于其中。此外，冶炼、合成、热处理、造纸和汽车尾气等，都是二噁英的主要来源。

③饲料或植物在生长、生产、贮存及加工过程中受二噁英类毒物的污染。

【临床症状】

全身抑制，进行性体重降低，皮肤及其衍生物损害（结膜炎、角化过度症、秃毛、鳗状疹、皮肤溃疡），黏膜黄疸化，消化紊乱，代谢障碍，肝、肾机能不全，患畜水肿，酸中毒，孕畜流产或产弱胎。从隐性期到出现症状约5～10d。

【剖检变化】

胴体消瘦，结膜贫血、黄疸，胸腹腔、心包积有浆性液体，脾萎缩，肾小管上皮坏死，血管球性肾炎，肝营养不良。

【诊断】

根据病史、临床症状和剖检变化做初步诊断，结合血清α-氨基-酮戊酸合成酶活性增高，胆固醇、总蛋白、白蛋白、尿素氮含量增加；有条件需做免疫学诊断即可确诊。同时需要和以下疾病做鉴别诊断。

①慢性氟、锰、汞和有机氯中毒以及2，4-D、2，4，5-T和均三氮苯类衍生物中毒时，动物也呈现全身抑制、生长迟缓、皮肤及其衍生物损害、流产或产弱胎。

②与黄曲霉毒素、硝酸盐和亚硝酸盐中毒一样，这类中毒也表现皮下水肿、腹水和心包积水等。

③在植物源毒物中，必须注意肝病性中毒（采食了菊科、羽扁豆及棉属植物）和由光敏作用（采食了三叶草、金丝桃、荞麦、苜蓿属植物等）引起的皮肤损害等。

【治疗措施】

目前无特效解毒药，只能采取一般治疗措施。

【预防措施】

①切实加强食品安全体系建设，要特别警惕含氯化合物的产生。农药的使用、垃圾的焚烧等均要符合环保的要求。

②加强海关检疫，严防国外二噁英类污染物潜入我国市场。

③加强对环境、食品、饲料中二噁英类含量的监测，以确保安全可靠。

④加强对畜禽健康状况的监控，定期对畜禽血、尿、乳、毛、蛋以及某些组织或器官中的二噁英含量进行监测，组织畜牧兽医专家有计划地开展畜禽二噁英中毒方面的研究工作。

【知识拓展】

二噁英是一种毒性很大的含氯污染物，俗称TCDD，它是在纸浆漂白、垃圾焚烧以及生产以氯苯为母体的化工产品（如落叶剂、除草剂）过程中所产生的副产品。二噁英中毒事件在20世纪发生多起，如1968年日本的福冈和长崎市、1976年意大利的塞韦索城、1992年美国科瓦利斯市某马场以及越战时的越南，这类污染事件已经引起当地居民癌症高发和后代畸形。1999年5月以比利时为主的西欧国家发生二噁英在饲料、肉鸡、鸡蛋以及牛奶等相关产品中严重超标事件，一度引起世界范围的食物大恐慌。这一事件使人们充分认识到动物饲料卫生安全对人类健康的重要意义。

TCDD 急性毒性主要特征是耗竭动物体内脂类组织，引起动物消瘦，并在几天或几周内死亡。慢性和亚急性动物喂养实验结果表明，TCDD 主要引起动物肝脏坏死、淋巴髓样变、表皮疣、胸腺萎缩、胸腺细胞活性下降、血浆甲状腺激素水平下降、体重减轻、胸腺相对重量变少、肝脂丢失、细胞色素 P450 酶活性升高等。

TCDD 的毒性作用机理尚不完全明确，但可以肯定地认为 TCDD 的急性毒性、致癌性和致畸性等绝大部分作用是由 AH 受体介导的。AH 受体是一种特异性的胞内 TCDD 结合蛋白，一旦与 TCDD 结合后，可以在转录水平上控制基因表达，引起动物体发生畸形、癌症及突变。此外，TCDD 的毒性作用还可能与其他如肝细胞膜等靶组织的上皮生长因子（EGF）受体竞争性结合，改变蛋白激酶的活性，改变包括变形生长因子和干扰素在内的多个特异基因表达，以及升高血浆游离色氨酸水平，并进一步增强 5-HT 代谢有非常密切的关系。

【项目小结】

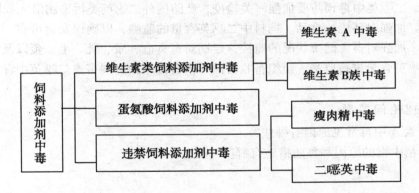

【项目检查与评价】

根据上述学习情况进行职业能力测试，以检查与评价你的学习掌握程度。

（一）单项选择题

1. 猪发生"瘦肉精"中毒临床表现不可能的是（　　）

A. 皮肤苍白　　　B. 末梢器官发绀　　　C. 行走不稳，步态踉跄　　　D. 体温正常，呼吸减慢。

2. 人发生"瘦肉精"中毒临床表现不可能的是（　　）

A. 心动迟缓　　　B. 肌肉颤动　　　C. 头晕头痛　　　D. 乏力恶心

3. 原有心律失常的患者发生"瘦肉精"中毒临床表现不可能的是（　　）

A. 心动过速　　　B. 室性早搏　　　C. 心电图波倒置　　　D. 心功能亢进

4. 二噁英中毒临床症状不可能有的是（　　）

A. 体重降低　　　B. 皮肤及其衍生物损害　　　C. 黏膜黄疸　　　D. 消化功能正常

5. 二噁英中毒剖检变化不可能有的是（　　　）

A. 胴体消瘦　　　B. 结膜贫血、黄疸　　　C. 胸腹腔、心包积有浆性液体　　　D. 脾肿大

（二）判断题

（　　）1. 预防"瘦肉精"中毒需控制源头，加强法规的宣传，禁止在饲料中掺入瘦肉精。

（　　）2. 预防"瘦肉精"中毒需加强对上市猪肉、牛肉、羊肉和家禽的检验。

（　　）3. 二噁英中毒原因可能是焚烧垃圾、工业废品、医院废物及森林火灾都可产生二噁英，柴油废气中也能排出二噁英。

（　　）4. 在杀虫剂、除草剂、防腐剂和油漆添加剂等生产过程中，二噁英往往作为副产品或以杂质的形式存在于其中。此外，冶炼、合成、热处理、造纸和汽车尾气等，都是二噁英中毒的主要原因。

（　　）5. 饲料或植物在生长、生产、贮存及加工过程中受二噁英类毒物的污染。

（　　）6. 预防二噁英中毒需切实加强食品安全体系建设，要特别警惕含氯化合物的产生，农药的使用、垃圾的焚烧等均要符合环保的要求。

（　　）7. 二噁英中毒预防要加强海关检疫，严防国外二噁英类污染物潜入我国市场。

（　　）8. 加强对环境、食品、饲料中二噁英含量的监测，以确保安全可靠。

（　　）9. 加强对畜禽健康状况的监控，定期对畜禽血、尿、乳、毛、蛋以及某些组织或器官中的二噁英含量进行监测，组织畜牧兽医专家有计划地开展畜禽二噁英中毒方面的研究工作。

（三）理论问答题

1. 维生素 A 中毒常见原因有哪些？

2. 瘦肉精中毒的原因和预防措施有哪些？

项目四　药物中毒

【岗位需求】掌握常见的抗生素中毒、抗寄生虫药中毒、消毒药中毒的诊断与防治措施；能果断处理药物引发的中毒病。

【能力目标】掌握青霉素中毒、链霉素中毒、土霉素中毒、抗球虫药中毒、消毒药中毒的诊断与防治，熟悉药物中毒的原因。

【案例导入】吊瓶依赖症、超级细菌、耐药宝宝……这些字眼的不断出现，让滥用抗生素引起全国的关注。2011 年 4 月，扬州日报记者走进扬州药店、医院、养殖户家中就抗生素使用情况进行了暗访，暗访发现使用抗生素情况不容乐观。据报道，我国每年生产抗生素原料大约 21 万 t，其中有 9.7 万 t 抗生素用于畜牧养殖业，占年总产量的 46.1%，我国每年因畜禽疫病所造成的直接经济损失高达数亿。

点评：这一案例的数据典型的反映了近年来随着养殖业的迅速发展，人们在重视疾病防治和提高饲养水平的同时，由于对药物选择不慎或使用不当常导致动物发生中毒，尤其是抗生素中毒，往往给养殖业尤其是集约化生产带来很大的损失，其除引起动物大批死亡外，因慢性蓄积性中毒还会导致动物饲料利用率降低，生长缓慢，生产性能或产蛋率下降，故对药物中毒应引起养殖户的高度重视。

任务 4-1　抗生素类药物中毒

目前，有不少兽医或饲养专业户把抗生素视为治疗病畜禽的万能药，遇病即用，盲目加大剂量，这样做的结果，会使病菌产生抗药性，形成耐药病菌，引起双重感染。正常动物机体的消化道、呼吸道及生殖泌尿系统内寄生着多种细菌，这些细菌之间相互制约，维持平衡共生状态。抗生素应用剂量过大可引起畜禽神经肌肉冲动传导阻滞，诱发呼吸肌肉麻痹，呼吸抑制，肢体瘫痪，甚至死亡。畜禽肉、奶等可食产品中残留大量抗生素，人吃后会引起中毒或过敏。

一、青霉素中毒

【病因分析】

青霉素为兽医临床上常用的一种抗生素，对敏感细菌具有强大杀菌作用。多年来，少数兽医错误的把青霉素视为能治百病的灵丹妙药，有的竟达到了滥用、乱用的程度，致使耐药菌株大肆泛滥，二重感染也成灾，甚至因其副作用的危害，常导致畜禽死亡，尤其是青霉素的过敏反应，故在用药时要特别慎重。药品不纯或大剂量应用时，则可能发生中毒。

【临床症状与剖检变化】

除局部刺激症状外，主要为过敏反应，有的呈现毒性反应。过敏反应的临诊表现为过敏性休克、皮肤过敏性疹块等。中毒的动物呈现呼吸困难至喘息，黏膜发绀，大出汗，狂躁不安，心跳加快，脉搏细弱，肌肉震颤，眩晕，昏迷，抽搐，大小便失禁等。严重者来不及抢救很快就死亡。轻者经一段时间后，症状可自行消失而康复。

中毒猪表现为注射局部红肿，体温下降，呼吸困难，作呕，鸣叫不安，全身抽搐，头颈痉挛，向一侧歪斜，站立不稳，结膜发绀，瞳孔散大，大、小便失禁，意识丧失。听诊心音微弱，有湿性罗音。经 1～30min，多由痉挛到昏迷死亡。孕猪除引起战栗、呕吐、倦怠、食欲减退和四肢发绀外，还可导致流产。病死猪可见喉、肺水肿和肝、肾瘀血等病变。

鸡中毒后体温下降 1～2℃不等、靠墙呆立、伸颈、两翅下垂、"咯咯"乱叫、无目的向前行走或呈转圈运动。8min 后，部分病鸡强直倒地，呼吸困难，眼睑外翻。随即剖检，发现病鸡肝脏呈现紫黑色。

病犬表现呼吸加快，心跳快，烦躁不安，皮肤和可视黏膜发红。抢救不及时，则造成死亡。

【诊断】

根据病史、临床症状和剖检变化，作出诊断。

【治疗措施】

发现中毒后应立即停止用药，用0.1%肾上腺素：牛、马2～5ml，猪、犬0.5～1ml，皮下注射。或用其 1/3～1/2 量，以 10%葡萄糖溶液作 10 倍稀释，静脉注射，经 5～10min 后，如中毒症状未明显缓解，可再注射 1 次。

为了促进体内青霉素的排出，可根据病情进行大量、多次输液；对惊厥严重的动物，可用巴比妥类或安定。亦可用激素类药物。

【预防措施】

要常规用药，不应超量长期持续应用。为了防止过敏反应，可进行下列两项实验。

1. 贴斑试验

以治疗浓度的青霉素溶液浸透滤纸片，趁湿用橡皮膏粘贴于少毛或无毛的皮肤上。经过几小时观察，局部发生红肿，即为阳性反应。

2. 皮损试验

在皮肤少毛或无毛处，用消毒针尖刺伤或划痕数条，以治疗浓度青霉素溶液浸湿该部。30min 后局部红肿，即阳性反应。凡阳性反应者，严禁使用青霉素。肌肉注射后，要仔细观察一段时间，当确认无异常反应后，方可让病畜离开。

【知识拓展】

青霉素的口服或饮用可被胃酸或肠道产生的青霉素酶所破坏，肌肉注射吸收很快，一般为 15～30min，血液浓度最高。青霉素吸收后体内分布很广，主要从肾脏排泄。青霉素的中毒作用，主要有过敏反应、毒性反应、二重感染以及治疗反应等。过敏反应大多数为以前曾经应用过青霉素的动物，但也有首次用药后发生过敏反应的。这主要是由于抗原与抗体或抗原与致敏细胞相互作用的结果。

二、链霉素中毒

链霉素亦为兽医临床上较为常用的抗生素药物。一般不易引起动物中毒，但用药不当，特别是质量不纯或含有二链霉胺与链霉胍等杂质或动物患肾病时，最易发生中毒。家禽对链霉素相对较敏感，剂量过大，即可发生中毒。

【病因分析】

链霉素是一种常用抗生素，具有一定的毒性反应作用，过量使用可导致惊厥、呼吸抑制、共济失调或肢体瘫痪和猝死。

【临床症状】

动物链霉素中毒很少见，一旦发生中毒，主要毒性反应为过敏反应症状。

1. 毒性反应

急性中毒的动物，多于注射后 10 ~ 15min 后出现症状。动物呕吐或作呕，呼吸困难，运动失调，痉挛，最后呼吸抑制，心跳停止而死亡。慢性中毒主要损害中枢神经系统，出现眩晕，异常姿势，步态踉跄，听觉丧失等。有的出现皮疹，皮肤搔痒等。大剂量链霉素注射时可引起动物阵发性惊厥。此外，链霉素对神经肌肉接头产生阻滞作用，使动物呈现衰弱、肢体瘫痪和全身无力等症状。

2. 过敏反应

多于注射后 1 ~ 2h 发生，主要表现为发热，皮疹，呼吸高度困难，狂躁不安，肌肉震颤，以至发生休克。

3. 仔猪

中毒出现皮肤和黏膜苍白，口吐白沫，卧地不起，鼻端和四肢厥冷，呼吸浅表而促迫，心跳频数。

4. 雏鸡

中毒出现行动迟缓，闭目呆立，流涎，双翅或一翅下垂，瘫痪不起，角弓反张，甚至呼吸麻痹而死。剖检肾脏弥漫性出血，部分鸡的皮下浸润。

【诊断】

依据过量使用链霉素的病史及急性发病的症状可以作出诊断。

【防治措施】

主要是勿使链霉素用量超过标准用量（肌肉注射，成鸡 0.1 ~ 0.2g/只，雏鸡 2 ~ 3mg/只；饮水，30 ~ 120μg/ml）。对已发生中毒的鸡群，应迅速加强保温，保持安静，减少刺激，并投饮适量的维生素 C 与葡萄糖溶液。

【知识拓展】

链霉素肌肉注射吸收很快，一般为 1 ~ 1.5h，血液浓度最高，有效血液浓度可维持几小时左右。链霉素大部分以原型经肾脏排出。泌乳动物中也可从乳汁中排出少量。当动物患肾脏疾病，或肾机能不全时，则排出量明显降低，可因蓄积引起中毒。

链霉素在动物体内可与血清蛋白结合，使机体产生过敏反应，出现发热皮疹及嗜酸性白细胞增多症，亦可引起过敏性休克。家禽用量达正常的 3～5 倍，10～30min 即可出现中毒。开始闭目流泪，翅下垂，行动迟缓，很快向一侧歪斜，瘫痪，角弓反张，惊厥，迅速死亡。

本品能损害第八对脑神经，造成前庭功能和听觉的损害，表现为步态不稳，共济失调，耳聋等症状。多见于长期用药的病例。本品可经胎盘进入胎儿循环，胎血浓度为母畜血浓度的一半。因此，给母畜注射本品时，可能威胁胎儿的安全。

三、土霉素中毒

土霉素属四环素类抗生素，我国农业部批准生产的促生长饲料添加剂为土霉素钙盐。土霉素是目前应用比较广泛的抗生素，它的抗菌谱广，对大多数革兰氏阳性菌和部分革兰氏阴性菌均有效。土霉素素性小，但有残留，许多细菌易对它产生抗药性。添加量为：作为促生长剂时 $5 \times 10^{-6} \sim 7.5 \times 10^{-6}$，产蛋禽禁用。停药期为宰前 1 周。注意土霉素与喹乙醇有拮抗作用。

【病因分析】
在应用土霉素时没有严格按照安全剂量使用，长期或大剂量应用。

【临床症状】
1. 猪
中毒时一般都是在用药后立即或不久出现症状。如果是药品口服引起中毒的，表现为呕吐，腹泻，不久呈现结膜黄疸等症状。注射后引起中毒的，主要表现为过敏性休克。病猪心跳加快（120～140 次/min），呼吸浅表，每分钟可达 70～80 次，甚至呈现气喘。结膜重度潮红，瞳孔散大，反射消失。也有呈现狂暴不安，肌肉震颤，全身痉挛，躺卧不起乃至昏迷。

2. 鸡
多因投放剂量过大或长时间饲喂而致中毒。病鸡精神不振，食欲减少，饮水量增加，嗉囊充满液体，排出黄色或带血丝的稀粪。羽毛干枯无光泽，生长缓慢，龙骨弯曲，腿瘫痪。鸡冠萎缩，苍白，皮肤多呈紫色，日渐消瘦，体重减轻 1/4～1/2，产蛋量下降或停产，最后多因极度衰弱而死亡。

3. 牛、羊
一般内服后精神沉郁，食欲废绝，反刍停止，瘤胃蠕动减弱，粪便干燥呈球状，鼻镜干燥。亦有出现神经症状的。母羊在产后阶段发生中毒可导致截瘫，严重的死亡。

4. 马
内服土霉素后，一般在 2～3d 出现中毒症状。当轻度中毒时，主要表现为食欲废绝或减退，体温正常或稍高，排粪迟滞或频数，甚至拉稀。严重中毒时，精神沉郁，全身震颤，食欲废绝，肠蠕动音减弱或停止，有腹痛现象，有的呈现神经兴奋症状，以后出现腹泻，排出水样的恶臭稀粪。呼吸增数，心跳加快，结膜充血，严重脱水，站立不稳，最后因心力衰竭而死亡。

【剖检变化】

病死鸡肝脏肿大，质脆，呈土黄色。腺胃和十二指肠肠壁水肿，肌胃角质膜龟裂。肾脏肿大，充血或出血。有的病死鸡心脏、肺脏、气囊表面呈石灰样。

【诊断】

应用土霉素过量，发病后出现狂躁不安，全身痉挛，呼吸增数、困难，口吐白沫，瞳孔散大，反射消失，心跳增数。若口服中毒，则出现呕吐、腹泻、黄疸，全身肌肉松弛，心跳加快，伏卧不起。对剩余可疑药物取0.5mg，加硫酸2ml，如为土霉素可显朱红色。与以下类症鉴别：

1. 食盐中毒

相似处：呼吸、心跳增数，口吐白沫，肌肉痉挛，黏膜潮红，兴奋不安，瞳孔散大等。不同处：因食入食盐含量多的食物而发病。体温高（痉挛时升至41℃），口渴喜饮，尿少或无尿，兴奋时奔跑，继则喜卧昏迷，有时癫痫发作，口腔黏膜肿胀，皮肤发绀。

2. 猪传染性脑脊髓炎

相似处：全身肌肉痉挛、震颤，四肢僵硬等。不同处：有传染性，体温高（40～41℃），前肢前移，后肢后移，常发生剧烈的阵发痉挛，声响也能激起大声尖叫，强烈时角弓反张。将病料脑内接种易感猪，能出现特征性症状和中枢神经典型病变。

3. 苦楝中毒

相似处：突然发病，口吐白沫，全身痉挛，呼吸困难，站立不稳，后期反射消失，瞳孔散大等。不同处：因吃苦楝子或因驱虫吃川楝素而发病，体温偏低，耳、鼻、四肢发凉，发抖，卧时四肢做游泳动作。腹痛呻吟，病程短，几十分钟即死亡。

4. 猪破伤风

相似处：全身肌肉震颤，四肢站立如木马，腹式呼吸，口吐泡沫等。不同处：由创伤或分娩而感染发病，为传染病。牙关紧闭，两耳直立，四肢强直痉挛；不能行走，阳光、声响均能激发痉挛。取病猪全血0.5ml肌注于小鼠臀部，一般经18h后即出现症状。

【防控措施】

1. 要严格掌握安全用药剂量，合理的给药途径。对草食动物和反刍动物应避免口服用药，静脉注射时要用葡萄糖溶液稀释后，缓慢注射。

2. 发现有中毒可疑时，应立即停止用药。对内服后中毒的动物，应立即灌服1%～2%碳酸氢钠溶液，牛、马2 000～3 000ml，猪、犬200～500ml。亦可用碳酸氢钠溶液静脉注射，牛、马300～500ml，猪、犬50～100ml。为了促进四环素类药物结合而去毒，可用10%的氯化钙溶液或10%的葡萄糖酸钙溶液静脉注射，并依据病情采用其他对症疗法。

鸡一旦发现中毒，应立即停药，并立即给病鸡用甘草水、绿豆水或5%葡萄糖溶液饮服，并喂维生素B_1或维生素C 5～10ml。

【知识拓展】

四环素类药物内服后吸收迅速，一般经24h，血内浓度可达高峰，有效浓度可维持6～

8h，服用四环素类药物大部分以原型经肾脏排出，故尿中的浓度很高。一部分经胆汁排泄，但在肠内其大部分又被重吸收。据报道，马每日内服 5g，或每日内服 2g，连续应用 7d；牛一次内服 12g，猪一次服用 0.5g，连续服用 5d；羊按 0.02～0.025g/kg 体重，每只羊 3～5 片土霉素均可引起中毒。

四环素类药物中毒时：①主要损害胃肠道，即对胃肠产生刺激作用并妨碍肠道的正常微生物区系的活动，从而引起消化机能障碍；②当长时间大量口服或超剂量静脉注射时，可损害肝脏而引起脂肪变性，并对酶系统发生抑制作用；③当长期服药时，可使机体发生二重感染，主要是耐药性金黄色葡萄球菌、革兰氏阴性杆菌和真菌的二重感染；④可能发生过敏反应，也偶有呈过敏性休克的病例。对某些动物还破坏凝血因子，造成血凝障碍等。

技能 10　土霉素的检验

检材可取药液、胃内容物，如掺加饲料中，则剩余饲料是最好的检材。

（一）土霉素的检验

1. 试剂

（1）硫酸

（2）对二甲氨基苯甲醛试液　取对二甲氨基苯甲醛 2g，溶于硫酸 4mL 中，加蒸馏水 1ml。

（3）稀盐酸　取盐酸 23.5ml，加蒸馏水稀释至 100ml。

2. 操作

取检品加蒸馏水振摇后，取水层分成四份备用。如检品含有油剂，可先加乙醚搅拌使基质溶解后，再加蒸馏水振摇，取水层分成四份备用。

（1）取水液一份，加过量硫酸，如为土霉素则显深红色，加蒸馏水稀释后，转变为黄色。

（2）取水液 2 滴加稀盐酸 2 滴，对二甲氨基苯甲醛 1 滴，如为土霉素则生成蓝绿色沉淀。

（二）土霉素盐酸盐的检验

1. 试剂

（1）硝酸银试液　取硝酸银 6.5g，加蒸馏水使溶解成 100ml。

（2）氨试液　取浓氨溶液 40ml，加蒸馏水至 100ml。

（3）稀硫酸　取硫酸 5.7ml，注意缓慢加入蒸馏水约 10ml，放冷，再加蒸馏水至 100ml。

（4）高锰酸钾试液　可取用 0.02mol/L 高锰酸钾液。

（5）碘化钾淀粉试纸

2. 操作

检品处理同土霉素。

①取水液加硝酸银试液，如有土霉素盐酸盐则生成白色凝乳状沉淀，能在氨试液中溶解，但在硝酸中不溶。

②取水液置试管中，加稀硫酸与高锰酸钾试液，加热，产生氯气，管口置湿润的碘化钾

淀粉试纸即变成蓝色。

四、喹乙醇中毒

喹乙醇又名喹酰胺醇、快育灵、倍育诺等。化学名 N-羟乙基-3 甲基-2-喹啉酰胺-1，4-二氧化物。黄色结晶体状粉末，无臭，味苦，热水中溶解，冷水中微溶。它有促进家禽生长和蛋鸡产蛋的作用。同时本品还有抗菌和抑菌的作用。

喹乙醇中毒是饲料中添加喹乙醇量太多，又连续饲喂，引起动物中毒，临床上以胃肠出血、昏迷、失明为特征。喹乙醇是目前主要用于家禽的促生长剂，多引起禽中毒。

【病因分析】

1. 添加剂量过大

喹乙醇的安全用量为每千克饲料中添加 25～35mg，可满足禽类的生长需要。但有人认为使用越多，促生长效果越好，因此造成中毒。鸡按 50mg/kg 体重剂量给予，连服 6d，可使半数鸡产生临床中毒。给予 90mg/kg 体重，一次内服即可急性中毒死亡。饲料中用量超过 6～8 倍，即可中毒死亡；或有些饲料厂家已经添加喹乙醇，但用户不知，造成重复添加而中毒。

2. 添加后拌和不匀

3. 使用错误

误把喹乙醇当作土霉素、强力霉素而造成使用错误也易引起中毒。

4. 违反防治疾病要求

喹乙醇用作预防和治疗某些细菌性疾病时，常用 80～100mg/kg 饲料。连用一周后，应停药 3～5d，治疗量 20～30mg/kg 体重，每天 1 次，连用 2～3d，间隔几天再用，否则易引起中毒。喹乙醇原料为邻硝基苯胺，对动物毒性很强，对鸡特别敏感。生产过程中，邻硝基苯胺未全部净化，容易使动物中毒。

【临床症状】

1. 鸡

中毒时表现为精神沉郁，饮食减少，甚至不吃，不喝，排稀黑色粪便，蹲伏不动，冠暗红，体温正常（41℃），重症鸡病程 2～3d，鸡渐进性瘫痪，昏迷，死前扑翅，挣扎，尖叫，部分鸡产蛋后即死亡，或死后子宫内留有硬壳蛋。公鸡发病比母鸡迟 2～3d，症状亦较轻，头甩动频繁。

2. 鸭

中毒时个体大，采食多的先发病死亡，病鸭极易受惊吓，频频喝水，眼结膜潮红，死前尚可行走，突然倒地死亡。初期死亡少，但至 10～20d（从过量采食起），死亡量持续增多，即使停药后仍在死亡。

3. 鱼

多数情况下，鱼体没有明显的异常，一旦拉网、捕捞、运输，鱼体则表现非常敏感，极度不安，跳动剧烈，在几十秒到几分钟内鱼内腹部、头部、嘴角、鳃盖、鳃丝和鳍条基部都显著充血发红和出血，严重者大量的鲜血从鳃盖下涌出。病鱼特别不耐长途运输，在运输过程中大批死亡，即使未死亡者，也表现为生命垂危，全身变为桃红色，鱼体发硬，最终死亡或失去商品价值。

【剖检变化】

1. 鸡

仔鸡呈胃肠道病变，腺胃壁增厚，肠道不同程度充血和出血，十二指肠出血严重，黏膜和浆膜有大小不等的出血斑。肝肿大，色暗红质脆，切面糜烂，多血，胆囊扩大。心肌出血，心包粘连。母鸡卵巢变形，小的卵膜有一些黄白色的坏死小点，稍大的卵膜破裂，卵黄溢出，鸽蛋大小的卵有血管怒张。

2. 鸭

剖检无特征性变化，死亡率高达50%～70%。

3. 鱼

解剖可见腹内积有大量血水，肛门轻度红肿，胆囊肿大，脾淤血肿大，呈紫黑色，肝脏肿大，质地变脆，颜色异常，肠道轻度充血，严重时肠一节一节断开，断开处向外翻卷。撕开鱼皮，可见肌肉鲜红，呈明显的"红肌肉型"出血症状。

【诊断】

主要根据调查有过量采食喹乙醇的病史，临床上排黑色稀粪、瘫痪、昏迷等特征，可诊断为该药中毒，确诊依据动物饲喂实验和饲料中喹乙醇含量的测定。一般用量超过6～8倍，即可中毒死亡。

【治疗措施】

喹乙醇中毒，目前尚无特效解毒药。除立即停止食用原饲料，彻底更换新料，使用一切抗菌药物和饲用药物外，对症疗法一般是采取保护肝脏和促进肾脏排泄，可大量饮水，并补充葡萄糖、维生素、肾肿解毒剂等。

【预防措施】

1. 严格控制添加剂量

购进饲料时，一定要问明是否添加了喹乙醇及添加量；自己添加预防用药时，应严格按《中国兽药典》推荐的喹乙醇混饲浓度进行使用，切勿随意加大剂量。用喹乙醇防病时每用3～5d，应停药1次，因该药有中等程度的蓄积性，应防止蓄积中毒，该药还有诱变作用，应注意切勿滥用。

2. 混饲必须充分搅匀

一定要拌匀，采取逐级扩大，搅拌均匀。

3. 给药方法要得当

喹乙醇一般不推荐内服给药作治疗用，由于难溶于水，一般不要采用饮水给药。

【知识拓展】

喹乙醇属喹啉类药物，又名"倍育诺"、"快育灵"、"奥拉金"、喹酰胺醇，是一种化学合成抗菌促生长剂，少量使用能促进动物生长，提高饲料转化率。然而，近几年在全国范围内出现一种"鱼类应激性出血腹水综合症"，其主要原因之一就是长期使用喹乙醇造成鱼中毒。喹乙醇是一种非常好的促生长剂，少量使用能十分显著地提高动物的生长速度。然而喹乙醇又具有中等以上的蓄积毒性。也就是说其在动物体内有一定残留，消除较慢，当在动物体内蓄积达到一定程度时，会诱发细胞染色体致畸，动物在受到刺激时会大量出血而死。所以，畜禽养殖中应用喹乙醇均有一个较长的休药期，使动物体内蓄积的残毒消除后再用。鱼对喹乙醇的吸收又很快，消除却很慢，久而久之，引起蓄积性中毒。

任务 4-2　磺胺药中毒

磺胺类药物是用化学方法合成的一类药物，具有抗菌谱广、疗效确切、价格便宜等优点，常用于鸡球虫病、禽霍乱、鸡白痢等病的防治，如复方敌菌净、磺胺脒等。磺胺类药物的治疗量接近中毒量，毒副作用大，常因用药方法不当或用量过大而引起中毒。临诊上常以共济失调，痉挛麻痹，呕吐，便秘或腹泻，结晶尿、血尿、蛋白尿，肾水肿，颗粒性白细胞缺乏，溶血性贫血，孕畜流产，或胎儿缺氧死亡等为其特征。家禽特别是雏禽对磺胺类药物敏感，易出现中毒反应。

【病因分析】

临诊上常用的磺胺药物分为两类：一类为肠道内易吸收的药物，如磺胺嘧啶（SD）、磺胺二甲基嘧啶（SM2）、磺胺间甲氧嘧啶（SMM）、磺胺喹恶啉（SQ）和磺胺甲氧嗪（SMP）等；另一类为肠内不易吸收的药物，如磺胺咪（SG）、酞磺胺噻唑（PST）及琥珀酰磺胺噻唑（SST）等。第一类比较容易引起急性中毒。

①静脉注射磺胺药物速度过快或剂量太大，极易导致急性"药物性休克"。

②内服用药剂量较大或连续用药超过一周以上者，易引起慢性中毒。

③用药量过大的同时，供水不足或腹泻引起失水过多时易发病。

④家禽对磺胺类药物敏感性高。如4周龄以内的雏鸡选用复方敌菌净0.3g/kg饲料连用5d，引起毒性反应；产蛋鸡服用磺胺不超过5d，产蛋量下降。

【临床症状】

该药的急性中毒可在短时间内死亡，表现为兴奋不安，体温升高，呼吸加快，拒食，腹泻，共济失调，痉挛、麻痹等；慢性中毒表现为精神委靡，羽毛松乱，食欲不振或废绝，渴欲增加，贫血，鸡冠和肉髯苍白，结膜苍白或黄染。便秘或下痢，粪便呈白、灰白色或酱油色。小鸡生长受阻，成鸡产蛋下降，软、薄壳蛋增加，蛋壳粗糙。种蛋受精率和孵化率下降。病变以全身性出血和血液凝固不良为主要特征。

【剖检变化】

剖检可见皮肤、皮下、肌肉和内脏器官出血，骨髓色泽变浅或黄染。胆囊、胃、肠管等处黏膜出血。家禽中毒时，皮肤、肌肉和内部器官出血，皮下有大小不等的出血斑，胸部和大腿肌肉弥漫性或刷状出血。肠道内弥漫性出血斑点，盲肠含有血液；腺胃和肌胃角质层下

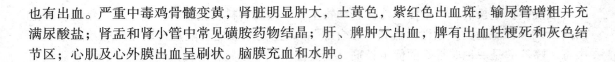

也有出血。严重中毒鸡骨髓变黄，肾脏明显肿大，土黄色，紫红色出血斑；输尿管增粗并充满尿酸盐；肾盂和肾小管中常见磺胺药物结晶；肝、脾肿大出血，脾有出血性梗死和灰色结节区；心肌及心外膜出血呈刷状。脑膜充血和水肿。

【诊断】

本病诊断依据为：鸡冠、肉髯苍白、结膜苍白或黄染；血液稀薄不凝固，全身广泛性出血，特别是胸部，腿部肌肉有条状或块状出血斑；骨髓色淡，严重者为黄色。结合病史情况，如果有磺胺药物的超量使用或超长时间连续使用，则可确诊。

【治疗措施】

本病无特效解毒药，一旦中毒应立即停药，饮水中加入 1% ~ 2% 碳酸氢钠和 3% ~ 5% 葡萄糖让鸡自由饮用，还可将复合维生素 B 用量增加一倍，达到 3.6mg/kg 饲料。出血严重的按每千克饲料添加维生素 C 0.2g，维生素 K 3 ~ 5mg，连用 5 ~ 7d。对严重中毒、呼吸困难的病鸡，可肌注维生素 B_{12}，每只 1 ~ 2μg；或肌注叶酸，每只 50 ~ 100μg；或口服维生素 C 25 ~ 30mg。

【预防措施】

对本病仍应重在预防。首先要严格掌握用药剂量和连续用药时间。由于本药中毒剂量与治疗剂量很接近，所以一定要严格按照药品使用说明书用药，不能擅自加量。有介绍：4 ~ 12 周龄幼鸡以 0.25% 的磺胺嘧啶饲喂可出现中毒现象；产蛋鸡用周效磺胺按 0.5g 剂量内服，第二天即发生中毒。用磺胺类药治疗疾病，雏鸡 3d，成鸡 5d 为一疗程，最多不超过 7d，之后应换其他种药。混饲时，务必搅拌均匀。其次，3 周龄以内雏鸡肝解毒功能差，蛋鸡产蛋期影响产蛋，应慎用；有肝肾病或全身性酸中毒病症的鸡应禁用。用药期应配合使用碳酸氢钠，并保证充足饮水，以防析出结晶损害肾脏。

【知识拓展】

全身感染用磺胺多在服后 3 ~ 6h 大部分于肠内吸收，广泛分布于全身。在血液中大部分保持游离形式，其代谢产物尤其是氧化产物可致全身毒性反应，如过敏性症状及皮肤损害等。部分磺胺在肝脏中经过乙酰化而变为无抗菌效应的乙酰磺胺，仍保持其原型磺胺的毒性。乙酰化产物一般溶解度较小，常在肾小管内析出结晶，造成阻塞和损害。因本类药物与胆红素竞争与血浆蛋白结合，可使血内游离胆红素水平增高而引起黄疸。本类药物及其代谢产物主要由肾脏排泄，碱性尿液可促进磺胺的排泄。若肾功能不全，其半衰期常有显著延长，肾脏排泄量大为减少，且磺胺乙酰化产物亦大为增加，易形成结晶。吸收较差或不能吸收的磺胺类药物，偶可导致过敏反应和造血系统障碍。

本类药物造成中毒性肾脏损害的机制有：①磺胺药物直接损害肾小管上皮细胞；②磺胺结晶的沉淀，引起泌尿道的阻塞而致肾小管细胞的变性、坏死；③因过敏引起血管本身的损害及肾脏组织水肿、肾间质嗜酸粒细胞浸润等。

本类药物对血液系统的影响有：①某些磺胺（多见于氨苯磺胺，偶见于磺胺噻唑、磺胺嘧啶等）可引起高铁血红蛋白血症或硫化血红蛋白血症；②本类药物有抗叶酸作用，可致臣幼红细胞性贫血，甚至诱发再生障碍性贫血；③导致溶血性贫血：其机制包括血中药物浓度过高、后天获得性过敏、遗传性红细胞代谢异常（G-6-PD 缺乏）和红细胞内不稳定的血红蛋白的存在（如血红蛋白 H 等）；④因骨髓受抑制而引起粒细胞及血小板减少，甚至全血细胞减少，但罕见。

技能 11　磺胺药中毒的检验

（一）重氮反应法

重氮反应法适宜检查中毒家畜的血液、尿液及膀胱黏膜。

1. 试剂

5% 三氯乙酸、0.5% 亚硝酸钠、0.5% 麝香草酚试液（用 20% 氢氧化钠溶液作溶媒）

2. 操作

取血液 1ml，加入三氯乙酸试剂 10ml，振荡 5min，滤过（或离心），吸取上清液 9ml，加入亚硝酸钠试剂 1ml，充分混合后，再加麝香草酚试剂 2ml，如含磺胺，振荡后即呈橙黄色。

（二）显微结晶反应

1. 原理

磺胺类药物在酸性溶液里形成特殊结晶，借以鉴别各种磺胺药物。

2. 操作

取检材 0.1mg（片剂约 1mg），置载玻片上，加稀盐酸 1 滴，轻轻摇动后加苦味酸饱和溶液 1 滴，将载玻片轻轻摇动，使呈黄色斑点结晶，而后置显微镜下观察：

（1）磺胺嘧啶　呈束形的针状黄色结晶，成束处于偏端互连一起。

（2）磺胺甲基嘧啶　呈不规则淡黄色颗粒状结晶，有的集聚在一起。

（3）磺胺脒　呈长方形的黄色透明结晶，常呈菊花状排列。

（4）氨苯磺胺　呈长针状树鬃形淡黄色结晶。

（5）磺胺吡啶　呈不规则梭形黄色透明结晶，常为梅花样排列。

（6）磺胺噻唑　呈淡黄色针状结晶，有的呈囊状，多集聚成球形，边缘呈毛状。

3. 注意事项

片剂的赋形剂在鉴别时不应除去；盐酸量不宜多，否则难以形成结晶，如量多则可待 2～3min；标本放置 5min 使结晶增大后再作显微镜观察。

任务 4-3　呋喃唑酮中毒

呋喃类药物（痢特灵）中毒是由于用量过大或用药时间过长所导致的畜禽中毒性疾病。临床特征表现为运动失调，肌肉痉挛，抽搐等神经症状。以家禽和幼畜最为敏感。

【病因分析】

本病发生的原因大多为用量过大，或连续服用时间过长而引起中毒；另外，品种不同，对药品的耐受量也不一样；加之计算失误，在饲料中搅拌不均匀，更容易引起畜禽中毒反应的发生。

呋喃类药物常用的主要有呋喃西林、呋喃旦啶和呋喃唑酮（痢特灵）。呋喃西林毒性最大，现已淘汰，停止生产；呋喃旦啶次之；呋喃唑酮（痢特灵）毒性较小。目前兽医临诊上应用的肠道抗菌药主要为痢特灵，痢特灵对多种革兰氏阳性和阴性菌都有抑菌作用，兽医临诊上多用于防治畜禽肠道感染、雏鸡白痢和球虫病等，但痢特灵也存在一定的毒性。

【临床症状】

1. 家禽

痢特灵中毒较为多见。急性中毒的雏禽往往在给药后几小时或几天内出现症状，有些病例未出现症状即死亡。中毒病雏往往出现神经症状，精神沉郁，闭眼缩颈，呆立或兴奋，鸣叫；有的头颈反转，扇动翅膀，作转圈运动；有的运动失调，倒地后两腿伸直作游泳姿势或痉挛，抽搐而死亡。成年家禽食欲减少，呆然站立或行走摇晃，有的兴奋，呈现不同的姿势，头颈伸直或头颈反转作回旋运动，不断地点头或头颤动，或者鸣叫，作转圈运动，倒地站立不起，出现痉挛、抽搐、角弓反张等症状，直至死亡。

2. 仔猪

轻度中毒时，肌肉震颤，但尚能吃食；中度中毒，表现为后肢无力站起，呈犬坐姿势；严重中毒者出现角弓反张，四肢呈游泳状。长期内服痢特灵还可抑制造血功能。

3. 犊牛

中毒时，初期兴奋不安，眼神凶猛，如同斗牛般狂跳，步态不稳，惊厥倒地，挣扎划动；接着精神沉郁，兴奋与抑制交替发生，瞳孔散大，窒息死亡。

【剖检变化】

1. 鸡

病死鸡肌肉、肝脏颜色发黄，肝脏稍萎缩，且散布有星网状白色坏死灶；肾脏肿胀，呈土黄色；口腔、嗉囊、肠道中有黄色黏液，有的小肠内有黄色泡沫及水液，小肠黏膜有轻度瘀血和出血，易脱落。腺胃黏膜黄染，肌胃角质黄色，有溃烂处，易剥离。皮下水肿，有淡黄色渗出液。心脏扩张，心室壁变薄。肺脏呈淡红色，切面有红色泡沫样液体，腹腔积液。

2. 猪

病死猪尸僵完全，眼结膜苍白。食道黏膜充血，胃内积有黄色内容物，从幽门经胃底到贲门有一条炎症区，区内有散在出血点，肠内充满气体。肝肿呈土黄色。其他脏器无明显病变。有的病死猪胃肠臌气，胃内有未消化的乳酪。肾脏有出血点。

3. 牛

病死牛剖检可见真胃和小肠黏膜出血。膀胱充满棕色尿液，底部出血。肝脾肿大，胆囊充满浓稠且色深的胆汁。其他未见明显异常。

【诊断】

根据有痢特灵治疗的病史，用药过量或在饲料与饮水中搅拌不均匀，并有特征性中枢神经系统紊乱症状和尸体剖检的病理变化，可作出诊断。

【治疗措施】

立即停喂呋喃唑酮和含呋喃唑酮的饲料。给鸡群饮用 5% 葡萄糖水，维生素 C 粉，每 10g 加水 50kg；维生素 B_1，每只鸡每天 25mg，维生素 B_{12} 针剂，每 100 只鸡 15ml，让鸡自由饮水，病情严重者用滴管灌服。连续治疗 3d。

猪中毒时，对于急性中毒，可使用 0.25～0.5g 硫酸铜加水适量，一次内服，进行催吐；或用 1g/kg 体重的硫酸钠导泻。对于慢性中毒，使用催吐和导泻的意义不大。为缓解临床症状，可使用 50% 葡萄糖、维生素 B_1、维生素 C 混合后作静脉或腹腔注射。同时灌服豆浆作对症治疗。

犊牛中毒时，可用 10% 葡萄糖液，配合维生素 C、维生素 B_1 作静脉注射，并用氯丙嗪作镇静处理，配合对症治疗效果较好。

【预防措施】

在选用呋喃类药物防治疾病时，不要用呋喃西林，而要用痢特灵，因后者毒性为前者 1/10，比较安全。另外，痢特灵不溶于水，拌饲料时要充分拌匀，饲料中适当加些食油，可将药黏附在饲料表面，以免最后药粉过多地沉在饲槽内，被体弱鸡吃后中毒，尤其是用 V 形食槽育雏时，药粉沉于 V 形槽底，被后来采食的鸡吃入而易引起中毒死亡。

大动物可采取人工投饲，既可保证用药剂量，又可防止食入过多而引起中毒。

严格掌握混饲量及药物浓度：痢特灵预防量为 0.01%～0.02%，治疗量为 0.02%～0.04% 拌饲。一般连用 7d 停用 3d，再减半饲喂。由于痢特灵几乎不溶于水，故不应将药混在水中使用。

技能 12 呋喃唑酮的定性检验

（一）检材的采取与处理

取可疑饲料、药物、胃组织、呕吐物、血、尿、肝、肾、脑等做检材。将检材切碎，加水湿润，用 5% 硫酸调节 pH 值为 2～3，加 3 倍体积乙醇，在沸水上加热至沸，取下趁热过滤。过滤于蒸发皿中在水浴上使乙醇全部挥完，然后放冷过滤去油脂。如色素深可用活性炭脱色，滤液中加氢氧化钠调至碱性，用乙醚或氯仿等有机溶剂提取，再挥去有机溶剂，残留物供检。

（二）检测方法与操作

1. 氢氧化钠法

呋喃类药物如呋喃唑酮、硝基呋喃妥因等，与氢氧化钠作用，生成不同的有色物。其方法：取残留药物或二甲基甲酰胺提取液滴于滤纸或白瓷板上，加 10% 氢氧化钠溶液 1 滴，呋喃唑酮显红色；硝基呋喃妥因显桔黄色逐渐变为橙红色。

2. 亚硝酰铁氰化钠法

取二甲基甲酰胺提取之残渣，置于滤纸上，加 0.1% 亚硝酰铁氰化钠溶液和 10% 氢氧化钠溶液各 1 滴，呋喃唑酮显绿色并逐渐加深至墨绿色；呋喃妥因则显黄色。

3. 硫酸铜法

取残渣置滤纸或白瓷板上，加 1% 硫酸铜溶液和 10% 氢氧化钠溶液各 1 滴，呋喃唑酮显黄色；呋喃妥因显砖红色。

4. 硝酸银法

取残渣加 30% 氨水 1 滴，使成可溶性胺盐，取此液置白瓷板上，加 0.5% 硝酸银溶液 1 滴，产生黄色银盐沉淀者，表明有硝基呋喃妥因存在。

5. 乙酸铅法

取乙醇溶解之检液滴于白瓷板上，加 10% 乙酸铅溶液和 10% 氢氧化钠溶液各 1 滴。如有呋喃硫胺存在，产生白色沉淀；微热时沉淀渐转灰黑色。

6. 碱性酒石酸银法

取盐酸酸化之检液滴于白瓷板或硅胶板上，加碱性酒石酸铜溶液 1 滴，加热，有呋喃硫胺则产生土黄色沉淀。

7. 钒硫酸法

取检液滴于白瓷板上，加 1% 钒硫酸液 1 滴，呋喃妥因显污绿色，呋喃西林显黄绿色。

8. 吡啶硫酸铜法

取检液滴于白瓷板上，加吡啶硫酸铜液 1 滴，呋喃妥因及呋喃西林显绿色。

9. 奈氏试剂法

取检液滴于滤纸或白瓷板上，加奈氏试剂 1 滴，呋喃妥因显棕色，呋喃西林显桔红色。（奈氏试剂：碘化汞饱和于 40% 碘化钾液中，取 5ml 加入 30% 氢氧化钾 50ml 中，过滤即得。）

任务 4-4 抗寄生虫药中毒

一、抗球虫药中毒

目前，最广泛使用的驱虫保健剂是抗球虫剂，常用的可分为化学合成药剂和抗生素两大类。球虫病是所有饲养畜禽，尤其是养鸡、兔的地区都存在的一种寄生虫病。可以说，只要养鸡、养兔就有球虫存在。雏鸡和青年鸡以及幼兔的感染率很高，急性球虫病暴发时，往往造成巨大的损失。药物防治一直是防治球虫病的主要手段。然而由于球虫会对药物产生抗药性，并且由于对药物的理化性质和代谢性能未能完全掌握，在应用上具有一定的盲目性，有的误认为越多越好，往往造成中毒。

（一）马杜霉素

马杜霉素临床上常用其铵盐，为白色结晶粉末，性质稳定，不溶于水，可溶于有机溶剂。由于其抗球虫广谱高效，耐药性小，应用十分广泛。但其用量极小，安全范围非常窄，推荐使用剂量与中毒剂量很接近。生产实践中常因使用不当，造成家禽中毒，经济损失惨重。

【病因分析】

1. 饲料中马杜霉素添加量过大

许多养鸡户或养鸡场为追求经济效益或图省事，饲料中药物添加量远远大于推荐剂量；

由于马杜霉素产品标签说明不清，用户按习惯思维计算添加量或误算添加量，使得饲料中药物含量高于推荐剂量；购买饲料已加有马杜霉素，用户又再添加导致饲料中药物含量高于推荐剂量。

2. 添加量适当但饲料混合不当

当前大多数养鸡户规模都比较小，为降低成本，饲料搅拌多为人工操作。向饲料加入马杜霉素，由于二者颗粒直径相差很大，人工搅拌很难混匀，从而造成药物在饲料中分布不均匀，饲喂过程中引起中毒。另外，有些养鸡户饲料为人工配制，混合时不是单一混合，而是将各种饲料成分放在一起进行混合，人工搅拌不充分导致部分鸡马杜霉素中毒。

3. 与其他聚醚类药物同时使用

目前，市场销售的聚醚类药物还有莫能霉素、盐霉素和拉沙洛菌素等，作用机理与马杜霉素大致一样。养鸡户因价格或治疗效果等原因，缺乏科学用药知识，贸然添加同类药物引起中毒。

【临床症状】

家禽马杜霉素中毒一般为急性过程。动物食用高于推荐剂量药物后即可出现中毒症状。超急性死亡的动物几乎不出现任何症状即很快死亡。急性死亡（1~2d内死亡）的动物一般会出现典型的中毒症状：乱飞乱跳、口吐黏液、兴奋亢进等神经症状，或水样腹泻，腿软，行走及站立不稳。严重的两腿麻痹向后伸，昏睡直至死亡。亚急性中毒表现为食欲不振，被毛紊乱，精神沉郁，腹泻，腿软，增重及饲料转化率降低。产蛋鸡中毒表现为产蛋下降；火鸡对马杜霉素更敏感，中毒主要表现为呼吸困难等症状；鹅、鸭和鹌鹑中毒可见脚爪痉挛内收。睑冠发紫等。

【剖检变化】

超急性死亡的动物，其组织器官一般无明显的病变，或病变很轻微而被死后变化所掩盖。急性死亡（给药后1~3d）的动物可能有以下变化：普遍性的全身充血，心肌扩张，心肌苍白及出血；体腔大量积液；肺充血、水肿；肝淤血肿胀，呈花斑状，颜色紫红，胆囊充盈；胃肠炎症，肠道黏膜充血、出血，特别是十二指肠出血最为严重，腺胃黏膜易剥离；肾脏淤血，有的尿酸盐沉积。在给药后7~14d死亡的动物以上病变最明显。

【防控措施】

目前，对于离子载体抗生素的中毒无特效解毒药。治疗的首要原则还是排毒、保肝、补液和调节机体钾、钠离子平衡。报道称，应用抗氧化剂维生素E或硒（Se）可以降低聚醚类离子载体抗生素对动物的毒性作用。在临床实践中可在饲料中添加维生素E或硒（Se）减轻毒性作用或中毒治疗时注射相关溶液。

①立即停止饲喂含马杜霉素的饲料，更换新饲料。

②注射抗氧化剂维生素E或亚硒酸钠溶液，降低马杜霉素的毒性作用。

③24h供饮水溶性电解质多维或口服补液盐水（每1 000ml水中加2.5g氯化钠、1.5g氯化钾、2.5g碳酸氢钠、20g葡萄糖）。

④挑出中毒严重的动物，单独饲养，皮下注射5~10ml含50mg维生素C或20~40mg

维生素 B_2 的 5% 葡萄糖生理盐水，每日 2 次。

⑤为防止鸡只因中毒抵抗力下降，继发感染，可适量应用广谱抗生素，如青霉素、恩诺沙星等。

【知识拓展】

马杜霉素是具有抗球虫作用的抗生素，预混剂的商品名为杜球、加福等，它既可杀灭球虫，也能抑制球虫的生长，而且用量小，疗效高，具有促进阳离子通过细胞膜的能力，对金属离子有特殊的选择性，可与钾、钠等一价阳离子结合成络合物，选择性地输送钾、钠离子进入球虫的子孢子和第一代裂殖体，使球虫细胞内钾（钠）离子浓度急剧增加，为平衡渗透压，大量的水分进入球虫细胞，从而破坏了球虫细胞膜内外离子的正常平衡和移动能力，对经过生物膜的细胞内外运输的糖，氨基酸、有机酸等的通透性以及离子特异性蛋白质与核酸的机能均产生影响，最终导致球虫新陈代谢紊乱，虫体膨胀而死，5mg/kg 可杀灭卵囊；但本品毒性较大，安全范围小，临床上 3~5 倍剂量即可引起中毒。鸡中毒时表现瘫痪、呼吸困难，剖检可见心肌、胃肠黏膜、浆膜、皮下脑膜出血，脑水肿，肺充血和出血，使用时一定要按说明配制。

家禽马杜霉素中毒后，细胞内离子转运异常造成机体代谢异常、功能异常及组织器官病变。当药物剂量过高，超过了机体的清除能力时，过高浓度的药物能影响机体细胞膜、亚细胞（如线粒体等）膜的离子转运过程，从而产生毒性作用。静脉注射小剂量的马杜霉素可产生选择性的冠状血管扩张效应，剂量加大时能引起心收缩率加快及收缩强度加大。马杜霉素中毒时动物的超急性死亡可能是由这种心血管效应引起的。动物长期接触毒性剂量的药物，机体组织细胞会出现不可逆的损伤。这种组织损伤的基础是离子转运的异常。由于马杜霉素等引起宿主细胞内钠离子升高，然后继发钙离子升高。细胞内钙离子升高可能是组织细胞坏死的重要原因，因为钙离子升高可引起细胞的脂质过氧化增加。目前，已有研究报道聚醚类抗生素中毒时能引起肉鸡组织脂质过氧化增加，表现为组织的脂质过氧化物含量增加，以及清除脂质过氧化自由基的酶的活性升高。对马杜霉素等聚醚类离子载体抗生素中毒时表现为普遍出现的腿无力及麻痹症状。

（二）盐霉素中毒

肉鸡盐霉素中毒是一种常见的中毒病，往往是由于一时用药浓度过高或长时间饮用盐霉素造成。

【病因分析】

盐霉素预防鸡球虫病的混饲浓度为 60mg/kg，如高于正常治疗量，或连续 24h 长时间饮水，造成盐霉素在鸡体内大量蓄积，引起中毒死亡。

【临床症状】

鸡出现精神沉郁、不采食、头拱地的症状，有的鸡出现乱窜、乱跳的神经症状，并且开始出现死亡。

【剖检变化】

死亡的鸡皮下出现胶样浸润，肌肉呈暗红色，因脱水而干瘪。肺充血水肿，气管环出血。肝脏肿大，呈黄褐色，且有暗红色条纹；胆囊肿大，内充墨绿色胆汁。腺胃乳头水肿，挤压可流出暗红色液体。整个肠道肿胀变粗，肠黏膜脱落，肠壁有点状出血。肾脏出血肿大。腹腔内脂肪红染。

【诊断】

根据临床症状，结合盐霉素药物的使用情况即可作出诊断。

【防控措施】

立即停止药物的使用，给予5%白糖水自由饮水。

养殖户诊疗或购买兽药要到兽医站等正规部门，并应在专业兽医的指导下用药，不要随意加大药物的用量，以免造成家禽药物中毒而遭受巨大经济损失。

二、驱线虫药左旋咪唑中毒

左旋咪唑中毒是因超量应用或盲目应用本品，尤其是在有严重肝功能障碍时，易引起中毒。临床特征主要表现为胆碱能神经症状。动物中以骆驼对本品最易感，而家禽则能耐受较大剂量。临床上常见的中毒以猪多见，其次是牛、羊，马属动物也较敏感。

【病因分析】

左旋咪唑又名左噻咪唑、左咪唑，是噻咪唑（四咪唑）的左旋体，是一种广谱的驱虫药，常用其盐酸盐及磷酸盐。本品内服、肌注吸收较迅速和完全，还可通过透皮吸收。由于临床工作者疏忽，使用剂量过大，有时候认为某些预混剂中添加剂量不足，自行增加剂量而引起中毒。当磷酸左旋咪唑用量高达30～40mg/kg时，就可导致死亡。左旋咪唑作口服时一般比较安全，但肌肉注射过程中，有些动物很敏感，容易引起中毒。

【临床症状】

各种动物对左咪唑药物的敏感性和耐受性不同，一旦中毒，主要以胆碱能神经症状为主。

1. 猪

多因饲料中拌驱虫净的量大于25mg/kg体重，肌注量大于10mg/kg体重即出现中毒，应特别慎重。中毒时表现为唾液分泌增多，频频排便，胃肠平滑肌收缩，肠蠕动增强，腹痛明显，病猪倒地惨叫。呼吸困难，瞳孔缩小，心率减慢（M-胆碱样症状）。有的猪出现骚扰不安，严重时肌肉震颤，进而瘫痪，呼吸麻痹，迅速死亡。血液凝固不良，呈棕褐色。

2. 羊

其耐受性比猪大，偶尔中毒时（如皮下注射25～50mg/kg体重时），可出现骚扰不安，奔跑跳跃，呼吸迫促，口吐白沫，全身肌肉震颤，进而瘫痪，呼吸麻痹，迅速死亡。

3. 牛

按 5～10mg/kg 剂量服药后易出现口吐白沫，肌肉震颤，前冲后退，狂奔乱闯，甚至角弓反张，呼吸迫促，并持续约 30s 可自行消失。空腹时服药更易引起中毒症状。

4. 犬

用量过大，亦可产生中毒，临床表现与猪类似，应慎用。

5. 禽

按 40mg/kg 体重混饲或饮用，一般不出现中毒，即使内服 10 倍治疗量，也极少有中毒。鸡一旦中毒，表现为站立不稳，排出带血丝和黏液的粪便，无力站立，蹲地，翅外展，甚至表现角弓反张，肢体抽搐，最后倒向一侧，衰竭死亡。

【诊断】

根据病史，临床症状做初步诊断，确诊需做左旋咪唑检验。

【治疗措施】

急性病例来不及救治而死。亚急性中毒时可使用阿托品，阻断胆碱能神经，缓解症状，猪、羊 2～4mg，皮下注射视病情可酌情增多，并对症治疗。

【预防措施】

严格掌握使用剂量，尤其注射时应十分小心，注射后观察 1～2h，如无反应，方为安全。

技能 13　左旋咪唑的检验

（一）检材的采取和处理

采取胃内容物、呕吐物、剩余的药物、饲料、血、尿等检材。利用其易溶于水的特点，加水使溶解，然后用透析法处理，取透析液浓缩供检。血液可用离心法，取离心后的血清供检。尿液浓缩后供检。

（二）定性检验

1. 试剂

（1）1% 硝酸银溶液

（2）亚硝酰铁氰化钠试液　取亚硝酰铁氰化钠 1g，加水至 200ml，临用时现配。

2. 操作

（1）硝酸银法　取检液滴于黑瓷板或黑板上，加 1% 硝酸银溶液 1 滴，如有左旋咪唑，产生白色沉淀。

（2）亚硝酰铁氰化钠法　取前述各种检液，加氢氧化钠试液 2ml，煮沸 10min，加亚硝酰铁氰化钠试液数滴，即显红色，放置后，色渐变浅。

（三）含量测定

1. 试剂

（1）乙酸汞试液　乙酸汞 5g 研细，加温热的冰乙酸使溶解成 100ml 即成。

（2）结晶紫指示液　结晶紫 0.5g，加冰乙酸使溶解成 100ml，即得。

（3）0.1mol/L 高氯酸标准液　量取 8.5ml 高氯酸，在搅拌下注入 500ml 冰乙酸中，室温下加 20ml 乙酸酐，搅拌均匀，冷却后用冰乙酸稀释至 1 000ml，摇匀。

2. 操作

将检液蒸干成残渣，精密称取 0.2g，加冰乙酸 10ml，溶解后，加乙酸汞试液 5ml 与结晶紫指示液 1 滴，用高氯酸液（0.1mol/L）滴定至溶液显蓝色，并将滴定结果用空白试验校正，每 1ml 高氯酸（0.1mol/L）相当于 24.08mg 左旋咪唑。

本分析必须在已定性的基础上进行。

任务 4-5　消毒药中毒

一、福尔马林中毒

福尔马林即 36% ~40% 的甲醛溶液，它具有强大广谱杀菌作用，对细菌的繁殖体、芽胞、真菌和病毒均有效。福尔马林在养殖业上主要用作消毒和熏蒸剂，可熏蒸鸡舍、孵化器、槽具及种蛋等，因此在养殖业中用途很大。但如果用量太大，方法不当，措施不力，往往会引起中毒。

【病因分析】

在鸡场常用福尔马林作熏蒸剂进行鸡舍消毒。每立方米空间用福尔马林 15~30ml，置于陶盆或搪瓷盆中，加少量清水，加热蒸发；或每立方米空间用福尔马林 32ml、高锰酸钾 16g、清水 16ml，放于陶盆内混合熏蒸消毒；或减半量消毒孵化器，6h 以后打开、换气。甲醛对 24~96h 的鸡胚，及对正在啄壳的雏鸡都是有毒的，所以种蛋在入孵前熏蒸消毒较好。

【临床症状】

急性中毒时，动物主要表现为黏膜受到刺激损伤，首先表现为眼部烧灼感，流泪，结膜炎，眼睑水肿，角膜炎，流涕，呛咳，发生上呼吸道炎及肺炎；严重的可立即引起喉头及气管痉挛，肺瘀血及水肿甚至昏迷死亡。口服福尔马林中毒，立即有口腔、咽、食道及胃部灼烧感，腹痛感，继而呈现剧烈腹痛。

【剖检变化】

剖检口腔黏膜糜烂，胃黏膜灼伤糜烂、溃疡，吐出血性呕吐物，1~2d 后出现血便。福尔马林对皮肤有刺激作用，能引起皮肤发红、硬化、干躁及汗液分泌减少。

【诊断】

根据病史调查，结合临床检查和剖检变化，可作出诊断。

【防控措施】

为了安全，必须掌握正确的消毒方法：每立方米空间甲醛 20ml，加等量水，然后加热使甲醛变为气体。此法必须有较高的室温和相对湿度。一般室温不低于 15℃，相对湿度为 60% ~ 80%，消毒时间为 8 ~ 10h，进雏前 4 ~ 5d，消毒 1d 后，开门赶走甲醛气体，直到闻不到甲醛气味，方可进雏。

急性中毒时，应立即将病畜离开现场转移到通风良好的安全笼舍内，并给予抗生素防止感染，禁用磺胺类药物，以防止在肾小管内形成不溶性甲酸盐，而致尿闭。口服中毒后，要尽快用水洗胃，可在洗胃液内加尿素（60 ~ 70g）和活性炭或牛奶、豆浆、鸡蛋清等，以减轻毒物对黏膜的刺激，对皮肤的损伤可用清水或 2% 碳酸氢钠溶液清洗。急性皮炎可用 3% 硼酸溶液温敷，然后局部涂 1% 的可的松软膏等。

【知识拓展】

甲醛能凝固蛋白质和溶解脂类，还能与蛋白质的氨基结合，使蛋白质变性。因此，低浓度福尔马林对动物黏膜有刺激作用；高浓度时可引起气管、支气管炎及肺组织的损伤。福尔马林对皮肤有强烈刺激作用，在甲醛浓度为 0.02 ~ 0.06mg/L 的空气中，则有流涎、流涕、呼吸加快症状。在浓度为 0.14 ~ 0.2mg/L 时，仅 1min 就可引起躁动不安，大量流涎，3 ~ 5min 即可引起呼吸困难、呕吐等。中毒后数日内尚有软弱，少食，咳嗽，消瘦。在浓度为 0.4mg/L 时，吸收 2h，全部动物平均于第 3d 死于支气管肺炎。

二、氢氧化钠中毒

氢氧化钠又名苛性钠，俗名烧碱，对细菌繁殖体、芽孢和病毒均有较强的杀灭作用，对寄生虫卵亦有效。5% 的氢氧化钠常用于炭疽消毒。

【病因分析】

猪的中毒多见，多因未彻底洗涮干净和清除地面凹处积水的情况下，把猪关入猪舍，引起猪的中毒。

【临床症状】

临床症状与病理变化根据中毒程度不同，症状轻重不一。现分述如下。

1. 极重型

病猪体格均较粗壮，表现为食欲废绝，剧烈咳嗽，呕吐，腹泻严重，大量流涎，流泡沫样浆性鼻液。病初反射亢进，但很快转入抑制，全身抽搐，心跳衰弱，呼吸浅而慢，张口喘气。无尿，腹围显著增大。精神极度沉郁或昏睡，体温降至 36.5℃ 以下。终因窒息虚脱而死。

2. 重型

病猪食欲减退或废绝，多数病猪仅在食槽边上嗅一嗅就走开了，呕吐，腹泻，流涎，咳嗽，流泡沫样浆性鼻液。大部分病猪四肢肌肉抽搐，并在舍内不停地作回旋转圈。少尿，腹围增大。腹部听诊可闻水泡音，呼吸 14 ~ 27 次/min，心律不齐，心跳 80 ~ 110 次/min，体温 39.7 ~ 39.9℃。

3. 轻型

病仔猪食欲减退，时有咳嗽，呕吐或腹泻，轻度流涎，呼吸、心跳和体温均无明显变化。

【剖检变化】

气管、支气管和肺组织内充满大量含有泡沫的液体，整个肺极度增大，表面光滑，湿润，间质明显增宽，肺脏实质瘀血，湿润；口腔和食道触之柔软，并有肥皂样滑腻感，胃和大小肠浆膜水肿，胃壁肿胀柔软，黏膜呈红色或绿褐色，坏死的黏膜大片脱落，有的形成溃疡；腹部高度肿胀，肛门轻度外凸；肺门和肠系膜淋巴结水肿，切面多汁，外翻。

【防控措施】

①要彻底洗刷干净烧碱和消除地面凹处积烧碱水。

②及时消除肺水肿，制止渗出，使呼吸道通畅，这是治疗中毒的关键所在。阿托品因具有明显抑制呼吸道分泌物的渗出，故其成为治疗烧碱中毒的首选药。

③以较大剂量的阿托品治疗为主，辅以对症支持措施为抢救治疗原则。在抢救治疗前，先把病仔猪按病情轻重分别移至干净安全的猪舍内，严防继续中毒。

重型和极重型病猪每头每次肌注阿托品 1.5～2ml，每日 1 次，次日减为 1～1.5ml，每日 2 次，连用 2 日。

④全身疗法

5% 葡萄糖生理盐水注射液 1 000ml，加 KCl 1g，尼可刹米 1g，氨茶碱 2g，维生素 C，青霉素 240 万 U，摇匀后，分 4 次经前腔静脉注入，每日 1 次，连用 3d。用药后，给予清洁饮水。

【知识拓展】

烧碱中毒的病理损害，不是以接触部位消化道黏膜损伤为主要病变，而是以烧碱的氢氧根离子（OH⁻）被吸收后引起"代谢性碱中毒"为突出表现。由于代谢性碱中毒，呼吸中枢受到抑制，使病猪无氧代谢旺盛，过多的酸性代谢产物刺激微循环，使毛细血管壁通透性增强而造成组织水肿，进而引起心肺等脏器功能障碍。

三、高锰酸钾中毒

高锰酸钾又名过锰酸钾、灰锰氧或 PP 粉，是一种常见的强氧化剂。在养殖业上，高锰酸钾常用于场舍消毒和畜禽洗胃，将浓度控制在 0.01%～0.03% 是安全的。畜禽高锰酸钾中毒是指因使用高锰酸钾不当而引起的一种以消化道黏膜腐蚀性损伤、充血、水肿，呼吸困难等为特征的中毒病，当饮水中高锰酸钾浓度达到 0.03% 以上，对消化道黏膜有一定的刺激和腐蚀，0.1% 高锰酸钾溶液就可引起中毒。

【病因分析】

高锰酸钾中毒的原因主要是使用浓度过高。不洁饮用水可用 0.01%～0.02% 高锰酸钾消毒，但当其浓度达到 0.03% 以上时，对消化道黏膜就有一定的刺激性和腐蚀性，浓度达 0.1% 以上就会引起中毒。

【临床症状】

高锰酸钾引起的中毒，主要是剧烈的腐蚀作用，使口腔、舌、咽黏膜变为紫红色，并出现水肿。食欲降低，呼吸困难，有时发生腹泻。严重中毒的鸡，往往在 6 ~ 12h 内死亡；成年鹅、鸡产蛋减少或停止；严重中毒的鹅常在 2d 内死亡。

【剖检变化】

剖检可见整个消化道黏膜都有腐蚀性病变，全部消化道黏膜都有腐蚀损伤和轻度出血，同时嗉囊黏膜大部脱落，特别是食道膨大部黏膜受损严重，出现大部分黏膜充血和出血，严重时食道膨大部黏膜变黑，且大部分脱落。

【诊断】

根据病史，结合临床症状和剖检变化，可作出诊断。

【治疗措施】

立即停止饮服含有高锰酸钾的水，对中毒的鸡群供给新鲜饮水，一般经 3 ~ 5d 能逐渐康复。必要时可在饮水中加新鲜牛奶或鸡蛋清，对消化道具有一定保护作用。对严重中毒的鸡，可用双氧水冲洗嗉囊后，再灌服鲜牛奶或蛋清，具有一定的疗效。

鹅一旦发生中毒，可喂给大量清水，也可用 3% 双氧水 10ml，加 100ml 清水稀释后冲洗食道膨大部。或先喂给牛奶、奶粉，再内服硫酸镁、鸡蛋清及油类泻剂等。如果治疗及时，一般经 3 ~ 5d 可逐渐康复。

【预防措施】

1. 平时应用高锰酸钾时，配制溶液浓度要准确，不可过高，用高锰酸钾作饮水消毒时，应把浓度控制在 0.01% ~ 0.03% 。

2. 在消毒饮水时一定要待充分溶解后再让鹅饮用。消化道消毒浓度不能超过 0.02% 。

【知识拓展】

0.1% ~ 0.5% 高锰酸钾新鲜溶液可用于消毒用具（10 ~ 60min），0.1% 的新鲜溶液可用于消毒皮肤，0.01% ~ 0.02% 的新鲜液可用于消毒黏膜和洗涤伤口，0.05% 的新鲜溶液可用于洗胃解毒等。成年鸡口服高锰酸钾的致死量为 1.99g。高锰酸钾易溶解于水，并放出新生态氧。新生态氧具有消毒杀菌作用，氢氧化钾因浓度很低起不到消毒作用，二氧化锰易与蛋白质结合，当浓度高时有利于刺激和腐蚀作用，浓度低则具有收敛作用。高锰酸钾除可使消化道黏膜受到刺激和腐蚀外，被吸入血液之后，还能损害肾脏和大脑。钾离子对心脏有毒害作用，可能由于对心脏有高度抑制作用，导致死亡。

四、苯酚中毒

苯酚又称酚、石炭酸、羟基酚，用途广泛。主要用作消毒剂、杀虫剂，制造合成树脂、药品，作为分析试剂和化工生产中间体。苯酚中毒是动物接触高浓度的苯酚所引起的以刺激皮肤、黏膜和抑制中枢神经系统为特征的中毒性疾病。苯酚为一种原浆毒，能使细菌细胞的原生质蛋白发生凝固或变性，一般用 1%～5% 溶液用于器械、用具、排泄物的消毒，也可作为生物制品的防腐剂。猫对苯酚特别敏感，主要是葡糖苷酸转移酶活性较低，最小口服致死量为 80mg/kg，在猫皮肤上涂 2% 溶液 2～3ml 可引起死亡。猪将苯酚 500mg/kg 涂布 35%～40% 的皮肤，可出现昏睡、呼吸困难、黏膜发绀、接触皮肤褪色、抽搐、昏迷和死亡，存活猪 8h 后皮肤坏死。

【病因分析】

1. 保管不当

对苯酚的保管不当，使动物有机会接触到多量该药品而引起中毒。

2. 使用不当

作为药用时，如浓度过高、剂量过大、作用时间过长或涂布范围过宽，均可使动物发生中毒。

【临床症状】

皮肤接触可引起局部苍白、肿胀，极度疼痛，甚至出现水疱和严重的灼伤。接触 5min 后还可出现瞳孔散大，运动失调，流涎，流鼻涕。大剂量可导致肌肉震颤，惊厥，昏迷和死亡。另外，还表现肝脏损伤，腹泻，尿液呈褐色，溶血性贫血。

眼睛接触可引起结膜炎，角膜混浊、溃烂，失明。气雾苯酚可刺激眼睛，轻者症状在 24h 消失，并刺激呼吸道引起咳嗽和反射性的窒息；连续接触气雾苯酚也可导致肌肉震颤和共济失调，甚至出现瘫痪，心脏、肾脏、肝脏和肺脏损伤，严重者死亡。

高浓度的苯酚具有很强的腐蚀性，进入消化道可引起口腔、咽部和食道灼伤，甚至导致食道狭窄。表现惊恐不安，流涎，呼吸困难，呕吐，腹泻，共济失调。随着疾病的发展，出现胃溃疡，高铁血红蛋白血症，心律不齐，低血压，肺水肿，代谢性酸中毒。12～24h 使肝脏和肾脏损伤。另外，还表现中枢神经系统的兴奋或抑制，如肌肉震颤、惊厥，极度无力，昏睡，昏迷。

【诊断】

根据接触苯酚的病史，结合皮肤、黏膜刺激和中枢神经系统为主的临床症状，即可初步诊断。必要时可采集胃内容物、血液、尿液和组织测定苯酚含量，因苯酚在体内的半衰期短，应在接触后 1～2d 内采样。

【治疗措施】

本病尚无特效疗法，主要采取排除毒物、对症和支持治疗等措施。

眼睛接触用水或生理盐水冲洗 30min 以上；空气含苯酚气雾时，应使动物尽快撤离现场。皮肤接触者用洗涤剂或清水冲洗，局部接触可用异丙醇清洗；清洗后皮肤有坏死可用 0.5% 碳酸氢钠溶液，并按局部创伤进行治疗。

经口摄入者通过胃管用清水或生理盐水洗胃，灌服蛋清、牛奶、活性炭。心律不齐可用利多卡因，高铁血红蛋白血症可用美蓝或维生素 C。支持治疗包括强心、补液，维持酸碱平衡。

【预防措施】

使用苯酚时应避免动物接触，严禁用苯酚消毒圈舍。苯酚类产品应妥善保存，以防动物接触而发生中毒。

【知识拓展】

苯酚对组织的穿透力强，易被黏膜、创伤组织，甚至完整的皮肤吸收。吸收后分布于全身组织，肝脏含量最高，主要在胃肠道、肺脏、肝脏和肾脏代谢。苯酚的水溶液很容易吸收，皮肤接触可能比口服毒性更大。苯酚的中毒机理仍不十分清楚。低浓度的苯酚溶液能透过皮肤对感觉神经末梢先引起灼伤性刺激，后产生局部麻醉作用。高浓度苯酚溶液（5%～7%）对组织有腐蚀作用，尤其引起黏膜严重的损伤；可使接触的蛋白质迅速变性。苯酚对心脏的钠通道发挥近似利多卡因的阻断作用，导致节律不齐，但对骨骼肌的作用很小。循环抑制主要是苯酚直接作用于心肌，但同时也抑制血管舒缩中心。苯酚及其葡糖苷酸结合物对中枢神经系统的作用可能与引起皮质的兴奋性有关，导致肌肉不随意的震颤。中枢神经系统的刺激还与增加神经肌肉接头部位乙酰胆碱的释放有关。另外，苯酚还可刺激呼吸，持续接触可导致呼吸性碱中毒。

【项目小结】

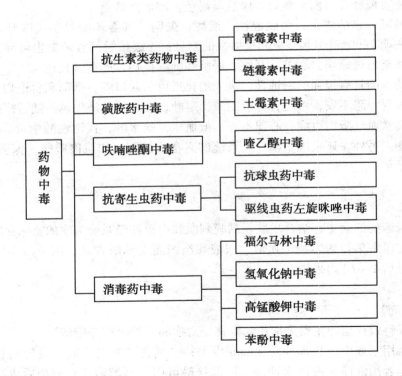

【项目检查与评价】

根据上述学习情况进行职业能力测试，以检查与评价你的学习掌握程度。

（一）单项选择题

1. 青霉素除局部刺激症状外，主要的不良反应是（　　）

A. 过敏反应　　　B. 毒性反应　　　C. 副作用　　　D. 后遗作用

2. 青霉素过敏反应的临诊表现为（　　）

A. 呼吸正常　　　B. 黏膜发绀　　　C. 心跳加快，脉搏细弱　　　D. 大小便失禁

3. 青霉素中毒猪表现为（　　）

A. 注射局部红肿　　　B. 体温升高　　　C. 呼吸困难　　　D. 全身抽搐

4. 青霉素过敏时，停止用药并立即用（　　）

A. 肾上腺素　　　B. 去甲肾上腺素　　　C. 异丙肾上腺素　　　D. 麻黄碱

5. 链霉素中毒主要损害（　　）

A. 听神经　　　B. 肾功能　　　C. 肝功能　　　D. 心功能

（二）判断题

（　　）1. 青霉素中毒病犬表现呼吸加快，心跳快，烦躁不安，皮肤和可视黏膜发红。抢救不及时，则造成死亡。

（　　）2. 青霉素的口服或饮用可被胃酸或肠道产生的青霉素酶所破坏，肌肉注射吸收很快，一般为 15～30min，血液浓度最高。

（　　）3. 青霉素的中毒作用，主要有过敏反应、毒性反应、二重感染以及治疗反应等。

（　　）4. 链霉素损害第八对脑神经，造成前庭功能和听觉的损害，表现为步态不稳，共济失调，耳聋等症状。

（　　）5. 对草食动物和反刍动物应避免口服土霉素，静脉注射时要用葡萄糖溶液稀释后，缓慢注射。

（　　）6. 喹乙醇中毒是饲料中添加喹乙醇量太多，又连续饲喂，引起动物中毒，临床上以胃肠出血、昏迷、失明为特征。

（　　）7. 磺胺类药物是用化学方法合成的一类药物，具有抗菌谱广，疗效确切，价格便宜等优点。

（　　）8. 磺胺类药物的治疗量接近中毒量，毒副作用大，常因用药方法不当或用量过大而引起中毒。

（　　）9. 家禽马杜霉素中毒后，细胞内离子转运异常造成机体代谢异常、功能异常及组织器官病变。

（　　）10. 肉鸡盐霉素中毒是一种常见的中毒病，往往是由于一时用药浓度过高或长时间饮用盐霉素造成。

（　　）11. 左旋咪唑中毒动物中以骆驼对本品最易感，而家禽则能耐受较大剂量。

（　　）12. 左旋咪唑中毒动物中临床上常见的中毒以猪多见，其次是牛、羊，马属动物也较敏感。

（三）理论知识测试

1. 常见抗生素中毒有哪些？如何防治？

2. 抗球虫药中毒的诊断与防治措施有哪些？

3. 消毒药中毒常见原因有哪些？如何预防？

项目五 霉菌毒素中毒

【岗位需求】熟悉饲料的防霉与去霉措施；掌握常见霉菌毒素中毒的诊断与防治。

【能力目标】掌握霉菌毒素的特性及产生条件、饲料的防霉与去霉措施，掌握黄曲霉毒素中毒的概念、病因、临床症状、诊断及鉴别诊断、治疗。了解其他霉菌毒素中毒的相关知识。

【案例导入】2010年2～3月份，江苏连云港某猪场共有25只妊娠母猪产仔，其中产活仔141头，木乃伊胎50头，死胎22头。85%左右的初生小猪在出生时或出生后2～4d陆续出现腹式呼吸，体温39～40℃，有的伴随腹泻，哺乳仔猪陆续出现死亡。专家对该场所用哺乳母猪饲料和哺乳仔猪开食料碾成粉末后放在瓷盘内，摊成薄层，放在暗室内用波长为365nm的紫外线照射，可见有黄绿色和蓝紫色荧光，这说明饲料中含黄曲霉毒素。因此，要求饲料生产厂家重新生产哺乳母猪饲料和哺乳仔猪开食饲料，加大饲料中霉菌毒素吸附剂的添加量，给哺乳母猪和哺乳仔猪更换新生产的饲料；给猪饮用浓度为3%的硫酸钠水，加快胃肠道霉菌毒素的排出，同时在饮水中加入维生素C、多维、蛋氨酸和葡萄糖，以增强解毒和护肝作用；对腹式呼吸较严重的哺乳仔猪肌注恩诺沙星和盐酸多西环素注射液。采取以上措施后，哺乳仔猪腹式呼吸现象逐渐得到控制。

点评：这一案例典型的反映了霉菌毒素感染比我们想象的严重，我们应正视霉菌毒素中毒，从饲养管理方面入手，饲料里尽量添加优质的脱霉剂产品，并且配合维生素C、葡萄糖，尤其是在高温高湿季节，粉碎的饲料不能贮藏太久，贮藏尽量不多于2～3d，饲喂新鲜的饲料，避免起热、结块。

那么有哪些常见的霉菌毒素中毒性疾病呢？又如何防治霉菌毒素中毒？

任务5-1 黄曲霉毒素中毒

黄曲霉毒素中毒（Aflatoxicosis）是人畜共患疾病之一。此病以肝脏受损，全身性出血，腹水，消化机能障碍和神经症状等为特征。世界各国对黄曲霉毒素的产生、分布和毒害等方面，进行了全面系统、广泛深入的研究，发表的研究论文、综述和专著等文献资料已超过3 000篇。我国的江苏、广西壮族自治区、贵州、湖北、黑龙江、天津、北京等许多省市区也都有畜禽发生此病的报道。

【病因分析】

黄曲霉毒素的分布范围很广，凡是污染了能产生黄曲霉毒素的真菌的粮食、饲草饲料等，都有可能存在黄曲霉毒素；甚至在没有发现真菌、真菌菌丝体和孢子的食品和农副产品上，也找到了黄曲霉毒素。畜禽中毒就是由于大量采食了这些含有多量黄曲霉毒素的饲草饲料和农副产品而发病的。由于性别、年龄及营养状态等情况，其敏感性是有差异的。敏感程度是：鸭雏＞火鸡雏＞鸡雏＞日本鹌鹑；仔猪＞犊牛＞肥育猪＞成年牛＞绵羊。家禽是最为敏感的，尤其是幼禽。

根据国内外普查，以花生、玉米、黄豆、棉籽等作物，以及它们的副产品，最易感染黄曲霉，含黄曲霉毒素量较多。世界各国和联合国有关组织都制定了食品、饲料中黄曲霉毒素最高允许量标准。

【临床症状】

黄曲霉毒素是一类肝毒物质。畜禽中毒后以肝脏损害为主，同时还伴有血管通透性破坏和中枢神经损伤等，因此临床特征性表现为黄疸，出血，水肿和神经症状。由于畜禽的品种、性别、年龄、营养状况及个体耐受性、毒素剂量大小等的不同，黄曲霉毒素中毒的程度和临床表现也有显著差异。

1. 家禽

雏鸭、雏鸡对黄曲霉毒素的敏感性较高，中毒多呈急性经过，且死亡率很高。幼鸡多发生于 2~6 周龄，临床症状为食欲不振，嗜眠，生长发育缓慢，虚弱，翅膀下垂，时时凄叫，贫血，腹泻，粪便中带有血液。雏鸭表现食欲废绝，脱羽，鸣叫，步态不稳，跛行，角弓反张，死亡率可达 80%~90%。成年鸡、鸭的耐受性较强。慢性中毒，初期多不明显，通常表现食欲减退，消瘦，不愿活动，贫血，长期可诱发肝癌。

2. 猪

采食霉败饲料后，中毒可分急性、亚急性和慢性三种类型。急性型发生于 2~4 月龄的仔猪，尤其是食欲旺盛、体质健壮的猪发病率较高。多数在临床症状出现前突然死亡。亚急性型体温升高 1~1.5℃ 或接近正常，精神沉郁，食欲减退或丧失，口渴，粪便干硬呈球状，表面被覆黏液和血液。可视黏膜苍白，后期黄染。后肢无力，步态不稳，间歇性抽搐。严重者卧地不起，常于 2~3d 内死亡。慢性型多发生于育成猪和成年猪，病猪精神沉郁，食欲减少，生长缓慢或停滞，消瘦。可视黏膜黄染，皮肤表面出现紫斑。随着病情的发展，病猪呈现神经症状，如兴奋、不安、痉挛、角弓反张等。

3. 牛

成年牛多呈慢性经过，死亡率较低。往往表现厌食，磨牙，前胃弛缓，瘤胃臌胀，间歇性腹泻，泌乳量下降，妊娠母牛早产、流产。犊牛对黄曲霉毒素较敏感，死亡率高。

4. 绵羊

由于绵羊对黄曲霉毒素的耐受性较强，很少有自然发病。

【剖检变化】

1. 家禽

特征性的病变在肝脏。急性型，肝脏肿大，广泛性出血和坏死。慢性型，肝细胞增生、纤维化，硬变，体积缩小。病程一年以上者，多发现肝细胞癌或胆管癌，甚至两者都有发生。

2. 猪

急性病例，除表现全身性皮下脂肪不同程度的黄染外，主要病变为贫血和出血。全身黏膜、浆膜、皮下和肌肉出血；肾、胃弥漫性出血，肠黏膜出血、水肿，胃肠道中出现凝血块；肝脏黄染，肿大，质地变脆；脾脏出血性梗死；心内、外膜明显出血。慢性型主要是肝硬变、脂肪变性和胸、腹腔积液，肝脏呈土黄色，质地变硬；肾脏苍白、变性，体积缩小。

3. 牛

特征性的病变是肝脏纤维化及肝细胞瘤；胆管上皮增生，胆囊扩张，胆汁变稠；肾脏色淡或呈黄色。

【诊断】

1. 初步诊断

首先要调查病史，检查饲料品质与霉变情况，吃食可疑饲料与家禽发病率呈正相关，不吃此批可疑饲料的家禽不发病，发病的家禽也无传染性表现。然后，结合临诊症状、血液化验和剖检变化等材料，进行综合性分析，排除传染病与营养代谢病的可能性，并且符合真菌毒素中毒病的基本特点，即可作出初步诊断。

2. 血液检验

病禽血清蛋白质组分都较正常值为低，表现出重度的低蛋白血症；红细胞数量明显减少，白细胞总数增多，凝血时间延长。急性病例的谷草转氨酶、瓜氨酸转移酶和凝血酶原活性升高；亚急性和慢性型的病例，异柠檬酸脱氢酶和碱性磷酸酶活性也明显升高。

3. 毒物检验

见技能 14。

【治疗措施】

目前，尚无治疗本病的特效药物。发现畜禽中毒时，应立即停喂霉败饲料，改喂富含碳水化合物的青绿饲料和高蛋白饲料，减少或不喂含脂肪过多的饲料。

一般轻型病例，不给任何药物治疗，可逐渐康复。重度病例，应及时投服泻剂如硫酸钠、人工盐等，加速胃肠道毒物的排出。同时，采用保肝和止血疗法，可用 20% ~ 50% 葡萄糖溶液、维生素 C、葡萄糖酸钙或 10% 氯化钙溶液。心脏衰弱时，皮下或肌肉注射强心剂。为了防止继发感染，可应用抗生素制剂，但严禁使用磺胺类药物。

【预防措施】

主要在于预防，预防中毒的根本措施是不喂发霉饲料，对饲料定期作黄曲霉毒素测定，淘汰超标饲料。现时生产实践中不能完全达到这种要求，搞好预防的关键是防霉与去毒工作，防霉和去毒两个环节应以防霉为主。

1. 防止饲草、饲料发霉

防霉是预防饲草、饲料被黄曲霉菌及其毒素污染的根本措施。引起饲料霉变的因素主要是温度与相对湿度，因此在饲草收割时应充分晒干，且勿雨淋；饲料应置阴凉干燥处，勿使受潮、淋雨。为了防止发霉，还可使用化学熏蒸法或防霉剂，常用丙酸钠、丙酸钙，每吨饲料中添加 1 ~ 2kg，可安全存放 8 周以上。

2. 霉变饲料的去毒处理

霉变饲料不宜饲喂畜禽，若直接抛弃，则将造成经济上的很大浪费，因此，除去饲料中的毒素后仍可饲喂畜禽。常用的去毒方法有：

（1）连续水洗法 此法简单易行，成本低，费时少。具体操作是将饲料粉碎后，用清水反复浸泡漂洗多次，至浸泡的水呈无色时可供饲用。

（2）化学去毒法　最常用的是碱处理法。在碱性条件下，可使黄曲霉毒素结构中的内酯环破坏，形成香豆素钠盐且溶于水，再用水冲洗可将毒素除去；也可用5%～8%石灰水浸泡霉败饲料3～5h后，再用清水淘净，晒干便可饲喂；每千克饲料拌入12.5g的农用氨水，混匀后倒入缸内，封口3～5d，去毒效果达90%以上，饲喂前应挥发去残余的氨气；还可用0.1%漂白粉水溶液浸泡处理等。

（3）物理吸附法　常用的吸附剂为活性炭、白陶土、黏土、高岭土、沸石等，特别是沸石可牢固地吸附黄曲霉毒素，从而阻止黄曲霉毒素经胃肠道吸收。雏鸡和猪饲料中添加0.5%沸石，不仅能吸附毒素，而且还可促进生长发育。

（4）微生物去毒法　据报道，无根根霉、米根霉、橙色黄杆菌对除去粮食中黄曲霉毒素有较好效果。

3. 定期监测饲料，严格实施饲料中黄曲霉毒素最高容许量标准

许多国家都已经制定了饲料中黄曲霉毒素容许量标准。日本规定饲料中AFTB$_1$的容许量标准为0.01～0.02mg/kg。我国2001年发布的饲料卫生标准（GB13078—2001）规定黄曲霉毒素B$_1$的允许量（mg/kg）为：玉米≤0.05，花生饼、粕≤0.05，肉用仔鸡后期、生长鸡、产蛋鸡配合饲料≤0.02，生长肥育猪配合饲料≤0.02。另有人建议猪日粮中黄曲霉毒素B$_1$的容许量（mg/kg）应≤0.05，鸡日粮≤0.01，成年牛和绵羊日粮≤0.01。

【知识拓展】

目前，已经确定出结构的黄曲霉毒素有B$_1$、B$_2$、B$_{2\alpha}$、B$_3$、D$_1$、G$_1$、G$_2$、G$_{2\alpha}$、M$_1$、M$_2$、P$_1$、Q$_1$、R$_0$等18种，并且已经用化学方法合成出来。其中B$_1$、B$_2$、G$_1$和G$_2$是4种最基本的黄曲霉毒素，其他种类都是由这4种衍生而来。它们的化学结构十分相似，都含有一个双呋喃环和一个氧杂萘邻酮（又称香豆素）。结晶的黄曲霉毒素B$_1$非常稳定，高温（200℃）、紫外线照射，都不能使之破坏。加热到268～269℃，才开始分解。5%的次氯酸钠，可以使黄曲霉毒素完全破坏。在Cl$_2$、NH$_3$、H$_2$O$_2$和SO$_2$中，黄曲霉毒素B$_1$也被破坏。

大量的实验资料证明，黄曲霉毒素不仅对动植物、微生物和人都有很强的毒性，而且对家禽、多种动物和人还具有明显的致癌能力。黄曲霉毒素B$_1$是目前发现的最强的化学致癌物质，B$_1$还能引起突变和导致畸形。黄曲霉毒素能抑制标记的前体物质掺入脱氧核糖核酸（DNA）、核糖核酸（RNA）和蛋白质合成，特别是抑制标记的前体物质掺入诱导的酶蛋白。黄曲霉毒素的致癌作用及其他毒害作用的分子机制就在此。学者们进一步的研究证实，黄曲霉毒素对核酸合成的抑制，可能是由黄曲霉毒素直接作用于核酸合成酶引起的，或是由于黄曲霉毒素和DNA的结合，改变了DNA模板引起的。电子显微镜的研究结果证实，在给予黄曲霉毒素后30min所观察到的最初的细胞变化，发生在核仁内，包括其内含物的重新分配。继之而来的细胞质的变化，有核糖核蛋白体的减少和解聚，内质网的增生，糖原的损失和线粒体的退化。

技能 14 黄曲霉毒素的一般检验

（一）检材及处理

为使采集的样品具有代表性，可在粮食或饲料中先分数点处大量取样（25kg），经粉碎后混合均匀，再从其中取 1～2kg，进一步粉碎，通过 20 目筛。油类或酱渣，不需处理，但取样时应搅拌均匀。

（二）定性检验

1. 萃取

取 100g 被检样置于 500ml 锥形瓶中，加入萃取液（7 份甲醇、3 份水）300ml，加磁力棒在磁力搅拌器上搅拌 3min，静置。取上清液 150ml 置于 500ml 分液漏斗中。若饲料中油和脂溶性色素过高，可添加 50ml 己烷于分液漏斗中，剧烈振荡 0.5min 后，加 50～100ml 蒸馏水，分离，将下层液放入另一漏斗中，弃去上层液。

2. 二次萃取

加 30ml 苯于分液漏斗中，振荡 0.5min，加 300ml 蒸馏水，待分离后弃去下层液。将上层清液移入烧杯中，加热蒸干。为避免其他荧光物质干扰，可将苯层移入 500ml 烧杯中，加入 1g 无水硫酸钠和 5g 碱式碳酸铜，缓缓振动后过滤入蒸发皿中，蒸干，加 0.5ml 苯溶解。

3. 荧光观察

取上液 0.05ml，点于滤纸上，待干后在紫外光下观察。滤纸上若出现蓝色荧光，表示有黄曲霉毒素存在。必要时可用标准黄曲霉毒素作对照。

也可取有代表性的可疑饲料样品（如玉米、花生等）2～3kg，分批盛于盘内，分摊成薄层，直接放在 365nm 波长的紫外线灯下观察荧光；如果样品存在黄曲霉毒素 G_1、黄曲霉毒素 G_2，可见到含 G 族毒素的饲料颗粒发出亮黄绿色荧光；如若是含黄曲霉 B 族毒素，则可见到蓝紫色荧光。若看不到荧光，可将颗粒捣碎后再观察。

4. 注意事项

操作过程易使毒素污染扩散，宜在毒气通风柜中进行。器具、工作服等应严格消毒。

（三）化学分析法

先把可疑饲料中黄曲霉毒素提取和净化，然后用薄层层析法与已知标准黄曲霉毒素相对照，以确证所测的黄曲霉毒素性质和数量（可参照中华人民共和国食品卫生法等有关资料）。

1. 检材的处理

取检材 100g，切碎，加乙醚 400ml，放于密闭瓶内浸渍，每日振荡数次，醚量减少时，可随时添加，经 12～24h 或 3～5 日后，可用滤纸滤过，滤液放入不加盖的烧杯内，置于 60℃ 水浴上加热，使醚蒸发或回收乙醚，取剩余的黏稠状浸出物，供检验用。

2. 霉菌毒素定性试验

取浸出物 2～3 滴于试管中，加 8% 氢氧化钾溶液 5ml，混合振荡，直至变为色泽一致的乳剂为止，然后沿试管壁加入乙醚 2～3ml，片刻在两种液体接触部出现褐色或黑褐色轮环者为霉菌毒素阳性反应。

（四）生物学试验法

1. 家兔皮肤试验

将白色健康家兔腹部两侧剪毛，测量皮肤厚度，用棉花浸沾乙醚浸出物少量，在一侧剪毛部反复涂擦数次，连续涂擦 2～4d，另一侧作对照观察。涂擦后观察 4～7d，检查皮肤厚度及症状。如皮肤增厚 3～4 倍，并出现肿胀、坏死、结痂者，为阳性反应。如皮肤增厚1～2 倍，其他病变及症状不甚明显者，为可疑反应。如皮肤不增厚，且无局部病变者，为阴性反应。

2. 禽类喂饲试验

选 3～6 月龄母鸡，每天喂可疑饲料 25g（6 月龄或成鸡每天喂 50g），如有黄曲霉毒素存在时，在喂后 5～8h 开始发病，2～3d 死亡，死亡率可达 90%。剖检时，见有胃肠炎、肌胃、腺胃出血，肝硬变；由第 2d 起，红细胞、白细胞、血红蛋白含量减少，中性白细胞减少，淋巴细胞增多。停止喂饲，症状逐渐减轻，继续喂饲则继续死亡。如用少量连续喂饲5～8d 后，可发生慢性中毒，常延续 2～3 星期后死亡。血液学变化和剖检变化均不明显。也可用乙醚提取物喂饲或滴入口腔。

3. 雏鸭法

这是世界法定通用的方法。选用 1 日龄的雏鸭，将待测样品溶解于丙二醇或水中，通过胃管喂给雏鸭，喂 4～5d。对照的各雏鸭喂给黄曲霉毒素 B_1 的总量从 0～16μg。在最后一次喂给毒素后，将雏鸭再饲养 2d。然后，处死全部雏鸭，根据其胆管上皮细胞异常增生的程度（一般分为 0 到 4 或 5^+ 几个等级），来判断黄曲霉毒素含量的多少。雏鸭黄曲霉毒素 B_1的 LD_{50} 为 12.0～28.2μg/只。另外，还可取雏鸭肝组织固定，作组织学检查。

可疑病料作动物发病试验，也可用提取的毒素作发病试验。

（五）细菌学检查法

采取病禽的肺脏、气管、气囊、腹腔的病灶或其上的成团霉菌，涂片镜检，可见到典型的分生孢子梗和分生孢子柄。

任务 5-2　赭曲霉毒素中毒

赭曲霉毒素中毒是畜禽采食了被赭曲霉毒素污染的饲料引起的。本病是一种以消化功能紊乱、腹泻、多尿、烦渴为临床特征，以脱水、肠炎、全身性水肿、肾功能障碍、肾肿大及质地硬为主要剖检变化的真菌毒素中毒病。猪、山羊、禽类最易感，犊牛和马也可发病。

【病因分析】

畜禽赭曲霉毒素中毒主要由于畜禽采食了被赭曲霉污染的谷类、豆类饲料及其副产品而引起中毒。除了赭曲霉外，其他曲霉（如硫色曲霉、孔曲霉等）和某些青霉类（如鲜绿青霉、变幻青霉等）也能产生赭曲霉毒素。这些真菌在自然界分布广泛，极易污染畜禽饲料，在温度和湿度适宜时产生大量的赭曲霉毒素。

【临床症状】

由于动物品种、年龄不同，临床表现不一样，幼禽的敏感性较大，较易发病。毒素剂量小的多先侵害肾，表现为多尿和消化功能紊乱；毒素剂量大到一定程度才使肝受损伤，呈现肝功能异常。

1. 家禽

雏鸡和肉用仔鸡表现精神沉郁，生长发育缓慢，消瘦，厌食，多饮，排粪频繁，粪稀乃至腹泻，脱水。有的表现神经症状，反应迟钝，站立不稳，呈蹲坐姿势，共济失调，震颤。蛋鸡发生缺铁性贫血，产蛋量减少，蛋壳变薄变软。

2. 猪

常呈地方流行性，主要表现肾功能障碍。临床上表现消化功能紊乱，生长发育停滞，脱水，多尿，蛋白尿甚至尿血。妊娠母猪可发生流产。

3. 犊牛

精神沉郁，食欲减退，腹泻，生长发育不良。尿频，蛋白尿和管型尿。

【剖检变化】

主要表现为肝病变和肾病变，肝细胞变性、液化坏死，肾实质坏死，肾小管上皮细胞玻璃样退行性变性，严重者肾小管坏死，广泛生成结缔组织和囊肿。皮下和腔体内发生水肿。

【诊断】

根据畜禽饲喂霉败饲料的病史，呈地方流行性，结合典型的肾病变，可作出初步诊断。确诊尚需对可疑饲料做真菌的培养、分离和鉴定，同时对病死动物的肾和血液做毒素测定。

【治疗措施】

已中毒的畜禽应立即更换饲料，并酌情选用人工盐、植物油等泻下剂，同时给予充分的饮水，然后给予易消化、富含维生素的青绿饲料，或内服活性炭等吸附剂。对猪和牛应注意保护肾功能，同时采取强心、利尿、输液等支持疗法。

【预防措施】

关键在于防止谷物饲料发霉，应保持饲料干燥，使其中水分含量在12%以下。贮存饲料时适当添加防霉剂，减少真菌生长，抑制毒素的产生。

【知识拓展】

赭曲霉毒素的靶器官是畜禽的肝和肾，引起肝细胞透明变性、液化坏死和肾小管上皮损伤，从而引起严重的全身功能异常。研究表明，赭曲霉毒素及其降解产物赭曲霉毒素 α 是细胞呼吸抑制剂，可抑制细胞对能量和氧的吸收及传递，使线粒体缺氧、肿胀和损伤。赭曲霉毒素还可竞争性与苯丙氨酸结合，通过抑制蛋白质内氨基酸的酰化作用而抑制蛋白质的合成，使抗体生成量降低。

任务5-3　玉米赤霉烯酮中毒

玉米赤霉烯酮是一种雌性发情毒素。动物吃了含有这种毒素的饲料，就会出现雌性发情

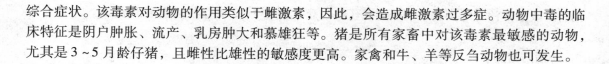

综合症状。该毒素对动物的作用类似于雌激素，因此，会造成雌激素过多症。动物中毒的临床特征是阴户肿胀、流产、乳房肿大和慕雄狂等。猪是所有家畜中对该毒素最敏感的动物，尤其是 3~5 月龄仔猪，且雌性比雄性的敏感度更高。家禽和牛、羊等反刍动物也可发生。

【病因分析】

玉米赤霉烯酮主要是由禾谷镰刀菌、黄色镰刀菌、粉红镰刀菌、三线镰刀菌、木贼镰刀菌等多种镰刀菌产生的有毒代谢产物。本病的发生是由于家畜采食了以上产毒真菌污染的玉米、小麦、大麦、燕麦、小米、芝麻、干草和青贮饲料等。

【临床症状】

玉米赤霉烯酮中毒的临床症状大体包括：饲料转化率降低，器官重量发生变化，生育力下降以及行为异常。对于雌性动物，玉米赤霉烯酮会造成乳腺肿胀，阴户和阴道水肿，阴道和直肠脱垂，子宫卵巢萎缩，窝产仔数减少，流产以及不孕等症状。对雄性动物则会造成乳腺肿胀，包皮水肿，睾丸萎缩及精液质量下降。

1. 猪

尤其是年轻母猪对日粮中的玉米赤霉烯酮极为敏感，导致严重的繁殖机能障碍，包括假妊娠，产仔数减少，乳房肿大，连续发情，阴道黏膜瘙痒、充血、肿胀，外阴肿大，甚至发生阴道和直肠脱落。妊娠母猪易发生早产、流产、胚胎吸收、死胎或木乃伊胎。公猪出现雌性化表现，如乳腺肿大、包皮水肿、睾丸萎缩和性欲减退。

2. 牛

食欲降低，体重减轻，高度兴奋不安，假发情，同时出现外阴道炎症状，如外阴肿大、潮红，阴门外翻，尿频。同时，发生繁殖功能障碍，如不孕、流产或死胎。

3. 家禽

中毒时，表现食欲降低，增重缓慢，泄殖腔脱出，肛门肿大，输卵管膨大，产蛋率降低。公鸡则表现睾丸肿大或萎缩，精子质量下降。

【剖检变化】

玉米赤霉烯酮中毒的主要剖检变化是生殖生理上的变化，包括阴道和子宫间质性水肿，阴道、子宫颈黏膜上皮细胞增生和变形，阴户、阴道、子宫颈壁和子宫肌层增厚。乳腺间质发生间质性水肿，乳腺和乳头明显肿大。

【诊断】

根据采食霉败饲料的发病史，结合雌激素综合征和雌性化综合征等临床症状，以及生殖系统的特征性剖检变化，可作出初步诊断。确诊可对饲料样品进行产毒真菌的培养、分离，同时应用薄层色谱法、气相色谱法、高效液相色谱法等检测饲料中的玉米赤霉烯酮，并用未成熟的小鼠做生物学鉴定。

【治疗措施】

玉米赤霉烯酮的治疗取决于毒素作用的时间、动物年龄和繁殖状况。立即停喂含毒素的饲料，改喂多汁青绿饲料，一般不需药物治疗，经过 1～2 周症状可逐渐消失。

【预防措施】

预防本病的根本措施是防止饲料发霉。玉米赤霉烯酮结构较稳定，含毒饲料经加热、蒸煮和烘烤等处理后仍有毒性作用，严重污染的饲料应废弃不用。

1. 物理方法

物理脱毒法主要有水洗法、剔除法、脱胚去毒法、溶剂提取法（用液体抽提法，如有机溶剂、氯化钙或碳酸氢钠水溶液或盐水）、加热去毒法（在湿度较高的条件下，高热或高热高压也可破坏毒素）、辐射法（紫外线和等离子发射）等；

2. 化学方法

碱处理：利用 3% 或 6% 的氨气处理 ZEN 污染的玉米，15℃ 或 25℃ 贮藏 6 个月，可使 ZEN 降至 0.13mg/kg；利用 2% 氢氧化钙和 110℃ 对 ZEN 的破坏作用，将自然污染和人工掺和 ZEN（≤1.5mg/kg）玉米粉制饼，可使 ZEN 减少 59%～100%；氢氧化钙单甲胺 [Ca(OH)2 - MMA] 能转化和降解 ZEN。

甲醛能够显著降解饲料中的 ZEN，若甲醛与氢氧化铵合用，则效果更好。

3. 吸附法

饲料中添加霉菌毒素吸附剂进行脱毒，主要是针对霉菌毒素的理化特性和在动物体内的代谢特性，采用了能吸附霉菌毒素的一些饲料添加剂，按一定比例混入饲料产品中，使其在动物体内发挥吸附霉菌毒素的功效，进而达到脱毒的效果。某些矿物质如硅藻土、伊利石、绿泥石等，它们都有很强的吸附作用，而且性质稳定，一般不溶于水，这些物质不会被动物体吸收。将它们作为吸附剂添加到饲料中，可吸附饲料中的霉菌毒素，减少动物消化道对霉菌毒素的吸收。

4. 主要进口脱毒剂

使用饲料添加剂降低毒素生物有效性是在养殖场及饲料加工厂最可行有效的方法，目前中国市场上的毒素脱毒剂几乎全部依赖于进口途径，主要有美国生产的"霉可脱"、以色列生产的"百鲜明"、西班牙生产的"毒去完"等。

吸附剂＋酶　这类产品多为欧洲几个公司生产，声称可用酶将毒素化学键打断以去除毒素的毒性。

甘露低聚糖可通过物理吸附或直接结合霉菌毒素，消除毒素对机体的有害影响。甘露低聚糖对黄曲霉毒素 B_1、玉米赤霉烯酮和赭曲霉毒素的结合率分别为 82.5%、51.6% 和 26.4%，其中对黄曲霉毒素的结合能力主要取决于 pH 值、毒素的浓度及所用的甘露低聚糖的剂量。研究表明，结合力在 pH 值为 6.8 时比 pH 值 4.5 时要强，甘露低聚糖的添加量在 500～1 000mg/kg 饲料范围内结合力呈上升趋势。

【知识拓展】

玉米赤霉烯酮作用的靶器官是动物（尤其雌性动物）的生殖器官，可导致动物的生殖器官发生功能上和形态学上的变化，呈现雌激素效应。毒性试验表明，未性成熟的雌性小白鼠表现子宫肥大，外阴部肿胀，乳腺肿大，长期投服则引起乳腺萎缩。

任务 5 - 4　杂色曲霉毒素中毒

杂色曲霉毒素中毒是动物采食被杂色曲霉毒素污染的饲料，引起以肝脏和肾脏坏死为主要特征的中毒性疾病。本病在各种动物均可发生，主要见于马属动物、羊、家禽及实验动物。每年 12 月至翌年 6 月为发病期，4～5 月为高峰期，6～7 月开始放牧后，发病逐渐停止或病情缓和，夏秋季节不发病。发病与品种、年龄和性别无明显关系，但幼畜死亡率高。

【病因分析】

许多作物如大麦、小麦、玉米，饼粕如豆饼、花生饼和常见饲草、麦秸和稻草等均易被杂色曲霉毒素污染，各种动物均会因食入被污染饲料而发生中毒。

【临床症状】

1. 马

多在采食霉败饲草后 10～20d 出现中毒症状。初期精神沉郁，食欲减退或废绝，进行性消瘦。结膜初期潮红、充血，后期黄染。30d 后症状更加严重，并出现神经症状，如头顶墙、无目的徘徊，有的视力减退以至失明。尿少色黄，粪球干小，表面有黏液。体温一般正常，少数病例在死亡前体温升高达 40℃以上。病程 1～3 个月，最长可达 4 个月。

2. 羊

在采食霉败饲料后 7d 左右发病，多为亚急性经过，经 20d 左右死亡。初期食欲不振，精神沉郁，消瘦。随着病情的发展出现结膜潮红，巩膜黄染，异嗜，虚弱，腹泻，尿色深黄。病程 1～2 个月。2 月龄以下的羔羊发病多，死亡率高，1 岁半以上羊也发病，但死亡率较低。主要发病季节为 3～4 月，5 月份羔羊随群放牧后，不再发病。

3. 鸡

表现采食量减少，产蛋率迅速下降，棕褐色蛋壳变白；精神沉郁，羽毛蓬松，喜饮水，腹泻，粪便中常有带血性黏液，最后昏迷死亡，死亡率达 50% 以上。种蛋孵化时胚胎重量减轻、畸形及胚胎死亡。

4. 奶牛

呈慢性经过，产奶量下降，腹泻，严重者血便，衰竭死亡。

【剖检变化】

1. 马

以全身广泛性出血和浆膜、脂肪黄染为特征。表现为肝脏肿大，呈黄绿色，后期质地坚硬，表面不平，呈花斑样色彩；皮下、腹膜、脂肪黄染；肺、脾、膀胱、肠道和肾脏广泛性出血。

2. 羊

可见皮下组织、脂肪、浆膜及黏膜黄染，肝脏肿大，质脆，呈黄绿色、灰白色和暗红色花斑样，胆囊充满胆汁；脾脏肿大；胃肠道黏膜充血、出血；肾脏肿大，质软，色暗；全身淋巴结水肿。

3. 鸡

可见肝脏苍白，呈脂肪肝并有出血。

【诊断】

根据采食霉败饲料的病史，结合临床症状和特征性的病理剖检变化，可作出初步诊断。确诊必须测定样品中的杂色曲霉毒素含量并分离培养出产毒霉菌，一般饲草、饲料中杂色曲霉毒素含量达 0.2mg/kg 以上时即可引起中毒。

【治疗措施】

本病无特效疗法。中毒病畜应立即停止喂食霉败草料，给予易消化的青绿饲料和优质牧草。并应充分休息，保持环境安静，避免外界刺激。

药物治疗主要在于增强肝脏解毒机能，恢复中枢神经机能，防止继发感染。增强肝脏解毒能力，可选用高渗葡萄糖溶液和维生素 B_1 静脉注射，也可口服肝泰乐、肌苷片等。病畜兴奋不安时，可用 10% 安溴注射液，马 50~150ml，羊 5~10ml，静脉注射，或内服水合氯醛。防止继发感染可选用抗生素类药物。

【预防措施】

防止饲草料发霉，或不能对动物饲喂发霉的草料，是预防动物发病的根本措施。饲草在收割后要充分晒干，然后堆放于通风、地面水流通畅的地方，严禁雨淋。

【知识拓展】

美国在 20 世纪 70 年代末首先报道了本病，以后许多国家和地区相继报道马、骡、驴、牛、羊、鸡、大鼠、小鼠和猴的杂色曲霉毒素中毒。我国西北干旱地区发生的马属动物"黄肝病"和羊"黄染病"，经研究证实为杂色曲霉毒素中毒。

杂色曲霉毒素的中毒机理尚不十分清楚。体外研究表明，杂色曲霉毒素可引起细胞核仁分裂，抑制 DNA 的合成；可使 DNA 修复酶的活性增强，损害 DNA。杂色曲霉毒素具有肝毒性，动物急性中毒以肝、肾坏死为主，肝小叶坏死部位因染毒途径不同而异，口服染毒后主要表现肝小叶中央部位坏死，腹腔染毒后出现肝小叶周围坏死。小白鼠对杂色曲霉毒素的抵抗力较大，口服 $LD_{50} > 800mg/kg$；大鼠经口服 LD_{50} 雄性为 166mg/kg，雌性为 120mg/kg。慢性中毒可引起原发性肝癌、肝硬化、肠系膜肉瘤、横纹肌肉瘤、血管肉瘤和胃鳞状上皮增生等。

任务 5-5　霉烂甘薯中毒

黑斑病甘薯中毒又称黑斑病甘薯毒素中毒或霉烂甘薯中毒，俗称牛"喘气病"或牛"喷气病"，是家畜，特别是牛采食一定量黑斑病、软腐病或橡皮虫病甘薯、木薯及其副产品后，发生以急性肺水肿与间质性肺气肿、严重呼吸困难以及皮下气肿为特征的中毒性疾病。主要发生于种植甘薯的地区，其中以牛、水牛、奶牛较为多见，绵羊、山羊次之，猪也有发生。本病的发生有明显的季节性，每年从 10 月份到翌年 4~5 月，春耕前后为本病发生的高峰期。

【病因分析】

甘薯黑斑病的病原是甘薯长喙壳菌、茄病镰刀菌、爪哇镰刀菌等，这些真菌寄生在甘薯的虫害部位和甘薯的表皮裂口处，甘薯受侵害后表皮干枯、凹陷、坚实，有圆形或不规则的黑绿色斑块，周围组织成为褐色，储藏一段时间后，病变部位表面密生刚毛，甘臭、味苦，家畜采食或误食病甘薯后可引起中毒。

另外，甘薯在感染齐整小核菌、爪哇黑腐病菌，被小象虫咬伤，切伤或用化学药剂处理时均可产生毒素，同时黑斑病甘薯可耐高温，经煮、蒸、烤等处理均不能破坏其毒性，所以甘薯作原粮、酿酒、制粉所得的酒糟、粉渣喂牛，仍可发生中毒。甘薯黑斑病的有毒成分主要是甘薯酮、甘薯醇、甘薯宁、4-甘薯醇和1-甘薯醇，对牛可引起肺水肿和肺间质性气肿等病变，导致窒息死亡。本病以黄牛、水牛较为多发，奶牛次之。发病具有明显的季节性，农村种植甘薯地区的每年10月至翌年5月间，特别是春耕前后为该病多发期，发病率高，死亡率也高。食欲旺盛的牛发病快、病情发展迅速，绝大多数病例最终死亡。

【临床症状】

临床症状因动物种类、个体大小及采食黑斑病甘薯的数量有所不同。

1. 牛

通常在采食后24h发病，病初表现精神不振，食欲大减，反刍减少和呼吸障碍。急性中毒时，食欲和反刍很快停止，全身肌肉震颤，体温一般无显著变化。本病的特征是呼吸困难，呼吸次数可达80～90次/min。随着病情的发展，呼吸动作加深而次数减少，呼吸用力，呼吸音增强，似"拉风箱"音。初期多由于支气管和肺泡出血及渗出液的蓄积，不时出现咳嗽。听诊时，有干湿啰音。继而由于肺泡弹性减弱，导致明显的呼气性呼吸困难。肺泡内残余气体相对增多，加之强大的腹肌收缩，终于使肺泡壁破裂，气体窜入肺间质，造成间质性肺泡气肿。后期可于肩胛、腰背部皮下（即于脊椎两侧）发生气肿，触诊呈捻发音。病牛鼻翼扇动，张口伸舌，头颈伸展，并取长期站立姿势增加呼吸量，但仍处于严重缺氧状态，表现可视黏膜发绀，眼球突出，瞳孔散大和全身性痉挛等，多因窒息死亡。在发生极度呼吸困难的同时，病牛鼻孔流出大量鼻液并混有血丝，口流泡沫性唾液。伴发前胃弛缓、瘤胃臌气和出血性胃肠炎，粪便干硬，有腥臭味，表面被覆血液和黏液。心脏衰弱，脉搏增数，可达100次/min以上。颈静脉怒张，四肢末稍冰凉。尿液中含有大量蛋白。乳牛中毒后，其泌乳量大为减少，妊娠母牛往往发生早产和流产。

2. 羊

主要表现精神沉郁，结膜充血或发绀，食欲、反刍减少或停止，瘤胃蠕动减弱或废绝，脉搏增数达90～150次/min，心脏机能衰弱，心音增强或减弱，脉搏节律不齐，呼吸困难。严重者还出现血便，最终发展为衰竭、窒息而死亡。

3. 猪

表现精神不振，食欲大减，口流白沫，张口呼吸，可视黏膜发绀。心脏机能亢进，节律不齐。肚胀，便秘，粪便干硬发黑，后转为腹泻，粪便中有大量黏液和血液。阵发性痉挛，运动失调，步态不稳。约1周后，重剧病猪多发展为抽搐死亡。

【剖检变化】

本病的典型变化在肺脏，肺显著肿胀，比正常大 1～3 倍。中毒较轻的病例肺脏水肿，伴发间质性肺泡气肿，肺间质增宽，肺膜变薄，呈灰白色透明状。严重病例，肺表面胸膜层透明发亮，呈现类似白色塑料薄膜浸水后的外观。胸膜壁层有小气泡，肺切面有大量血水和泡沫状液体流出，肺小叶间隙及支气管腔内聚集黄色透明的胶样渗出物。胸腔纵膈呈气球状。在肩、背部两侧的皮下组织及肌膜中，有绿豆到豌豆大小的气泡聚积。胃肠黏膜充血、出血、坏死，肝脏肿大，有实质性点状出血，胆囊肿大，其中充满稀薄的深绿色胆汁，心、肾、脾均有不同程度的出血、变性。

【诊断】

根据发病季节及现场观察，食槽内有黑斑病薯或薯渣等副产品，牛有采食黑斑病甘薯及其副产品的经历，且突然发生高度呼吸困难，呈现如拉风箱样的声音，皮下气肿，体温不高等典型的症状，解剖胃内有霉变甘薯残渣等可作出初步诊断。必要时用黑斑病甘薯及其酒精浸出液或乙醚提取物作动物复制实验，最后进行确诊。

本病以群发为特征，易误诊为牛出血性败血病（即牛巴氏杆菌病）或牛肺疫（即牛传染性胸膜肺炎）。但从病史调查，病因分析及本病体温不高，剖检时胃内见有黑斑病甘薯残渣等，即可予以鉴别。

【治疗措施】

目前，尚无特效解毒药，治疗的原则是迅速排出毒物、解毒缓解呼吸困难，以及对症疗法。

1. 排出毒物及解毒

如果早期发现，毒物尚未完全被吸收，可用洗胃和内服氧化剂两种方法。

（1）洗胃　用生理盐水大量灌入瘤胃内，再用胶管吸出，反复进行，直至瘤胃内容物的酸味消失。用碳酸氢钠 300g、硫酸镁 500g、克辽林 20g，溶于水中灌服。

（2）内服氧化剂　1% 高锰酸钾溶液，牛 1 500～2 000ml，或用 1% 过氧化氢溶液，500～1 000ml，一次灌服。

2. 缓解呼吸困难

吸氧；3% 双氧水 80～100ml，多点皮下注射。当肺水肿时可用 50% 葡萄糖溶液 500ml，10% 氯化钙溶液 100ml，20% 安钠咖溶液 10ml，混合，一次静脉注射。呈现酸中毒时应用 5% 碳酸氢钠溶液 250～500ml，一次静脉注射。

3. 对症治疗

强心、补液、消炎等。

【预防措施】

首先防止甘薯黑斑病的传染，可用温汤（50℃温水浸渍 10min）浸种及温床育苗；在收获甘薯时尽量不伤表皮；对有病甘薯苗不能做种用，严防被牛误食；禁止用霉烂甘薯及其副产品喂家畜；应注意做好牛的放牧管理，避免其接近烂薯，不用患有黑斑病的甘薯或霉烂甘薯加工后的副产品喂牛；贮藏时地窖应干燥密封，温度控制在 11 ~ 15℃，防止甘薯被真菌污染，霉烂甘薯要集中深埋销毁。

【知识拓展】

甘薯酮为肝脏毒，可引起肝脏坏死。甘薯醇为甘薯酮的羟基衍生物，也为肝脏毒。4-甘薯醇、1-甘薯醇、甘薯宁具有肺毒性，经动物试验可致肺水肿及胸腔积液，故有人称此毒素为"致肺水肿因子"。在自然发生的甘薯黑斑病中毒病例中，特别是牛，主要病变并非甘薯酮等毒素所致的肝脏损害，而是出现肺水肿因子所致的肺水肿、肺间质气肿等损害。

任务 5 – 6　牛霉稻草中毒

发霉稻草中毒又称"烂蹄病"、"蹄腿肿烂病"，是一种以耳尖枯焦、尾端干性坏死、腿肿蹄烂及蹄匣脱落为特征的牛中毒性疾病。此病主要流行于水稻产区，耕牛发病居多。

【病因分析】

由于饲喂稻草以秋、冬季为主，故本病具有明显的季节性，常发生于 11 月份至翌年 4月份，11 ~ 12 月份为发病高峰，第二年 3 月份以后逐渐停息。国内外研究认为，本病是由三线镰刀菌、拟枝孢镰刀菌和犁孢镰刀菌产生的一种丁烯酸内酯引起的。国内有关单位研究结果是由拟枝孢镰刀菌、半裸镰刀菌、禾谷镰刀菌、尖孢镰刀菌、雪腐镰刀菌等的有毒代谢产物被牛采食后引起中毒而发病。

【发病特点】

根据临床观察，水牛发病率高于黄牛；营养差的牛因机体耐受性和抵抗力差，故发病率高；公牛、青年牛因采食量大，故发病率高。高产奶牛发病多，低产牛发病少。病牛有长期饲喂霉稻草史，不喂霉稻草者，不发本病。本病能复发，只要饲喂霉稻草，年年都有可能发生。本病初期通常体温、脉搏、食欲、粪便正常，全身变化不明显，仅有少数病牛体温有升高现象（病变部位受感染）。

【临床症状】

本病发病突然，常呈一肢或多肢发病，多在早上发现。病牛精神沉郁，拱背，被毛粗乱，皮肤干燥无光；可视黏膜微红；中期病牛有的鼻黏膜有蚕豆大的烂斑，一侧鼻孔流出鲜红色血液；在蹄部肿胀前，病牛患肢步态僵硬，见有间隙性提举现象。继而可见蹄冠肿胀、触诊发热、疼痛；蹄冠与系部皮肤有环状裂隙，皮肤变凉；病继续发展，皮肤破溃、出血、化脓和坏死。疮面久不愈合，具有腥臭味；肿胀由蹄部蔓延至腕关节、跗关节时，跛行明显，病牛不愿行走，喜卧而不愿站立。蹄壳松动脱落；有的连指（趾）关节一起脱落。肿胀可蔓延至前肢肩胛部和后肢臀部。肿胀消退后，皮肤干硬，似如龟板；跗关节以下发生干性坏疽，病部与健部皮肤呈明显的环形分界线，坏死皮肤紧箍于骨骼，干硬似如木棒。当坏死处被细菌感染时，见皮肤破溃，流出黄红色液体，皮肤与骨骼分离，似如穿着长筒靴样。耳部坏死长达 5cm，病部与健部界线分明，坏死区皮肤干硬呈暗褐色，最后脱落为半耳；尾端干性坏死达 1/3 ~ 2/3，甚至整个尾断离。起初尾端变细、不灵活或肿烂，继而干枯蜷曲而断离。黄牛症状较轻，水牛症状明显较重。

【诊断】

1. 要根据饲喂历史和临床症状进行诊断

如有必要可作实验室真菌分离鉴定。方法为：采取怀疑长霉稻草样品，剪成 2cm 长，在 0.1% 升汞液中浸泡 1min，用灭菌蒸馏水冲洗 5 ~ 10 次，将其接种于马铃薯葡萄糖琼脂培养基和察氏培养基上，在 22 ~ 26℃ 条件下培养 6 ~ 8d，进行分离鉴定，结果分离出镰刀菌属即可确诊。

2. 此病的诊断要注意与以下类似病症区分

（1）锥虫病　锥虫病病畜有间隙性发热，严重贫血，进行性消瘦，腹下水肿，血液检测可见锥虫，但本病多没有体温变化，血液中检测不到锥虫。

（2）坏死杆菌病　坏死杆菌病病畜发热，厌食，脓性鼻漏，口腔内齿龈、舌、颊部黏膜上有溃疡，从病灶内能分离出坏死杆菌，而本病病畜多无体温变化，只鼻黏膜和肢体末端有烂斑，但是病灶分离不出坏死杆菌，而且饮食较正常。

【治疗措施】

停喂霉稻草，加强病牛营养，并对症治疗。

（1）病初　可采取促进病牛血液循环治疗原则。对患肢进行热敷、按摩或灌服白胡椒酒（每次灌服白酒 200 ~ 300ml、白胡椒 20 ~ 30g）以促进血液循环。

（2）肿胀部位发生感染　进行抗生素或磺胺类药物治疗。磺胺噻唑钠 10g/d、磺胺嘧啶 30 ~ 50mg/kg 体重，一次静脉注射，连续注射 5 ~ 7d。新霉素 8 ~ 15mg/kg 体重、卡那霉素 6 ~ 12mg/kg 体重，一次静脉注射。

（3）对于患部尚未破溃病牛　用消毒液冲洗患部后，涂布刺激性药物如松节油搽剂、樟脑搽剂等；当患部破溃时，用 0.1% 高锰酸钾液、1% ~ 2% 来苏尔、4% 硫酸铜液冲洗患蹄，可在疮内撒布磺胺粉、松馏油或用红霉素软膏涂敷并打蹄绷带。

（4）病情严重牛，可用 5% 葡萄糖生理盐水 1 000 ~ 1 500ml，葡萄糖液 500ml，安钠咖 2g，维生素 C 5g，一次静脉注射。

（5）中药治疗　本病以和胃解毒、消肿止痛为治疗原则。

①外用方：陈石灰 50 ~ 100g、土一枝蒿 30 ~ 50g、通泉草 500 ~ 1 000g。将土一枝蒿、通泉草（均为生药）捣烂和陈石灰调匀，用此药包敷患部，1 ~ 2 日换药 1 次。

②内服方：生石灰水 1 500 ~ 2 500ml。取生石灰 500g 加常水 5 000ml 搅匀、澄清，取上清液按药量日分 2 次灌服，连服 3 ~ 4d。久病体虚之畜，酌用党参、黄芪、白术、淮山、大枣为粉加糯米、猪油煮粥喂服，日 1 次，连喂 4 ~ 5 次。施治前应停喂有可能引起本病的饲草饲料，以防畜体继续中毒，影响疗效。

【预防措施】

预防霉稻草中毒发生，加强稻草收贮管理和饲喂管理是关键。秋季收获时，及时晒干，防止稻草霉变，未经晒干的稻草，一定不要堆贮；已晒干而堆贮的稻草垛，垛顶要用塑料布遮盖严实，并要定期检查，严防雨水渗入。饲喂稻草时，要仔细检查，凡已霉烂稻草，严禁喂牛。

【知识拓展】

大量摄食发霉稻草，而霉稻草中镰刀菌属真菌中的三线镰刀菌、半裸镰刀菌、串珠镰刀菌、禾谷镰刀菌等所产生的毒素引起耕牛、水牛及奶牛外周循环发生障碍而发病。如镰刀菌属的真菌产生的丁烯酸内酯具有血液毒性和外周血管毒性作用。当真菌毒素丁烯酸内酯被机体吸收进入血液，将作用于外周血管，引起局部血管的痉挛性收缩，致使血管壁增厚，血管狭窄，血液缓慢，继而血栓形成，进一步发生脉管炎症变化。由于局部血液循环障碍，血管内血液的滞留，营养和供氧机能破坏，从而引起末梢组织的瘀血、水肿、出血和坏死，表现在耳部、尾部出现坏死，肢蹄发生肿烂。在北方，病畜更容易发生冻伤。当患肢皮肤屏障机能破坏后，外界细菌很容易侵入，往往促使了病情恶化。

任务 5－7　马属动物霉玉米中毒

本病属于镰刀菌毒素中毒中的一种，又称为"马脑白质软化症"。临床上是以神经症状——狂暴（兴奋）或沉郁（抑制）为特征。本病多发于马属动物，死亡率高。本病发生具有地区性和季节性，即多发生于秋季和春季。适宜的温度和相对湿度是各种镰刀菌生长繁殖和产毒的重要条件。

【病因分析】

玉米或玉米面发霉后，生成了大量的毒性较强的镰刀菌，马属动物采食了这样的霉败玉米后引起中毒。

【临床症状】

按中毒后的病程经过分急性、亚急性和慢性三种类型，按患病动物的神经症状分为兴奋型、沉郁型及混合型。

1. 兴奋型

本类型多属急性。呈现突发神经性兴奋、狂暴，两眼视力相继减弱、失明。盲目地乱走乱跑，步态踉跄或猛向前冲，直至遇到障碍物时被迫停止；或以头抵住障碍物。被迫卧地后，四肢仍作游泳状划动。患畜全身肌肉颤搐。角弓反张，眼球震动，大小便失禁。陷入心力衰竭而死亡。

2. 沉郁型

多属慢性病例。精神高度沉郁，饮食欲减退或废绝，头低耳耷，两眼乏神，唇舌麻痹，松弛下垂，流涎，视力减退，甚至失明。由于吞咽障碍，咀嚼困难，患畜呆立，全身或局部肌肉震颤，运动不协调，步样蹒跚。肠蠕动音低沉、减弱或消失，两便均减少，经数小时后或死亡。

3. 混合型

病畜时而表现兴奋症状，时而又出现沉郁症状，即交替出现神经症状。

【剖检变化】

主要病变在中枢神经系统，如大脑血管充血、出血、水肿，颅腔内硬脑膜下脑脊髓液增多。大脑半球一侧或两侧均出现特征性病变——液化性坏死灶。坏死组织类似豆渣样变，发生在大脑半球白质中最为常见。胃肠道多发生亚急性炎症变化，绝大部分黏膜充血、出血。小肠及盲肠黏膜形成小溃疡，浆膜下肌层有许多大小不等的出血点（或斑）；心内外膜及冠状沟有出血点；肺轻度气肿，充血和水肿；肾有时轻度肿胀，膀胱积尿，黏膜小点状出血。

【诊断】

如在同一地区同样饲养条件下，多数家畜发病或死亡，应首先检查饲料质量，特别是谷物饲料，结合流行病学临床症状、剖检变化等进行综合诊断。首先要检查饲草饲料有无发霉变质，并采样进行真菌分离、鉴定以及真菌代谢产物饲喂动物毒性试验。

【治疗措施】

采用排除毒素、减少毒素的吸收以及对症治疗等综合治疗措施。治疗时应尽量地保护大脑皮层、增强与恢复神经系统的调节机能。清理胃肠，促进有毒物质的迅速排除。

首先应改善饲养管理条件，停止喂给霉败玉米，改喂优质草料，日粮中加喂蔗糖或葡萄糖、绿豆水等解毒。患畜可用生理盐水和5%葡萄糖溶液500～1 000ml，静脉注射，并可用40%乌洛托品溶液50ml，同时静脉注射。内服中性盐类泻剂（硫酸钠或硫酸镁）；还可以在给予清洁饮水或饲料中加喂食盐（每日20～50g）。对心脏衰弱的病例，可适当选用10%安钠咖10～40ml，皮下、肌肉或静脉注射。兴奋不安的病例，多用10%安溴注射液50～150ml，静脉注射。

【预防措施】

关键在于注意饲料的保存，防止霉败。严禁用发霉的玉米饲喂马属动物。

任务5-8　牛霉麦芽根中毒

牛霉麦芽根中毒是采食或饲喂霉败麦芽根混合饲料引起的在临床上以牛机体肌肉震颤、共济失调等中枢神经系统症状为主征的真菌毒素中毒性疾病。据现有资料显示，霉麦芽根中毒只限于乳牛发生。

【病因分析】

本病病原为棒曲霉素或麦芽米曲霉素，前者是由荨麻青霉和棒曲霉等产生，后者是由米曲霉小孢变种产生。发病原因是由于乳牛采食或饲喂了被上述产毒霉菌污染的麦芽根饲料。

【临床症状】

临床症状的出现早晚和程度，因乳牛采食霉麦芽根等饲料的多少而有所差异，但临床症状还是以肌肉震颤、共济失调等中枢神经系统机能紊乱为主。

发病初期，病牛的食欲、反刍减退，体温多不升高，其主要表现为神经症状，如对外界刺激反应敏感，不时出现恐惧表情，全身肌肉，尤其是肘肌痉挛明显。眼球突出，目光凝视。站立姿势异常，如头颈伸直，腰背拱起，行走无力，站立不稳，前两肢呈"八"字叉开，运步僵硬，后肢呈典型鸡跛。

病的后期，系关节麻痹，易跌倒，倒后极难站起。严重病牛不能站立而被迫横卧地上，四肢呈游泳状划动，同时头颈弯向背部。心搏动加快，一般多达 90～100 次/min，心音混浊，节律不齐。少数病牛出现胸前或颌下浮肿，且不易消退。呼吸困难，肺泡呼吸音增强，间或听到干、湿性啰音。最后全身搐搦，口流白色泡沫，心力衰竭死亡。

【剖检变化】

特征性病变在中枢神经系统和骨骼肌等。中枢神经的血管普遍扩张充血，血管周围水肿、出血。脑膜下血管扩张充血，皮质部有小软化灶，呈圆形或椭圆形，界限清晰。后躯骨骼肌色泽浅淡、混浊、质脆，或有明显出血。肝脏肿大，边缘钝厚，表面光滑，色暗红，质地柔软，切面外翻，流有少量血液。肝小叶境界模糊。肺脏左右肺尖叶间质增宽，呈灰白色，弹性减退，手压有爆破声。除肺尖叶气肿外，其余肺组织充血、水肿。两心腔扩张，左心乳头肌内膜下出血，右心壁薄、质软。此外，肠管黏膜肿胀，呈红至深红色，并有少量出血斑，肠内容物混杂血液。

【诊断】

根据临床表现以神经症状为主，结合特征性的剖检变化，以及有饲喂霉麦芽根的病史、霉菌培养为阳性等因素进行分析，可以作出诊断。

【治疗措施】

目前对本病尚无有效的治疗药物，现场只能施行对症治疗。对轻型病牛，应用盐类泻剂，清理胃肠的同时，静脉注射硫代硫酸钠溶液、高渗葡萄糖溶液和维生素 C 注射液，进行解毒、保护肝脏功能；静脉注射多巴胺或氯丙嗪注射液，改善中枢神经调节机能，也可选用止血剂注射，往往有一定效果。重型病牛多数预后不良。

【预防措施】

应注意啤酒糟、大麦芽和麦芽根等酿造加工的副产品保鲜程度，防止堆放过久发霉变质；对已发霉变质的上述副产品，应当废弃，严禁充作饲料喂牛。

【知识拓展】

棒曲霉菌产生的棒曲霉素是一种神经毒，在体内吸收后主要作用于神经系统，特别是脑、脊髓和坐骨神经干，引起感觉和运动神经的机能障碍。在病的初期兴奋性增强，知觉过敏，肌肉特别是横纹肌震颤和挛缩，在临床上呈现后肢强直，跗关节直伸，球节屈曲，腹围卷缩和背腰拱起的异常姿势；在后期兴奋性降低，处于抑制状态。在呈现神经症状的同时，由于全身肌肉的痉挛性收缩，特别是膈肌和呼吸肌的痉挛，以及红细胞及血红蛋白在数量上的改变，影响了氧气的供给，从而在临床上表现出呼吸浅表和呼吸困难的症状。

【项目小结】

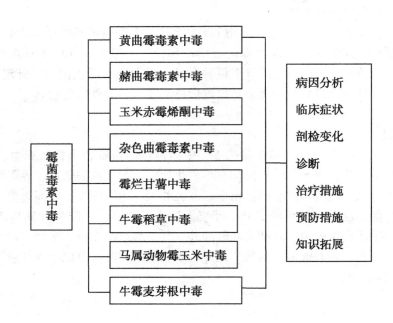

【项目检查与评价】

根据上述学习情况进行职业能力测试，以检查与评价你的学习掌握程度。

（一）判断题

1. （　　）一种霉菌可以产生多种霉菌毒素，一种霉菌毒素可由多种霉菌产生。

2. （　　）黄曲霉毒素的主要毒害作用表现为严重的肾毒和血管毒。

3. （　　）猪慢性黄曲霉毒素中毒有异嗜癖的表现。

（二）单项选择题

1. 下列（　　）是霉菌毒素的基本性质之一。

A. 分子量大　　B. 多耐热　　C. 生长条件苛刻　　D. 耐碱不耐酸

2. 下述所列，（　　）不可作为霉菌污染饲料的去毒减毒方法。

A. 坑埋法　　B. 微生物去毒法　　C. 氨处理法　　D. 吸附去毒法

3. 下述所列几种动物中，（　　）对黄曲霉毒素最敏感。

A. 绵羊　　B. 猪　　C. 雏鸭　　D. 牛

4. 下述所列几种动物中，（　　）对黄曲霉毒素最耐受。

A. 绵羊　　B. 猪　　C. 火鸡　　D. 犊牛

5. 下述所列，（　　）是公认的几种黄曲霉毒素。

A. B_1、B_2、G_1、G_2、M_1、M_2　　　　B. C_1、C_2、G_1、G_2、M_1、M_2

C. B_1、B_2、D_1、D_2、M_1、M_2　　　　D. B_1、B_2、G_1、G_2、T_1、T_2

6. 下述所列，（　　）是黄曲霉毒素的高敏性动物。

A. 雏鸭　　　B. 猪　　　C. 牛　　　D 绵羊

7. 绵羊是对（　　）的低敏性动物。

A. 黄曲霉毒素　　　B. F-2 毒素　　　C. T-2 毒素　　　D. 赤霉菌毒素

8. （　　）患畜，临床上最常见的是雌激素综合征，引起假性发情、不育和流产。

A. F-2 毒素中毒　　　B. T-2 毒素中毒　　　C. 牛霉稻草中毒　　　D. 马霉玉米中毒

9. F-2 毒素是（　　）。

A. 血液毒　　　B. 神经毒　　　C. 子宫毒　　　D. 肝毒

10. 下述所列中，（　　）是牛霉稻草中毒的主要致病因子。

A. 玉米赤霉烯酮　　　B. 丁烯羟酸内酯　　　C. F-2 毒素　　　D. T-2 毒素

11. 我国西北地区出现因吃霉稻草而引起烂脚，肿蹄腿症，这与国外报道的（　　）毒素中毒十分相似。

A. F-2　　　B. T-2　　　C. DAS　　　D. Butenolide

12. 用霉稻草喂牛常可引起牛四脚肿烂，这是因霉稻草中含有（　　）。

A. aflatoxin　　　B. butenolide　　　C. F-2　　　D. DAS

13. 下述所列，（　　）是马霉玉米中毒的特征性病变。

A. 脑组织镜检：血管周围由圆形细胞浸润形成"管套"

B. 肝硬变

C. 脑白质软化

D. 肝癌

14. 临床上见一患畜有耳尖、尾端出现干性坏疽，蹄腿肿胀、溃烂，以致蹄匣和趾骨腐脱等症状，则该家畜所患疾病为（　　）。

A. 马霉玉米中毒　　　B. 牛霉稻草中毒　　　C. 黑斑病甘薯中毒　　　D. F-2 毒素中毒

15. 下列几种症状和现象中，对牛霉稻草中毒诊断意义最大的是（　　）。

A. 耳尖、尾端干性坏疽、蹄腿肿胀、蹄壳脱落

B. 急性呼吸困难，皮下气肿

C. 神经症状

D. 雌激素样症状

16. 下述所列中，（　　）不属于目前已知的镰刀菌毒素。

A. T-2　　　B. F-2　　　C. 呕吐因子　　　D. 甘薯酮

17. 黑斑病山芋中毒是因吃了黑斑病山芋及其副产品后，引起以（　　）系统症状为主的疾病。

A. 神经　　　B. 消化道　　　C. 呼吸　　　D. 泌尿

18. 下述所列，（　　）不是黑斑病山芋中毒的致病因子。

A. 丁烯酸内酯　　　B. 翁家酮　　　C. 1-甘薯醇　　　D. 4-甘薯醇

（三）理论问答题

黄曲霉毒素的主要毒害作用有哪些？

（四）病例分析

1. 某奶牛患病，6 岁，产犊至今 20d，近来食欲减少，精神不好，消瘦，产奶量减少，

经常卧地，转圈或吼叫，据了解奶牛产犊后以麸皮、菜籽饼和青贮为主饲喂。临床检查得知：病牛体格中等，营养一般，皮肤无光泽，精神沉郁，卧地凝视，鼻镜干燥，结膜发黄，便秘，粪球干而小，体温 39.1℃，呼吸 40 次/min，脉搏 110 次/min，强迫运动时步态强拘，站立不稳，肩颈肌肉抽搐，有时拱背，有腹痛症状，尿呈浅黄色，易形成泡沫。

2. 黄牛突然发病，体重约 300kg，见口吐白沫，呼吸急促，肌肉震颤，起卧不安，口唇、鼻镜发紫，步态摇晃，肛温 37℃，针刺耳静脉流出的血呈酱油状，问诊得知，前天采回的白菜叶没有摊开堆放在屋角，今晨喂牛，致使食后 30min 即发病。

项目六　化肥、农药及杀鼠药中毒

【岗位需求】熟悉常见化肥、农药、鼠药中毒的预防措施；对化肥、农药、鼠药引发的中毒有明确的诊断与治疗能力。

【能力目标】掌握有机磷、有机氟中毒的概念、病因、临床症状、诊断及鉴别诊断、治疗。理解氨基甲酸酯类农药中毒的相关知识。了解有机磷杀菌剂、汞制剂、砷制剂等中毒的基本知识。掌握敌鼠中毒的概念、病因、临床症状、诊断及鉴别诊断、治疗。了解磷化锌、安妥及其他灭鼠药中毒。

【案例导入】据报道，位于河南长葛市建设区沟里村东头的一个鼠药厂自2002年9月废弃以来，由于未采取必要的善后措施，给附近居民带来很大损失。据不完全统计，该鼠药厂已造成附近群众20多人中毒，羊等牲畜20多只死亡。在采访过程中，记者的笔帽掉到了地上，见到记者要捡，几个村民急忙劝阻。深受鼠药毒害的村民们，正急切地盼望着有关部门采取措施，彻底消除这个废弃鼠药厂的鼠药隐患。

点评：这一案例典型反映了化肥、农药、鼠药这3样东西是农村使用最普遍的科技产品。谁也不可否认化肥的使用增加了不少粮食；谁也不可否认农药的使用减少了不少病虫害；谁也不可否认鼠药杀死过很多老鼠，然而化肥、农药及杀鼠药的使用却破坏了自然循环体系，终于酿成了破坏生态环境的3个主要祸源。

任务6-1　化肥中毒

反刍动物瘤胃内的微生物可将尿素或铵盐中的非蛋白氮转化为蛋白质。人们利用尿素或铵盐加入日粮中以补充蛋白质来饲喂牛、羊，早已用于畜牧生产。但补饲不当或过量即可发生中毒。

【病因分析】

①由于利用尿素和铵盐（亚硫酸铵、硫酸铵、磷酸氢二铵）作为饲用蛋白质代替物时，超过了规定用量。根据试验，如给绵羊灌服尿素8g，即可引起死亡，但如用尿素18g加糖渣72g喂给，却不至发生死亡。

②由于误食含氮化学肥料（尿素、硝酸铵、硫酸铵）而引起中毒。尿素等含氮物在瘤胃内分解产生大量氨，由于氨很容易通过瘤胃壁吸收进入血液，即出现中毒症状。中毒的严重程度同血液中氨的浓度密切相关。

【临床症状】

1. 尿素中毒

当羊只吃下过量尿素时，经过15～45min即可出现中毒症状。其表现为不安、肌肉颤抖、呻吟，不久动作协调紊乱，步态不稳，卧地。急性情况下，反复发作强直性痉挛，眼球颤动，呼吸困难，鼻翼扇动；心音增强，脉搏快而弱，多汗，皮温不均。继续发展则口流泡沫状唾液，臌胀，腹痛，反刍及瘤胃蠕动停止。最后，肛门松弛，瞳孔放大，窒息而死。

2. 硝酸铵中毒

中毒初期表现腹痛、流涎、呻吟；口腔发炎，黏膜脱落、糜烂；咽喉肿胀，吞咽困难。继之胀气、多尿。后期衰弱无力，步态蹒跚，全身颤抖，心音增强，体温下降，终至昏睡死亡。

3. 硫酸铵中毒

临床症状基本与硝酸铵中毒相同，但有水泻，体温常升高到40℃左右。

【剖检变化】

尸体迅速变暗。消化道严重受到损害，可见胃肠黏膜充血、出血、糜烂，甚至有溃疡形成。胃肠内容物为白色或红褐色，带有氨味。瘤胃内容物干燥，与生前瘤胃液体过多呈鲜明对比。心外膜有小点状出血，内脏有严重出血，肾脏发炎且有出血。

【诊断】

依据采食尿素等含氮化肥病史及临床症状可以作出诊断，测定血氨可以确诊。在一般情况下，当血氨为 8.4 ~ 13mg/L 时，即出现症状；当达 20mg/L 时，表现共济失调；达 50mg/L时，动物即死亡。

【治疗措施】

（1）在中毒初期　为了控制尿素继续分解，中和瘤胃中所生成的氨，应该灌服0.5%的食用醋200 ~ 300ml，或者灌给同样浓度的稀盐酸或乳酸；若有酸牛乳时，可灌服酸奶500 ~ 750g 或给羊灌服1%醋酸200ml，糖100 ~ 200g加水300ml，可获得良好效果。

（2）臌气严重时　可施行瘤胃穿刺术。

（3）对于铵盐中毒者　还可内服黏浆剂或油剂类，混合大量清水灌服。如吞咽困难，可慢慢插入胃管投服。

（4）对症治疗　用苯巴比妥以抑制痉挛，静脉注射硫代硫酸钠以利解毒。

【预防措施】

1. 防止羊只误食含氮化学肥料

2. 在饲用各种含氮补饲物时，应遵守以下原则

①必须将补饲物同饲料充分混合均匀。

②必须使羊只有一个逐渐习惯于采食补饲物的过程，因此在开始时应少喂，于10 ~ 15天内达到标准规定量。如果饲喂过程中断，在下次补喂时，仍应使羊只有一个逐渐适应过程。

③不能单纯喂给含氮补饲物（粉末或颗粒），也不能混于饮水中给予。

任务6-2　农药中毒

一、有机磷农药中毒

有机磷农药中毒是由于有机磷化合物进入动物体内，抑制胆碱酯酶的活性，导致乙酰胆碱大量积聚，引起以流涎、腹泻和肌肉痉挛等为特征的中毒性疾病。各种动物均可发病。有机磷农药根据大鼠经口的急性半数致死量（LD_{50}）可分为3类，即高毒类（$LD_{50} < 50 mg/kg$），如对硫磷（1605、一扫光）、甲拌磷（3911）、特普、内吸磷（1059）、甲基对硫磷（甲基1605）、甲胺磷等；中毒类（LD_{50} 50～500mg/kg），如敌敌畏、倍硫磷、乙硫磷（1240）、杀螟硫磷、乐果、亚胺硫磷、甲基1059、芬硫磷、甲基乙拌磷等；低毒类（$LD_{50} > 500 mg/kg$），如敌百虫、马拉硫磷（4049）、甲基嘧啶磷、杀螟腈、增效磷、乙酰甲胺磷、皮蝇磷、溴硫磷等。

【病因分析】

有机磷化合物主要用于农作物杀虫剂、环卫灭蝇、动物驱虫及灭鼠，在保管不当、应用不慎或造成环境、饲料及水源污染时，易引起动物中毒。常见的原因如下。

1. 动物饲养管理粗放

动物采食、误食或偷食喷洒过农药不久的农作物、牧草等，或者误食拌、浸有农药的种子。

2. 农药管理与使用不当

如在运输、保管的过程中，包装破损漏出农药而污染地面，甚或污染饲料和饮水。在同一库房贮存农药和饲料，或在饲料库中配制农药或拌种，造成农药污染饲料。

3. 饮水污染

如在水源上风处或在池塘、水槽、涝池等饮水处配制农药，洗涤有机磷农药盛装器具和工作服等，使饮水被污染而致中毒。

4. 空气污染

农业、林业及环境卫生防疫工作中喷雾或农药厂生产的有机磷杀虫剂废气可污染局部或较远距离的环境空气，动物吸入挥发的气体或雾滴可致中毒。

5. 作为兽药用量过大

有些有机磷化合物防治动物疾病引起中毒，如治疗马属动物肠阻塞时应用敌百虫过量引起中毒；滥用或过量应用敌百虫、乐果、敌敌畏等治疗皮肤病和内外寄生虫病而引起中毒。

6. 蓄意投毒

蓄意投毒虽不常发生，但因破坏严重，应提高警惕。

【临床症状】

1. 牛、羊

主要以毒蕈碱样症状为主。表现不安，流涎，鼻液增多，反刍停止，粪便往往带血，并逐渐变稀，甚至出现水泻。肌肉痉挛，眼球震颤，结膜发绀，瞳孔缩小，不时磨牙，呻吟。

呼吸困难或迫促，听诊肺部有广泛湿啰音。心跳加快，脉搏增数，肢端发凉。最后因呼吸肌麻痹而窒息死亡。怀孕牛流产。

2. 猪

烟碱样症状明显，表现肌肉发抖，眼球震颤，流涎。进而行走不稳，身躯摇摆，不能站立，病猪侧卧或伏卧。呼吸困难或迫促。

3. 家禽

病初表现不安，流泪，流涎。继而食欲废绝，腹泻，运动失调，肌肉震颤，瞳孔缩小，呼吸困难，黏膜发绀。最后倒地，两肢伸直抽搐，昏迷而死亡。

4. 犬

流涎，呕吐，腹痛，腹泻，瞳孔缩小，呼吸困难，心动过速。严重者病初兴奋不安，体温升高，肌肉震颤、抽搐，躯干与四肢僵硬，很快转为肌肉无力、麻痹，终因呼吸抑制和循环衰竭而死亡。

【剖检变化】

最急性中毒在 10h 内死亡者，尸体剖检一般无肉眼和组织学病变，经消化道中毒者，胃肠内容物呈蒜臭味，同时消化道黏膜充血。中毒后较长时间死亡的病例，胃肠黏膜大片充血，肿胀或出血，有的糜烂和溃疡，黏膜极易剥脱。肝脏肿大，淤血，胆囊充盈。肾肿大，切面紫红色，层次不清晰。心脏有小出血点，内膜可见有不整形白斑。肺充血、水肿，气管、支气管内充满泡沫状黏液，有卡他性炎症。全身浆膜均有广泛性出血点、斑。脑和脑膜充血、水肿。

【诊断】

根据动物接触有机磷农药的病史，结合流涎、腹痛、腹泻、瞳孔缩小、肌肉震颤、呼吸困难等临床症状，胃内容物有蒜臭味、消化道黏膜充血、出血、脱落和溃疡等剖检变化，血液胆碱酯酶活性降低等，可初步诊断。胃内容物、可疑饲料和饮水等样品有机磷化合物的定性或定量分析，可为诊断提供依据。另外，通过阿托品和解磷定进行的治疗试验，可验证诊断。

【治疗措施】

病畜应立即停止饲喂可疑饲料和饮水，让其迅速脱离被农药污染的环境，并积极采取以下抢救措施。

1. 清除毒物和防止毒物继续吸收

（1）清洗皮肤和被毛　如果是经皮肤用药或受农药污染体表时，可用微温水或凉水、淡中性肥皂水清洗局部或全身皮肤，但不能刷拭皮肤。

（2）洗胃和催吐　如果经口接触，时间小于 2h，可用催吐疗法，猪、狗可用 0.5% ~ 1.0% 的硫酸铜溶液 50ml 催吐。硫特普、敌百虫中毒可用 1% 醋酸或食醋等酸性溶液洗胃。其他有机磷除对硫磷禁用高锰酸钾外，均可用 2% 的碳酸氢钠、0.2% ~ 0.5% 高锰酸钾或生理盐水、1% 过氧化氢溶液洗胃。

（3）缓泻与吸附　可灌服硫酸镁、硫酸钠或人工盐等盐类泻剂轻泻胃肠内容物，用量以大动物 150~250g，猪 30~50g 为宜。灌服活性炭（3~6mg/kg 体重）可吸附有机磷，并促进其从粪便中排出，由于动物从瘤胃内容物中可持续吸收有机磷，因此活性炭对反刍动物效果甚佳。注意禁用油类泻剂，其可加速有机磷溶解而被肠道吸收。

2. 特效解毒剂

有机磷中毒的特效解毒剂包括生理颉颃剂和胆碱酯酶复活剂两类，二者常配合使用。

（1）生理颉颃剂 抗胆碱药阿托品可与乙酰胆碱竞争胆碱能神经节后纤维所支配的器官组织受体，阻断乙酰胆碱和 M 型受体相结合，故可颉颃乙酰胆碱的毒蕈碱样作用，从而解除支气管平滑肌痉挛，抑制支气管腺体分泌，保证呼吸道畅通，防止肺水肿发生。其次，对中枢神经系统也有治疗效果。但对烟碱样症状和恢复胆碱酯酶活力没有作用。

硫酸阿托品的常用解毒剂量为，牛首次 0.1~0.5mg/kg 体重，猪、羊一次总量 5~10mg，鸡每 30 只 1mg，首次静脉注射，经 30min 后未出现瞳孔散大、口干、皮肤干燥、心率加快、肺湿啰音消失等"阿托品化"表现时，应重复用药，给药途径可改为皮下或肌肉注射，直至出现明显的"阿托品化"为止，后减少用药次数和剂量，以巩固疗效。在治疗过程中，如出现瞳孔散大、神志模糊、烦躁不安、抽搐、昏迷和尿潴留等，提示阿托品中毒，应立即停药。

（2）胆碱酯酶复活剂 肟类化合物能使被抑制的胆碱酯酶复活。兽医临床上常用的肟类化合物制剂有解磷定、氯磷定、双复磷和双解磷等。胆碱酯酶复活剂对解除烟碱样症状较为明显，但对各种有机磷农药中毒的疗效并不完全相同。解磷定和氯磷定对内吸磷、对硫磷、甲胺磷、甲拌磷等中毒的疗效好，对敌百虫、敌敌畏等中毒疗效差，对乐果和马拉硫磷中毒疗效可疑。双复磷对敌敌畏和敌百虫中毒效果较解磷定好。胆碱酯酶复活剂对已老化的胆碱酯酶无复活作用，因此对慢性胆碱酯酶抑制的疗效不理想。

解磷定 20~50mg/kg 体重，溶于葡萄糖溶液或生理盐水 100ml 中，静脉注射或皮下注射或注入腹腔。对于严重的中毒病例，应适当加大剂量，给药次数同阿托品。解磷定在碱性溶液中易水解成剧毒的氰化物，故忌与碱性药剂配伍使用。解磷定对内吸磷、对硫磷、甲基内吸磷等大部分有机磷农药中毒的解毒效果确实，但对敌百虫、乐果、敌敌畏、马拉硫磷等小部分制剂的作用则较差。

氯磷定可作肌肉注射或静脉注射，剂量同解磷定。氯磷定的毒性小于解磷定，对乐果中毒的疗效较差，且对敌百虫、敌敌畏、对硫磷、内吸磷等中毒经 48~72h 的病例无效。

双复磷的作用强而持久，能通过血脑屏障对中枢神经系统症状有明显的缓解作用（具有阿托品样作用）。对有机磷农药中毒引起的烟碱样症状、毒蕈碱样症状及中枢神经系统症状均有效。对急性内吸磷、对硫磷、甲拌磷、敌敌畏中毒的疗效良好；但对慢性中毒效果不佳。剂量为 40~60mg/kg 体重。因双复磷水溶性较高，可供皮下、肌肉或静脉注射用。

3. 对症治疗

（1）输液疗法 常用高渗葡萄糖溶液和维生素 C 静脉注射，可加强肝脏解毒机能和改善肺水肿状况。

（2）镇静解痉 当病畜狂暴不安、痉挛抽搐时，应用苯巴比妥类镇静解痉药物，但禁用吗啡、氯丙嗪等安定药，因前者可造成呼吸麻痹，而后者会加重胆碱酯酶的抑制。

（3）强心和兴奋呼吸 为了维护心脏功能和防治呼吸困难，应用 10% 安钠咖注射液、25% 尼可刹米、樟脑磺酸钠，但禁用洋地黄、肾上腺素。

（4）防治肺水肿 若出现肺水肿症状，可应用地塞米松等肾上腺皮质激素治疗，亦可用高渗葡萄糖、山梨醇或甘露醇溶液等。

【预防措施】

严格按照有机磷农药说明的操作规程使用，不能任意加大浓度，以免增加人和动物中毒的危险性。农药要妥善保管，以免混入饲料。喷洒过有机磷农药的农田或牧草，应设立明显的标志，7d 内禁止动物采食。加强农药厂废水的处理和综合利用，对环境进行定期检测，以便有效地控制有机磷化合物对环境的污染。

【知识拓展】

有机磷农药主要经胃肠道、呼吸道、皮肤和黏膜吸收，吸收后迅速分布于全身各脏器，其中以肝脏浓度最高，其次是肾脏、肺脏、脾脏等，肌肉和大脑最低。有机磷进入体内后，可抑制许多酶的活性，但毒性主要表现在抑制胆碱酯酶的活性。

有机磷中毒时，进入体内的有机磷化合物与乙酰胆碱酯酶的酯解部位结合，形成比较稳定的磷酰化胆碱酯酶，失去分解乙酰胆碱的能力，导致内源性乙酰胆碱积聚，强烈、长时间地作用于胆碱受体，引起胆碱能神经传导功能紊乱，导致先兴奋后衰竭的一系列毒蕈碱样、烟碱样和中枢神经系统等症状。

1. 毒蕈碱样症状

是乙酰胆碱作用于胆碱能神经节后纤维所支配的器官组织（心脏、血管、平滑肌、腺体等，即 M 受体分布的内脏组织）所呈现的内脏效应，其作用与毒蕈碱相似，表现为心跳减慢、呕吐、腹泻、支气管腺体分泌增加、呼吸困难、大量流涎、瞳孔缩小等。

2. 烟碱样症状

是乙酰胆碱作用于植物神经节、肾上腺髓质、骨骼肌（即 N 受体分布之处）时所呈现的骨骼肌效应，其作用与烟碱相似，即小剂量时对这些器官组织起兴奋作用，发挥肌肉震颤甚至痉挛，大剂量时发挥抑制作用，如中毒晚期的肌肉麻痹和呼吸窒息等。

3. 神经症状

乙酰胆碱在脑内大量积聚，使中枢神经细胞之间的兴奋传递发生障碍，造成中枢神经系统的机能紊乱，表现为先兴奋不安、体温升高，后抑制、昏睡、惊厥或昏迷等神经症状。

技能 15　有机磷农药的检验

（一）检材及处理

根据中毒途径不同，检样的采取应有所不同。经消化道中毒者，生前可采取病畜的呕吐物、洗胃时第一次导出液、剩余饲料、血液。敌百虫、对硫磷、甲基对硫磷等有些有机磷农药中毒时，还可取尿液。死后可取胃及胃内容物、血液、肝脏及吃剩的饲料、饮水。经呼吸道中毒者，可取呼吸道分泌物、血液、肺脏及肝脏。因污染皮肤而中毒者，可取被污染部位的皮肤及皮下组织、血液及肝脏。

（二）定性检验

1. 有机磷农药快速检查法

取可疑农药5～10滴，加水4ml，振荡使之乳化，加10%氢氧化钠1ml。如变成金黄色，为1605；如无色变化，再加1%硝酸银2～3滴，出现灰黑色，为敌敌畏，出现棕色时为乐果，出现白色为敌百虫。

2. 全血胆碱酯酶活性试纸测定法

（1）原理　乙酰胆碱遇血液中胆碱酯酶分解为胆碱和乙酸，乙酸产生的多少，可引起pH值的改变。用溴麝香草酚蓝（BTB）作指示剂，在一定温度、一定时间内，观察颜色变化，推测酶的活力。

（2）乙酰胆碱试纸制备　可取溴麝香草酚蓝0.14g，溴代乙酰胆碱0.23g，加无水乙醇20ml溶解，用0.4mol/L氢氧化钠溶液调pH值为7.4～7.6（溶液应呈灰褐色）。将质量好的定性滤纸浸入，2min后取出阴干，剪成1cm²的小片，贮于磨口棕色瓶中，于干燥处避光保存。

（3）操作步骤　取乙酰胆碱试纸两片，置于载玻片两端，分别加被检病畜血和健康同种动物血（或健康马血）1滴，标记后，立即加盖另一载玻片，用橡皮筋扎紧，置37℃环境中20min后取出，观察纸片颜色变化，根据颜色变化估计酶的活性（见下表）。

表胆碱酯酶活性与胆碱酯酶试纸颜色变化

试纸颜色	酶活性	中毒程度
红色	80～100	正常
紫红色	60	轻度
深紫色	40	中度
蓝色	20	严重

（4）注意事项　制作试纸时，要防止酸碱污染。试纸只能阴干，不能烘干。滴于试纸的血滴直径不能超过0.6～0.8cm。刚加血时二纸片均应呈蓝黑色，否则为试纸失效。观察血斑时，要看试纸反面，以血斑中心颜色为准，最好成一斜角观察，不能直接对光。当酶活性在60%以下时，应复试一遍，以免误判。如无溴化乙酰胆碱，可用氯化乙酰胆碱代替，具同样效果。当被检动物营养不良、贫血、肝脏疾病或应用过磺胺药物时，均可影响胆碱酯酶的活性，故判定结果时要结合临床症状。当纸片颜色变化不易观察时，可将被检全血改为血清，二者操作方法相同，只是当试纸片加上被检血清和阴性对照血清时均显蓝色。结果判定方法如下。

黄色　　胆碱酯酶活性正常（－）

黄绿色　胆碱酯酶活性轻度降低（＋）

淡蓝色　胆碱酯酶活性中度降低（＋＋）

蓝　色　胆碱酯酶活性重度降低（＋＋＋）

深蓝色　胆碱酯酶活性极度降低（＋＋＋＋）

二、无机氟农药中毒

无机氟类农药，包括氟化钠、氟硅酸钠、氟铝酸钠、氟硅酸脲等，属中等毒级，是常用的杀虫、灭鼠药物。其中以氟硅酸钠（外观与碳酸氢钠相似）较常用。无机氟农药中毒是动物误食或接触多量某种无机氟农药而引起的中毒性疾病，临床上以皮肤损伤和急性消化道刺激为特征。

【病因分析】

1. 违反了农药的安全操作规程

如农药在运输或保管过程中，有包装破损而未及时修复，致农药漏出污染地面、饲料或饮水；饲养管理不善，致动物误食或偷食喷洒过农药不久的农作物或牧草等。

2. 人为投毒

【临床症状】

无机氟农药急性吸入性中毒，轻者有眼、鼻及呼吸道刺激症状，重则有肺炎、肺水肿或反射性呼吸抑制。氟化钠和氟硅酸钠经口急性中毒吸收较快，中毒潜伏期 10～100min。中毒主要引起类似急性胃肠炎的消化道刺激症状，偶有肺实质损害及黄疸，常伴随运动障碍，严重者发生抽搐、休克和心力衰竭。皮肤接触而致中毒者，常引起灼伤性皮炎，严重时形成水疱，水疱破溃后形成溃疡。

【诊断】

对本病的诊断主要依据有接触无机氟农药的病史和临床表现，血钙、血镁降低及血磷与碱性磷酸酶改变可供参考，血、尿氟升高有助于诊断。

【治疗措施】

1. 吸入性中毒

应立即脱离中毒环境，重者给予吸氧，遇喉头水肿或上呼吸道灼伤妨碍通气时，应及早作气管切开。有肺炎及肺水肿者，采用以糖皮质激素为主的综合治疗。并且还可应用碳酸氢钠和葡萄糖酸钙液作超声雾化吸入，10%葡萄糖酸钙液静脉注射，以中和其酸蚀作用，并使其转变为不溶性氟化钙。

2. 经口摄入中毒

应选用 0.5%～1%氯化钙溶液洗胃，以促进形成不溶性氟化钙，洗胃后再给氧化镁乳和牛奶适量，以保护胃黏膜。其后可再给硫酸镁导泻，以降低其全身性危害。应注意防止呕吐物及洗胃抽出液污染皮肤，引起继发损害。

3. 低血钙、低血镁者

血钙下降应缓慢静脉注射 10%葡萄糖酸钙或氯化钙注射液。血镁下降可缓慢静脉注射 25%硫酸镁注射液，轻者可用枸橼酸钾镁盐注射液作静脉滴注。镁盐尚有促使中毒性肝、肾损害恢复的作用。

4. 对症治疗

休克者则作抗休克处理，并作保肝和保护心肌治疗。

5. 局部污染处理

眼部污染用2%碳酸氢钠液冲洗后，涂抗生素软膏。咽喉污染用2%~5%碳酸氢钠液或1%氯化钙溶液清洗口腔。皮肤污染处可先用5%氯化钙液冲洗，后用氯化镁甘油外敷。

【预防措施】

加强农药的安全保管和规范使用，注意休药期，避免动物直接接触无机氟农药。提高警惕，防范人为投毒事件发生。

【知识拓展】

氟硅酸钠系细胞原浆毒，神经细胞对之特别敏感。除对皮肤黏膜有直接腐蚀作用外，还可在体内干扰或抑制多种酶的活性，抑制磷酸葡萄糖移位酶、烯醇化酶及焦磷酸酶等，阻碍这些酶在糖元合成及三羧酸循环中的作用，造成糖类代谢紊乱；也可抑制或干扰琥珀酸脱氢酶，影响细胞呼吸功能。氟硅酸钠还通过血管运动中枢或直接对心肌的影响，使血压下降并使呼吸中枢先兴奋后麻痹。

氟硅酸钠能够促使血液中及组织中的钙、镁离子很快沉淀，并抑制骨磷酸化酶而使钙代谢异常，引起骨质硬化或脱钙现象，从而发生氟骨症。体内骨骼及牙齿上均可有这种变化。低钙血症和直接细胞毒作用可致心肌损害。

三、有机氯农药中毒

有机氯农药是某些氯化烃类化合物的总称，是发现和应用最早的一类人工合成的杀虫剂，广泛应用于防治农林及环境害虫。有机氯农药按合成原料一般分为两大类，一类为以苯为合成原料的氯化苯类，如DDT、六六六、林丹等；另一类是以石油裂解产物为基本原料的氯化酯环类，如氯丹、七氯、狄氏剂、异狄氏剂、艾氏剂、异艾氏剂、毒杀芬等。有机氯农药中毒是指有机氯农药进入动物机体所引起的以神经机能紊乱为主要特征的中毒性疾病，临床上以敏感性增高、兴奋不安、肌肉震颤、衰弱、流涎、呕吐等为特征。

【病因分析】

1. 农药的运输、贮存、保管和使用不当

不按规定或不合理地贮存、运输或使用有机氯农药，如农药污染饲草、饲料和饮水，误食拌过农药的种子，采食喷洒过农药且未超过安全期的农作物和牧草等。

2. 治疗不当

在治疗体外寄生虫时，体表涂药面积过大，经皮肤吸收或被动物舔食而中毒。

3. 其他

有时动物摄入通过食物链生物聚集和生物放大的食物（如浮游生物、鱼、鸟等），也可造成中毒；偶尔也见于人为投毒。

【临床症状】

有机氯农药中毒以神经系统、胃肠道和皮肤症状为主，临床上主要表现急性中毒和慢性中毒，且因动物品种不同有一定差异。

1. 急性中毒

发生于摄入有机氯制剂后数分钟到 24h 以内，主要表现神经症状。初期食欲下降或废绝，呕吐，流涎，腹泻，腹痛；对外界刺激敏感性升高，反射活动增强，兴奋不安，常无目的徘徊，惊叫；触摸皮肤或声音刺激，动物惊恐，呼吸加快，可诱发痉挛；肌肉震颤，因咬肌阵挛而不断嗑齿，眨眼；四肢抽搐或阵发性全身痉挛，一旦发作多突然摔倒在地，呈后弓反张，四肢乱蹬如游泳状。痉挛可反复发作，其间歇期越短，则表示病情越重或已到病的后期。有的体温略升高，但大多数无体温变化；后期陷入昏迷、麻痹状态。发作频繁的则病期较短，可于 1~2d 死亡。牛急性中毒表现大声吼叫，呻吟，反刍停止，前胃弛缓，腹泻，因呼吸困难而死亡；猪急性中毒多可自然耐过，表现精神沉郁，厌食，口吐泡沫，呕吐，流涎，心悸，呼吸加快，瞳孔散大。中枢神经兴奋而引起肌肉震颤，走路摇摆，易惊、恐慌，眼睑痉挛，重者眼睑麻痹，昏迷而死。

2. 慢性中毒

主要为头部、颈部肌肉震颤，震颤逐渐扩大到全身的大部分肌肉，且强度增加，运动失调。慢性胃肠卡他，且齿龈及硬腭肥厚，口腔黏膜出现糜烂。随着病情的发展，肌肉震颤更为频繁，严重时也表现有惊厥。大多数病期长达 10d 左右，有的转为急性，最后出现抑郁，麻痹，终因呼吸衰竭而死亡，多数可以恢复。牛慢性病例则食欲减退，进行性消瘦，产奶量下降；猪慢性中毒则表现消瘦，拱腰，皮肤粗糙、发红，腹下、四肢内侧、颈下等部位有多量红色疹块，发痒，后躯无力，站立不稳，行走时两后肢摇晃，病猪反应敏感，轻度中毒时仅发出尖叫声，体温正常；犬、猫中毒以中枢神经障碍症状为主，猫比犬敏感，表现为神经质，烦躁不安，眼睑、面部和颈部肌肉自发性震颤，共济失调，阵发性强直痉挛。后期精神沉郁，昏迷，直至死亡。

【剖检变化】

急性中毒病例病变不明显，仅有内脏器官的淤血、出血和水肿，全身小点出血，心外膜有淤血斑，心肌与肠管苍白。口服中毒有出血性、卡他性胃肠炎变化。经皮肤染毒的还伴发鼻镜溃疡，角膜炎，皮肤溃烂、增厚或硬结。

慢性中毒时，病变比较明显，主要表现皮下组织和全身各器官组织黄染，体表淋巴结水肿；肝肿大，肝小叶中心坏死，胆囊肿大；脾脏肿大约 2~3 倍，呈暗红色；肾脏肿大，被膜难以剥离，皮质部出血；肺脏淤血、水肿和气肿。

【诊断】

主要依据接触有机氯农药的病史，结合以中枢神经系统机能紊乱为主的症状，可初步诊断。确诊应对动物血液、胃肠内容物、组织（肝脏、肾脏和脂肪）、乳汁或蛋以及可疑饲料、饮水等样品进行毒物分析，以确定有机氯毒物的存在及含量。应重点检测动物脂肪组织中有机氯的含量，其残留与脂肪含量成正比。有人认为脑组织中有机氯残留的检测对诊断意义更大。

检测方法可用亚铁氰化银试纸法进行定性检测，方法是：取样品适量，用乙醇提取，分离挥发至 0.5ml 左右，移入小试管中，加入碳酸钠 1~2 小勺，水浴蒸发溶剂后灼烧残渣至试管底部变红冷却。将亚铁氰化银试纸剪成下端尖形小纸条，悬于橡皮塞下，并用0.1%硫酸铁溶液湿润。向试管残渣中小心滴入浓硫酸2～3滴，迅速塞上橡皮塞，垂直放在水浴上加热5min。如试纸条变为蓝色则为阳性。

【治疗措施】

本病无特效解毒剂，主要采取一般的急救处理和对症治疗。

1. 一般急救

急性中毒应尽快采取切断毒源、阻止吸收和促进毒物排出等措施。可用1%～5%碳酸氢钠溶液洗胃，用盐类泻剂缓泻（严禁油类泻剂），并用活性炭有效地防止该类化合物在胃肠道的吸收。体表接触毒物的动物，应用清洁剂和大量冷水冲洗，最好用碱水如碳酸氢钠、碳酸钠溶液或肥皂水，但不能刷拭皮肤。慢性中毒的可以在饲料中加活性炭，促进毒物排泄。

2. 对症治疗

缓解兴奋常用苯妥英钠、苯巴比妥钠，以4mg/kg体重肌肉注射；或用氯丙嗪1～2mg/kg体重，肌肉注射。并采取强心、利尿、补液、补糖、保肝等措施。应注意六六六、DDT等可提高心肌对肾上腺素的敏感性，不能用肾上腺素来强心，以免引起心室颤动。

【预防措施】

严格执行国家有关农药生产和使用的规定，严禁使用高残留的有机氯农药。加强有机氯农药安全运输和保管，避免直接在畜舍或对畜体使用有机氯农药。农药喷洒过的蔬菜、农作物、牧草在30～45d内禁止饲喂动物。

【知识拓展】

有机氯是一类脂溶性、接触性毒物，可经呼吸道、消化道、皮肤进入体内，溶于有机溶剂或油类中，或者与富含脂肪的饲料同食，更易吸收而毒性剧增，如DDT油剂的毒性约为水剂的10倍。由于其为脂溶性物质，故对富含脂肪的组织具有特殊亲和力，被吸收后主要蓄积于脂肪组织中。当体内蓄积达到一定量时，就会损害中枢神经、肝脏、甲状腺等，从而引起中毒。

进入血液循环中的有机氯分子（氯化烃）可与基质中氧活性原子作用而发生去氯的链式反应，产生不稳定的含氧化合物，然后缓慢分解形成新的活化中心（阴离子自由基），强烈作用于周围组织，引起严重的退行性变化（组织变性、坏死）。主要损害富含脂肪的神经系统、肝、肾及心脏。其对神经系统毒害作用的主要部位为大脑运动中枢及小脑，使其兴奋性增高，甚至引起惊厥，同时伴有大脑皮质及植物神经功能紊乱，亦可累及脊髓神经。对肝、肾、心脏等器官，则可促使发生营养不良性病变。

也有人认为，有机氯农药可以抑制Na^+-K^+-ATP酶活性，影响Na-K泵的供能和细胞膜去极化作用，使Na^+外流和K^+内流抑制。在神经系统，使神经细胞丧失极化和去极化过程，导致神经细胞刺激阈值下降，神经末梢始终处于兴奋状态，表现为肌肉震颤。

四、氨基甲酸酯类农药中毒

氨基甲酸酯类农药是在研究毒扁豆碱生物活性与化学结构关系的基础上发展起来的一类

杀虫剂。自1953年首次合成西维因以来，至今合成的氨基甲酸酯类农药已有百余种。该类农药的优点是选择性强，对害虫药效较高、作用迅速，对人和动物则毒性较低、无明显蓄积性。氨基甲酸酯类农药按用途分为杀虫剂（如西维因、呋喃丹、异丙威、混灭威、巴沙等）、除草剂（如氯炔草灵、二氯烯丹、燕麦敌2号等）和杀鼠剂（如灭鼠安、灭鼠腈）。氨基甲酸酯类农药中毒是动物摄入该类药物后抑制机体胆碱酯酶的活性，而出现以胆碱能神经兴奋为主要症状的中毒性疾病。各种动物均可发病。

【病因分析】

氨基甲酸酯类农药可经消化道、呼吸道和皮肤接触而致动物中毒，常见原因有：

1. 环境污染

生产和管理不严及使用不当，造成饲料、饮水污染而引起中毒；也可使周围环境污染，农药在1~5周的半衰期中，因浓度较高而致动物中毒。

2. 饲养管理不善

动物采食近期喷洒过氨基甲酸酯类农药的农作物或牧草。

3. 其他

在兽医临床上用作杀虫剂治疗动物体内外寄生虫疾病时，由于滥用或过量应用。偶尔见于人为蓄意破坏性投毒。

【临床症状】

急性中毒的症状与有机磷农药中毒相似，经呼吸道和皮肤中毒者，2~6h发病，经消化道中毒发病较快，10~30min即可出现症状。主要表现为流涎，呕吐，腹泻，胃肠运动功能增强，腹痛，多汗，呼吸困难，黏膜发绀，瞳孔缩小，肌肉震颤。严重者发生强直痉挛，共济失调，后期肌肉无力，麻痹。气管平滑肌痉挛导致缺氧，窒息而死亡。

【剖检变化】

急性中毒的剖检变化仅限于肺、肾脏的局部充血和水肿，胃黏膜点状出血。慢性中毒时见到神经肌肉损害。组织学检查可见局部贫血性肌变性，透明或空泡性肌变性。小脑、脑干和上部脊髓中的有鞘神经发生水肿，并伴有空泡变性。

【诊断】

1. 病史调查

有接触氨基甲酸酯类农药的病史。

2. 临床症状

呈现副交感神经过度兴奋的典型症状，如流涎、呕吐、腹泻、瞳孔缩小、肌肉震颤等。

3. 血液学检查

全血胆碱酯酶活性降低。

4. 氨基甲酸酯类农药的定性检测

饲料及胃内容物可用无水硫酸钠脱水，加甲醇振荡提取，甲醇液在硫酸钠溶液存在下加石油醚洗涤，除去提取物中的油类及色素等弱极性物质；净化液经二氯甲烷提取，氨基甲酸酯类农药转入二氯甲烷层；二氯甲烷液在50℃水浴上减压浓缩1ml，用氮气吹尽二氯甲烷溶剂，用丙酮溶解残渣并定容至2.0ml，供分析用。将样液滴在滤纸或反应板上，加5g/L 2，6-二氯醌氯亚胺丙酮溶液1滴，再加50g/L氢氧化钠溶液1滴，如有氨基甲酸酯类农药，呈蓝绿色反应。

【治疗措施】

如经口服中毒且发现较早者，可用清水彻底洗胃，注意有无特殊气味（如系有机磷中毒，则闻大蒜味）。同时，病畜应尽快注射硫酸阿托品，注射剂量和间隔时间依照病情而定。建议用量为：犬、猫0.2~2mg/kg体重，牛、绵羊0.6~1.0mg/kg体重，马、猪0.1~0.2mg/kg体重，一般1/4量静脉注射，必要时可重复给药；也可用氢溴酸东莨菪碱。肟类化合物如解磷定等胆碱酯酶复活剂对氨基甲酸酯中毒无效，且可出现不良反应，主要是肟类化合物可使农药与胆碱酯酶结合的可逆反应减慢甚至停止，抑制胆碱酯酶活性的自然恢复，故禁用。同时采取相应的对症治疗，如强心、利尿、保肝、补液等。如果氨基甲酸酯类与有机磷农药混配中毒，应首先使用阿托品类药物和肟类复能剂治疗有机磷农药中毒，然后视病情对症治疗。

【预防措施】

生产和使用农药应严格执行各种操作规程，严禁动物接触当天喷洒农药的田地、牧草和涂抹农药的墙壁。用氨基甲酸酯类农药治疗畜禽外寄生虫时，应严格控制剂量，同时要防止被动物舔食。

【知识拓展】

氨基甲酸酯类农药可经呼吸道、消化道及皮肤吸收。吸收后分布于肝脏、肾脏、脂肪和肌肉组织中，其他组织中含量甚低。在肝脏进行代谢，一部分经水解、氧化或与葡萄糖醛酸结合而解毒，一部分以原型或其代谢产物迅速由肾脏排泄，24h可排出90%以上。如西维因口服后24h内，其80%主要以硫酸或葡萄糖酸结合物的形式由尿排出，0.5%~15%由粪便排出，0.1%~1%由奶排出，故无蓄积毒性。

氨基甲酸酯类农药的立体结构式与乙酰胆碱相似，可与胆碱酯酶阴离子部位和酯解部位结合，形成可逆性复合物，即氨基甲酰化胆碱酯酶，从而抑制该酶的活性，造成乙酰胆碱蓄积，刺激胆碱能神经，出现与有机磷中毒相似的临床症状。但是与有机磷相比，氨基甲酸酯对胆碱酯酶的结合力既较弱又不稳定，形成的氨基甲酰化胆碱酯酶易水解，使胆碱酯酶活性在4h左右自动恢复。故症状轻于有机磷中毒，且恢复较快。其中呋喃丹与胆碱酯酶的结合不可逆，故毒性较高。

技能16　氨基甲酸酯类农药的检验

（一）检材及处理

适宜检材为呕吐物、胃肠内容物及食剩的饲料。

（二）检验方法

1. 定性检验

将样液滴在滤纸或反应板上，加浓度为 5g/L 的 2，6-二氯醌氯亚胺丙酮溶液 1 滴，再加 50g/L 氢氧化钠溶液 1 滴，如有氨基甲酸酯类农药，呈蓝绿色反应。

2. 定量检验

（1）试剂　磷酸盐缓冲液（取磷酸氢二钾 0.45g、磷酸二氢钾 72.3g 溶于水中，稀释至 1 000ml，pH 值为 6.8），标准溶液（用丙酮配制每毫升含 1g 的呋喃丹等氨基甲酸酯农药溶液）。

（2）操作步骤　取 6 支 50ml 比色管，分别加标准溶液 1ml、3ml、5ml、7ml、9ml 及检液 5ml，再分别加入 1mol/L 氢氧化钠溶液 5ml，沸水浴加热 5min，放冷，加 1mol/L 盐酸 5ml 中和，再加入 0.5mol/L 氢氧化铵 1.5ml，再用磷酸盐缓冲液调节各比色管溶液 pH 值至 8。然后加入 5g/L 的 4-氨基安替比林溶液 2ml、20g/L 铁氰化钾溶液 1ml，并加水至刻度。摇匀，放置 10min 后进行比色测定，或在 510nm 处测其光密度值，与标准比较定量。

五、甲脒类杀虫剂中毒

甲脒类杀虫剂主要有杀虫脒（又称氯苯脒、杀螨脒）、乙基杀虫脒、单甲脒、双甲脒等，兽医临床上用于防治动物的各种螨病，并有较强的杀螨卵作用，且双甲脒对螨、蜱、虱等体外寄生虫的各阶段虫体均有极佳杀灭效果。

甲脒类杀虫剂中毒是该类农药进入机体，引起以中枢神经系统抑制、高铁血红蛋白症和发绀等为特征的中毒性疾病。各种动物均可发生，常见于犬、马、牛和猪。

【病因分析】

1. 饲养管理不当

动物误食喷洒过农药的农作物、牧草或蔬菜等。

2. 治疗不当

用甲脒类杀虫剂驱除体外寄生虫时用量过大。犬也见于舔食含有双甲脒的项圈，特别是 3～4 月龄的幼犬更敏感。

【临床症状】

主要表现精神沉郁，定向力障碍，呕吐，共济失调，胃肠蠕动减弱，心动徐缓，血压降低，体温下降，呼吸困难，黏膜发绀，抽搐，严重者昏迷。有的病例可出现血尿。马表现中枢神经系统高度抑制，共济失调和腹痛。

【诊断】

根据接触甲脒类农药的病史，结合中枢神经系统抑制为主的临床症状，可初步诊断。血液中甲脒类及其代谢产物的定性和定量分析，为本病的确诊提供依据。

【治疗措施】

1. 皮肤接触而致中毒者

应立即用碱性溶液如碳酸氢钠进行清洗。

2. 经消化道采食而中毒者

可采取催吐、洗胃、吸附等措施。如对反刍动物可用 2% 碳酸氢钠溶液彻底洗胃，必要时行瘤胃切开术进行反复洗胃。

3. 对症治疗

对发绀者，可将 1% 美蓝注射液按 1~2mg/kg 体重加入 10% 葡萄糖溶液中静脉注射，必要时 1~2h 后重复半量，直至发绀减退。同时配合大剂量维生素 C 静脉注射也有助于高铁血红蛋白血症的恢复。对心力衰竭者，进行强心，其他如补液、预防感染和维持水、电解质和酸碱平衡等。

【预防措施】

加强甲脒类农药的管理和使用，特别是兽医临床用于治疗动物体外寄生虫病时，应严格控制剂量和用药间隔时间，并注意观察动物的反应。

【知识拓展】

甲脒类杀虫剂及其代谢产物的苯胺活性基团可将血红蛋白氧化成为高铁血红蛋白，失去携氧功能，导致全身器官和组织缺氧。还能抑制细胞线粒体的氧化磷酸化作用，可逆性的抑制单胺氧化酶，影响能量合成，干扰细胞的代谢功能，使脑内 5-羟色胺浓度增高而发生蓄积毒性。双甲脒主要发挥 α_2-肾上腺素能兴奋剂的作用，对心脏和血管平滑肌有直接损害作用，抑制心肌收缩力，使血管扩张、心动过缓、血压下降，胰岛素释放减少导致高血糖。此外，甲脒类及其代谢产物损害肾脏和膀胱黏膜，引起出血性膀胱炎。

六、五氯酚中毒

五氯酚中毒是五氯酚化合物通过消化道、呼吸道或皮肤进入动物机体后，作为氧化磷酸化过程的强解偶联剂，导致机体代谢过程旺盛，二磷酸腺苷（ADP）转化为三磷酸腺苷（ATP）障碍，干扰破坏了机体能量的产、供、消的动态平衡，引起以呼吸困难、神经兴奋、体温升高、呕吐和后躯麻痹为主要临床症状的一种中毒性疾病。各种动物均可发生。

【病因分析】

在生产实践中，动物发生五氯酚中毒主要有以下几种原因：舔食用五氯酚钠处理过的木材，食入或饮入被五氯酚钠污染的饲料、饮水；吸入含五氯酚钠的飘尘和挥发的蒸气；皮肤或黏膜直接接触五氯酚钠溶液；用五氯酚钠处理过的池塘或稻田容易引起水禽等动物中毒。自然环境条件下，五氯酚钠在夏季、春季、冬季分别需要 3d、9d 和 11d 方可降解到安全浓度以下。

【临床症状】

动物一次摄入大量的五氯酚钠，可无任何前驱症状而突然死亡。经呼吸道吸入中毒者，表现为间质性肺炎症状，多见眼结膜潮红，流泪，咳嗽，流浆性鼻液，呼吸困难，听诊有湿啰音。经皮肤染毒者，可引起接触性皮炎症状，皮肤炎症、坏死。经消化道染毒者，表现为精神沉郁，黏膜发绀，流泪，流涎，磨牙，吼叫，肌肉震颤，呼吸困难。有时兴奋不安、转圈或前冲，视力迅速减退。体温升高，脱水。动物咬肌痉挛，吞咽困难，胃肠蠕动减弱，粪便稀软并有多量黏液。严重中毒时，心动过速，出汗，口渴，少尿，后躯麻痹，卧地不起。慢性中毒可导致贫血、脂肪肝、肾病、体重减轻。

1. 牛

中毒可出现全身肌肉震颤，口吐白沫，大量流涎、流汗、流泪；时而兴奋狂暴，前冲或转圈，走路摇摆，起卧不安，时而精神沉郁。体温升高，腹泻，呼吸浅表，心跳加快。瘤胃轻度臌胀，肠音增强。眼球突出，黏膜潮红，食欲废绝，最后可因衰竭而死亡。

2. 猪

中毒初期表现恶心，呕吐和烦渴，饮水后常呕吐。疾病后期，十分衰弱，常痉挛而死亡。中毒不十分严重者，可出现高温和缺氧症状。母猪可发生流产。

3. 水禽

经皮肤中毒时，眼、口黏膜、腿和蹼皮肤发红，疼痛；重症的几天后局部发泡、脱皮，无力，口渴，呼吸加快，肌肉痉挛，惊厥，急性中毒者可在几小时内死亡。慢性中毒时，精神委顿，衰弱无力，食欲减少，视力减退。

【剖检变化】

直接接触五氯酚钠的皮肤和黏膜充血、水肿及坏死。胃肠臌气，尤以大肠段较为明显。肠系膜淋巴结充血、肿大。肝、心、肾、脾充血和变性。肾包膜下出血，膀胱散在出血斑，膀胱中常有白色黏稠液体。肺充血、水肿、气肿，并可能有间质性肺炎，肺泡内可见出血和上皮脱落。脑及脑膜充血、淤血，大脑纵沟与脑回血管扩张、淤血，慢性者形成血栓。脑实质软化，炎性浸润，小脑及延脑淤血、出血。脊髓膜血管扩张、淤血。慢性中毒的绵羊，消瘦，体脂肪很少。

急性中毒死亡的水禽，肺充血、出血；胃、肠黏膜充血、水肿，黏膜表层细胞坏死；肝、心、肾充血，其实质有营养不良性变性。

【诊断】

根据接触五氯酚钠的病史，结合呼吸困难、神经兴奋、体温升高等临床症状，可初步诊断。确诊应检测血液、尿液和组织中五氯酚钠的含量。一般认为，血液五氯酚钠含量为40～80mg/L出现临床症状，血液和组织中分别达100mg/L和200mg/kg时可引起死亡。

五氯酚钠的检测方法有比色法、薄层色谱法和气相色谱法等。

【治疗措施】

本病无特效解毒药。治疗原则为迅速切断中毒源，加强护理，对症治疗和辅助治疗。

首先应根据不同的中毒途径切断中毒源。皮肤接触中毒者，可用2%碳酸氢钠溶液或肥皂液洗涤。经口服中毒之初期，可用5%碳酸氢钠溶液洗胃，并口服盐类泻剂。降温常用物理法，如冷水浴、头部置冰袋，退热药无明显作用。也可用氯丙嗪配合异丙嗪，肌注，达到冬眠及降温的作用。同时，给予 ATP、辅酶 A 或能量合剂，并静脉注射生理盐水、5% 葡萄糖溶液和复方氯化钠溶液，以补充血容量和纠正电解质紊乱。必要时可用肾上腺皮质激素。

治疗中禁用阿托品和巴比妥类药物，因阿托品抑制出汗影响散热排毒，并加快心跳造成病情恶化，巴比妥类药物和五氯酚钠有协同作用，会增加毒性。

【预防措施】

应加强五氯酚钠农药的管理和使用，喷洒五氯酚钠的农作物和牧草需 10d 以上才能饲喂动物或放牧。严禁在动物饮用水源和饮水处使用五氯酚钠。

任务 6-3　杀鼠药中毒

一、有机氟化合物中毒

有机氟化物主要包括氟乙酰胺、氟乙酸钠、甘氟以及氟蚜螨、氟乙酰苯胺等。有机氟农药中毒，是畜禽采食了被有机氟农药污染的饲料和饮水，误食灭鼠毒饵及死鼠等所引起的一种急性中毒病。本病的临床特征是起病突然，抽搐、痉挛等神经症状及循环系统症状等。各种家畜都可发生，而牛、羊、猪、犬、猫多发。

【病因分析】

①有机氟农药生产过程中，污染环境、饲料和饮水。

②灭鼠时用有机氟制成的毒饵随处乱放，以及有机氟农药处理的种子保管不严等，均有可能被畜禽误食、误饮而引起中毒。

③被有机氟毒死的鼠只，如果被犬、猫、猪吞食，或死鼠混杂在饲料中被牛吞食，就可能导致动物二次中毒。

【临床症状】

1. 马

食入毒物 30min 至 2h 发病，呈急性经过。精神沉郁，结膜发绀，呼吸促迫，肩、肘部肌肉震颤，四肢末端发凉；心跳加速，80～140 次/min，心律失常；有时有轻度腹痛，最后惊恐，倒地抽搐，心力衰竭而死。

2. 牛、羊

常表现为两种类型。突发型，多于食毒后 2～10h 突然倒地，全身抽搐，惊厥，角弓反张；心动过速，心律失常，迅速死亡。潜发型，在长期少量食毒的数天数周乃至数月期间，仅表现精神不振，食欲减退，呼吸加快，心跳急速，达 120～150 次/min，心律失常；全身肌肉震颤，共济失调，反应过敏，突发惊恐，狂暴、尖叫，终于在抽搐中死于心力衰竭和呼吸抑制。

3. 猪

发病后呛食，猛起猛冲，不避障碍物，倒地抽搐，心动急速，连叫数声后死亡。也有口吐白沫或在死后口内流出血样液体。

4. 犬、猫

突然发病，呕吐，呼吸困难；兴奋不安，狂奔乱叫，肌肉震颤，四肢抽搐，惊厥，心律不齐，很快倒地，心力衰竭而死。

【诊断】

根据病畜体温偏低、发病急、症状和剖检变化等特点，以及市场有鼠药出售和使用鼠药灭鼠的事实，可初步诊断。确诊需测定血液柠檬酸含量和可疑样品的毒物分析。

1. 血液生化测定

主要测定血液中氟、柠檬酸和血糖含量。有机氟化合物中毒时血糖、氟和柠檬酸含量明显升高。

2. 毒物分析

取可疑饲料、饮水、呕吐物或胃内容物进行有机氟化合物的定性和定量分析，阳性结果为确诊提供依据。

【治疗措施】

对病畜应及时采取清除毒物和应用特效解毒药相结合的治疗方法。

1. 清除毒物

及时通过催吐、洗胃、缓泻以减少毒物的吸收。犬、猫和猪使用硫酸铜催吐，牛可用0.05%~0.1%高锰酸钾洗胃，再灌服蛋清，最后用硫酸镁导泻。其他动物则用硫酸钠、石蜡油下泻治疗。经皮肤染毒者，尽快用温水彻底清洗。

2. 特效解毒

解氟灵（50%乙酰胺），按0.1~0.3g/kg体重的剂量，肌肉注射，首次用量加倍，每隔4h注射1次。直到抽搐现象消失为止，可重复用药。乙二醇乙酸酯（又名醋精），100ml溶于500ml水中口服，也可按0.125ml/kg体重肌肉注射。95%酒精100~200ml，加适量常水，1次/d口服，或用5%乙醇和5%醋酸，按2ml/kg体重口服。

3. 对症治疗

解除肌肉痉挛，有机氟中毒常出现血钙降低，故用葡萄糖酸钙或柠檬酸钙静脉注射。镇静用巴比妥、水合氯醛口服或氯丙嗪肌肉注射。兴奋呼吸可用山梗菜碱（洛贝林）、尼可刹米、可拉明解除呼吸抑制。所有中毒动物均给予静脉补液，以10%葡萄糖为主，另加维生素B$_1$0.025g，辅酶A 200U，ATP 40mg，维生素C 3~5g，1次静脉滴注。昏迷抽搐的患犬常规应用20%甘露醇以控制脑水肿。肌肉注射地塞米松2~10mg/只，以防感染。较为严重的动物可适量肌注硫酸镁0.5~1g，同时静注50%葡萄糖适量，以强心利尿，促进毒物排除。

【预防措施】

本病的预防主要采取以下措施。

①严加管理剧毒有机氟农药的生产和经销、保管和使用。

②喷洒过有机氟化合物的农作物，从施药到收割期必须经60d以上的残毒排除时间，方可作饲料用，禁止饲喂刚喷洒过农药的植物叶、瓜果以及被污染的饲草饲料。

③有机氟化合物中毒死亡的动物尸体应该深埋，以防其他动物食入。

④对可疑中毒的家畜，暂停使役，加强饲养管理，同时普遍内服绿豆浆解毒。

技能 17 有机氟化合物的检验

（一）氟乙酰胺的检验

1. 检材及处理

适宜检材为呕吐物、胃肠及内容物、肾、肝、血液、尿液及其可疑饲料和饮水。

2. 检验方法

（1）微晶反应法 取样本提取液过滤，取滤液 1 滴滴于玻片上，自然挥干溶剂，在显微镜下观察。如含氟乙酰胺，则可见到细棒状结晶。为进一步确证，可于载玻片上放二根火柴，上面再放一载玻片，并于其上加 1 滴水进行冷却用，下面用酒精灯小火缓缓加热，如含氟乙酰胺则可于上面的载玻片上见到升华的结晶。

（2）纳氏试剂反应法

①原理 氟乙酰胺水溶液遇到强碱性的纳氏试剂，即逐渐水解出氨，与纳氏试剂作用，产生一系列的颜色变化，最后生成桔红色沉淀。

②试剂 纳氏试剂（取碘化汞（HgI_2）100g、碘化钾（KI）70g，溶于少量纯水中，将此溶液缓缓倾入已冷却的 500ml 320g/L 氢氧化钠溶液中，不停搅拌，纯水稀释至 1 000ml，贮于棕色瓶，橡皮塞塞紧，避光保存。本试剂有毒，应谨慎使用。

③操作步骤 取处理后的样本水溶液 1～2ml，加纳氏试剂数滴，如有氟乙酰胺，再滴加试剂约半分钟后（含量多时立即呈黄色）由淡黄色→黄色→亮黄色→深黄色，2min 后逐渐浑浊，最后生成橘红色沉淀。如有铵盐存在，滴加试剂后立即生成橘红色沉淀。

（3）异羟肟酸铁反应法

①原理 氟乙酰胺与羟胺在碱性条件下生成异羟肟酸，再与三价铁作用，生成紫色异羟肟酸铁。

②操作步骤 取 1ml 样本浓缩液，放入试管中，加 100g/L 盐酸羟胺 0.5ml，再加 100g/L 氢氧化钠溶液至碱性，于酒精灯上加热至沸，放冷，加 0.6mol/L 盐酸使 pH 值为 3～4，再加 10g/L 三氯化铁溶液 1 滴，如有氟乙酰胺存在，即显暗紫红色。

（二）氟乙酸钠的检验

1. 检样的采取及处理

同氟乙酰胺。

2. 检验方法

（1）铁氰化钾反应法

①原理 氟乙酸钠在碱性条件下，可与硫代水杨酸反应，再进一步氧化生成红色化合物。

②试剂 硫代水杨酸溶液（硫代水杨酸0.5g，溶于1mol/L 氢氧化钠2ml 中，再加蒸馏水 18ml 即成）；2% 铁氰化钾溶液；50% 氢氧化钠溶液。

③操作步骤 取 5ml 检样浓缩液，置于小蒸发皿中，加 2 滴 50% 氢氧化钠溶液、2ml 硫代水杨酸溶液，玻璃棒搅匀，水浴上蒸发至干，再置 130℃ 干燥箱中 1.5h，彻底干燥，取出

放冷，加少量水溶解，缓缓滴入2%铁氰化钾溶液，若含有氟乙酸钠，则呈红色。

（2）铝—苏木素反应法

①试剂

铝—苏木素试剂　由Ⅰ液、Ⅱ液配制而成。取Ⅰ液（硫酸铝钾0.88g，加水溶解，稀释至1 000ml）10ml，加蒸馏水250ml，饱和碳酸钠溶液5ml，混匀，加Ⅱ液（精制苏木素0.1g，溶于10%醋酸100ml中，过滤，留滤液）5ml，室温放置15min，加30%醋酸调节pH值为4.2～4.6，此时溶液中产生二氧化碳并呈红紫色，放置1h后使用。

酸性硫酸银溶液　硫酸银5g、硫酸100ml，混合、加热溶解，当发生白烟后再加热30min，放冷后使用。

②操作步骤　取20ml检样溶液，置于250ml烧瓶中，将烧瓶放入冷水中，向瓶内缓慢加入20ml酸性硫酸银溶液，混匀，125℃条件下水蒸气蒸馏，取蒸馏液50ml，以对硝基酚为指示剂，用0.1mol/L氢氧化钠中和，并多加0.2ml使呈碱性，在水浴上浓缩至5ml，移入20ml比色管中，用0.05mol/L硫酸溶液调节至中性，加水至10ml，再加铝—苏木素试剂10ml，充分混匀，置室温下放置1h后，观察溶液颜色，随含氟浓度不同（由低到高）溶液呈红紫色、红黄色、黄色。

二、抗凝血类杀鼠剂中毒

抗凝血类杀鼠剂中毒是指动物误食含有抗凝血类杀鼠药的毒饵或吞食被抗凝血类杀鼠剂毒死的鼠尸而引起的中毒性疾病，临床上以广泛性的皮下血肿和创伤后流血不止为特征。抗凝血杀鼠药主要包括杀鼠酮、鼠敌、溴敌隆、大隆、杀鼠迷、杀鼠灵、敌鼠钠盐、杀它仗等。各种动物均可发生，尤其多见于犬、猫和猪。

【病因分析】

误食毒饵或吞食被抗凝血类杀鼠剂毒死的死鼠而造成的二次中毒。

【临床症状】

急性中毒病例常无先兆症状而突然死亡，尤其是脑血管、心包腔、纵膈和胸腔多发生大出血时，常很快死亡。亚急性中毒时，可视黏膜苍白、吐血、鼻出血和便血为常见症状。皮下特别是易受创伤的部位发生广泛性血肿。动物呼吸困难，步态蹒跚，卧地不起。当脑、脊髓、脑硬膜下腔或蛛网膜下腔发生出血时，则出现痉挛、共济失调、抽搐、昏迷等神经症状而急性死亡。

【诊断】

根据接触抗凝血杀鼠剂的病史，结合广泛性的出血及凝血时间、凝血酶原时间、活化部分凝血活酶时间延长和凝血因子含量降低，可初步诊断。确诊需对呕吐物、胃内容物、肝脏、肾脏和可疑饲料进行毒物检测。

【治疗措施】

早期可催吐，用0.02%高锰酸钾溶液洗胃，并用硫酸镁或硫酸钠导泻。出现中毒症状后应加强护理，使动物保持安静，尽量避免运动及创伤，供给青绿饲料。严重的病例应静脉输血，10～20ml/kg 体重，25% 剂量可快速输入，其余应缓慢滴注。并尽早应用维生素 K 制剂，维生素 K_1 效果最好，犬 3～5mg/kg 体重、猫 15～25mg 肌肉注射或皮下注射，也可加入葡萄糖溶液中静脉注射，但速度要缓慢，口服剂量为每天 0.25～2.5mg/kg 体重；反刍动物剂量为 0.5～2.5mg/kg 体重，猪 2～5mg/kg 体重，肌肉注射或皮下注射；马的剂量应小于 2.0mg/kg 体重，且不能用维生素 K_3。注射时应选择小号针头，以免引起局部出血。持续用药时间因杀鼠剂不同而有差异，杀鼠灵中毒需 10～14d，溴敌隆需 21d，敌鼠、大隆等需 30d。

【预防措施】

加强杀鼠剂和毒饵的管理，毒饵投放地区应严加防范动物误食；并要及时清理未被鼠吃食的残剩毒饵和中毒死亡的鼠尸；配制毒饵的场地在进行无毒处理前禁止堆放饲料或饲养动物。

【知识拓展】

抗凝血类杀鼠剂的分子中均含有香豆素或茚满二酮的基核结构，其结构与维生素 K 相似，从而表现出对维生素 K 的拮抗作用，进而导致凝血障碍。凝血酶原和凝血因子Ⅶ、Ⅸ、Ⅹ 等维生素 K 依赖性凝血因子，在肝细胞核糖体内合成后，其谷氨酸残基还必须在维生素 K 的参与下羧化，才能成为有功能活性的凝血蛋白。抗凝血类杀鼠剂的毒性作用就在于能干扰维生素 K 的氧化-还原循环过程，特异的抑制氧化型维生素 K 的还原，导致活化的维生素 K 枯竭，使得肝细胞生成的凝血酶原和凝血因子的谷氨酸残基未经羧化，不能与钙离子的磷脂结合，不能转化为有功能活性的凝血蛋白，从而使需要这些维生素 K 依赖性凝血因子参与的内、外途径凝血过程均发生障碍，导致出血倾向。此外，这类杀鼠剂还能扩张毛细血管，使毛细血管通透性增加，加剧出血倾向。

三、安妥中毒

安妥，又称甲-萘硫脲，为白色无臭味结晶粉末，是一种强有力的灭鼠药。中毒后主要损伤肺的毛细血管，导致肺水肿和胸腔积液，还可引起肝、肾脂肪变性和坏死。

【病因分析】

由于保管不严，致使安妥散失；或因同其他药剂混淆，造成使用上的失误；或因投放毒饵的地点、时间不当，致使家畜误食毒饵或吞食毒死鼠类而中毒。

【临床症状】

安妥主要引起肺部毛细胞管的通透性加大，血浆大量进入肺组织，迅速导致肺水肿。其主要症状是呕吐，呼吸困难，口吐白沫，咳嗽，精神沉郁，虚弱，可视黏膜发绀，鼻孔流出泡沫血色黏液。有的腹泻，运动失调。后期，张口呼吸，骚动不安，常发生强直性痉挛，最后窒息死亡。

【剖检变化】

剖检可见肺水肿，呈暗红色，极度肿大，有许多出血斑，切开后流出大量暗红色带泡沫液体，气管和支气管内充满泡沫样液体，胸腔内充满无色或浅红色液体。心包积水，肝稍肿大，呈暗红色，脾肾呈暗红色，有出血斑。胃肠道和膀胱有卡他性炎。

【诊断】

根据病史、症状和剖检可见胃肠道、呼吸道充血，呼吸道内充满带血性泡沫、肺水肿和胸腔积液等变化，可作出初步诊断。胃内容物和残剩饲料中检出安妥，即可确诊。

【治疗措施】

无特效解毒药。中毒不久给予催吐剂，如硫酸铜；给予镇静剂（如巴比妥）以减少对氧的需要，有条件可以输氧；投予阿托品、地塞米松、维生素 C 等药，减少支气管分泌物，增强抗休克作用；给予渗透性利尿剂（如 50% 葡萄糖溶液和甘露醇溶液）以解除肺水肿和胸膜渗出。也可静脉注射 10% 硫代硫酸钠溶液。亦可采用强心、保肝等措施。

【预防措施】

在预防上应加强对安妥的保管，特别是在拟定灭鼠计划时，应将有关人、畜的安全问题列为必须考虑的因素，并应做好必要的防护措施，由专人负责执行，以免发生意外事故。

【知识拓展】

安妥经肠道吸收后分布于肺、肝、肾和神经组织，生成氨和硫化氢，呈局部刺激作用。但主要毒性作用是经交感神经系统，阻断缩血管神经，造成肺部微血管壁的通透性增加，大量血浆漏入肺组织和胸腔，从而引起严重的呼吸障碍。此外，安妥有抗维生素 K 的作用，使血液凝固性下降，引起组织器官出血。

技能 18　安妥的检验

（一）检材及处理

适宜检材为胃内容物、呕吐物及可疑饲料。

（二）检验方法

1. 溴化反应法

（1）原理　在醋酸溶液中，安妥与溴反应，生成蓝色沉淀，此沉淀在碱性条件下溶解，并使有机溶剂显色。

（2）试剂　饱和溴水（3%），10% 氢氧化钠，冰乙酸，乙醚或氯仿。

（3）操作步骤　取少许待检残渣，用 2ml 冰醋酸溶解，滴加饱和溴水至溶液显黄色。如有安妥，在滴溴水过程中可看到有蓝灰色絮状物生成，含安妥量多时呈沉淀，含量少时溶液浑浊。再加 10% 氢氧化钠溶液使其呈碱性，并除去过量的溴，然后加乙醚，振摇，乙醚层呈紫红色表明含有安妥。若以氯仿代替乙醚，氯仿层呈紫蓝色。

2. 米龙试剂反应法

（1）原理 安妥与米龙试剂反应，可生成白色的汞复盐沉淀。

（2）试剂 米龙试剂：水银 1ml 加硝酸 9ml。

（3）操作步骤 取少许提取残渣置于试管中，加 1ml 乙醇溶解，加米龙试剂 2 滴。如生成白色絮状沉淀，表明有安妥存在。

3. 偶氮反应

（1）原理 安妥经水解后生成 α-萘胺，与经重氮化的氨基苯磺酸耦合，生成紫红色的偶氮颜料。

（2）试剂 无水乙醇，对氨基苯磺酸混合试剂（亚硝酸钠 0.1g、对氨基苯磺酸 1g、酒石酸 9g，共研磨，充分混匀，置于棕色瓶中，干燥处保存）。

（3）操作步骤 取少许提取残渣置于小试管中，加 2ml 无水乙醇溶解，加 20mg 对氨基苯磺酸混合试剂，充分振摇溶解，在水浴上加热 5min，取出放置 5min 后观察。若含有安妥，溶液显紫红色。

（4）注意事项 因试剂中含有亚硝酸钠，试剂的加入量不可过多。过量时，可使溶液呈暗红黄色浑浊。

四、磷化锌中毒

磷化锌是一种强力、价廉、久经使用的灭鼠药和熏蒸杀虫剂。据测定，磷化锌对各种家畜的口服致死量，一般都在 20～40mg/kg，家禽为 20～30mg/kg。自然中毒以家禽较多见，其次为猪。

【病因分析】

常由于误食毒饵或毒死的老鼠或被磷化锌污染的饲料等引起中毒。

【临床症状】

中毒后出现食欲减退，继而呕吐不止，呕吐物（在暗处可发出磷光）或呼出气体有蒜味或乙炔气味，腹痛不安。呼吸加快加深，发生肺水肿。初期过度兴奋甚至惊厥，后期昏迷嗜眠。此外，还伴有腹泻、粪便中混有血液等症状。病畜迅速衰弱，脉搏细弱而节律不齐，最后陷于昏迷。

【剖检变化】

切开胃或嗉囊时，散发出带蒜味的特异臭气，其内容物移到暗处，可见有磷光。尸体静脉扩张，伴发微血管损害。胃肠道充血、出血，黏膜脱落。肝、肾瘀血，肿胀。肺间质水肿，气管内充满泡沫状液体。

【诊断】

根据病史，临床症状（流涎、呕吐、腹痛和腹泻症状，呕吐物带大蒜臭，在暗处呈现磷光等），剖检变化（肺充血、水肿以及胸膜渗出）和胃肠内容物的蒜臭味可作出诊断。呕吐物、胃内容物中检出磷化锌，可以确诊。

【治疗措施】

无特效解毒药。病初可用5%碳酸氢钠溶液洗胃，以延缓磷化锌分解为磷化氢。亦可灌服0.2%~0.5%硫酸铜，与磷化锌形成不溶性的磷化铜，阻滞磷化锌吸收而降低毒性，促使患病动物呕吐，排除一部分毒物。也可用0.1%高锰酸钾洗胃，使磷化锌变为毒性较低的磷酸盐。为防止酸中毒，可静脉注射葡萄糖酸钙或乳酸钠溶液。发生痉挛时给予镇静和解痉药对症治疗。

【预防措施】

加强对灭鼠药的保管和使用制度，杜绝敞露、散失等一切漏误事故。凡制定和实施灭鼠计划时，均须在设法提高对鼠类的杀灭功效的同时，确保人、畜的安全。

【知识拓展】

误食的磷化锌在胃内遇酸能产生剧毒的磷化氢和氯化锌。磷化氢吸收后分布于肝、心、肾和骨骼肌等组织器官，抑制所在组织的细胞色素氧化酶，影响细胞内代谢过程，造成细胞内窒息，使组织细胞发生变性、坏死，肝脏和血管受到损害，引起全身泛发性出血。中枢神经系统受损害，出现痉挛、昏迷等表现。氯化锌具有剧烈的腐蚀性，能刺激胃黏膜，引起急性炎性充血、出血和溃疡。若吸入性中毒则肺充血、肺水肿，同时对心血管、内分泌、肝、肾功能均有严重损害，以至引发多器官功能障碍综合征。

技能 19　磷化锌的检验

（一）检材及处理

适宜的检材为呕吐物、胃内容物及可疑饲料。磷化锌遇空气容易分解，特别是在偏酸的胃内容物中或腐败的饲料中，更易分解，必须及时进行检验。磷化锌的检验对象是磷及锌。

（二）检验方法

1. 磷化氢的检验

（1）溴化汞、硝酸银、碘化镉汞试纸法

原理　磷化锌遇酸分解，产生磷化氢，磷化氢与溴化汞、硝酸银、碘化镉汞作用，呈现不同的颜色反应。

试剂　5%溴化汞乙醇溶液，1%硝酸银溶液（避光保存），碘化镉汞溶液（碘化汞2g，碘化镉1g，蒸馏水100ml），醋酸铅棉花（将脱脂棉浸入10%醋酸铅溶液中，挤去溶液，晾干，干燥处保存）。

操作步骤　取检材适量置于200ml三角烧瓶中，加水使呈粥状，加10%盐酸使呈明显酸性，瓶口安装一个预先装好醋酸铅棉花的玻璃干燥管，管的上部再安一个"Y"形玻璃管，在"Y"形管的两个分管中，一个放入沾有溴化汞溶液或碘化镉汞溶液的试纸条，另一个放入沾有硝酸银溶液的试纸条，然后将三角烧瓶置于水浴中加热（或酒精灯上缓缓加热）。如有磷化氢存在，溴化汞试纸条变成鲜黄色，碘化镉汞试纸条变成橙黄色，硝酸银试纸条变成黑色。

注意事项　硫化氢与硝酸银反应，也可使硝酸银试纸条变黑，用醋酸铅棉花可使硫化氢与醋酸铅反应，生成黑色的硫化铅，以排除硫化氢的干扰。如果检材高度腐败，醋酸铅棉花尚不足以充分排除硫化氢，可装置一个盛有醋酸铅溶液的洗气瓶，以除去过多的硫化氢。砷化氢也可使溴化汞试纸变成黄色，若怀疑有砷化氢干扰，可将变成黄色的试纸条放在氨气瓶口熏片刻，黄色不变为磷化氢，黄色变黑为砷化氢。此反应如果没有干燥管或"Y"形管，可在三角瓶口处塞一些醋酸铅棉花，然后用方形滤纸片加上试剂后，直接盖在瓶口上进行检验。

（2）钼酸铵反应法

原理　磷化物在硝酸的作用下氧化成磷酸，再与钼酸铵反应，生成磷钼酸铵，呈黄色沉淀，沉淀用氨水溶解后，再与镁盐作用，生成磷酸镁铵白色沉淀。

试剂　5%钼酸铵溶液，10%氯化镁溶液。

操作步骤　取检样10g，水蒸气蒸馏法提取。取蒸馏液5ml，置于蒸发皿中，加浓硝酸2ml，充分混合，置水浴上蒸干，加水2ml溶解并转移于试管中，加钼酸铵溶液1ml，在50℃水浴中加热。如有磷化物存在，即生成黄色沉淀，离心弃去上清液，沉淀用氨水溶解，再滴加氯化镁溶液，可生成白色结晶状磷酸镁铵沉淀。

（3）钼酸铵—联苯胺反应法

试剂　联苯胺溶液（联苯胺0.05g、醋酸10ml，补加蒸馏水至100ml），饱和醋酸钠溶液，5%钼酸铵溶液。

操作步骤　定性滤纸浸于5%钼酸铵溶液中湿润，取出晾干。取样品蒸馏液滴于滤纸上，滴加联苯胺溶液1滴，再滴饱和醋酸钠溶液1滴。若含有磷化氢其斑点显蓝色。

2. 锌的检验

（1）亚铁氰化钾反应法

原理　锌离子在微酸性溶液中与亚铁氰化钾生成白色亚铁氰化锌沉淀。亚铁氰化锌沉淀不溶于稀酸，溶于碱液中，若试剂加入过量时，则生成更难溶的白色亚铁氰化锌钾。

试剂　50g/L亚铁氰化钾溶液。

操作步骤　将做完磷化氢反应后的样本进行过滤（最好浓缩）或取经有机破坏后的溶液2ml，加数滴50g/L亚铁氰化钾溶液，即产生沉淀，沉淀溶于碱液中，可能有锌离子存在。

若样液中含有大量的铁及铝时对本法有干扰，可依下法处理：取样本5g，在500℃时烧灼成灰，所得灰分加盐酸溶解过滤，滤液以氢氧化铵使成碱性，此时铁及铝成氢氧化物而沉淀，锌成为铵复盐而不生沉淀，过滤，滤液再用盐酸酸化，即可加亚铁氰化钾溶液数滴，出现沉淀或浑浊表示有锌。

（2）双硫腙试剂法

原理　双硫腙与二价锌离子在中性、碱性或醋酸酸性溶液中生成红色的络盐沉淀。许多重金属与双硫腙也能起颜色变化，应在碱性溶液中进行，方为锌的特效反应。

试剂　0.1g/L双硫腙四氯化碳溶液，2mol/L氢氧化钠溶液。

操作步骤　取样本滤液1ml，加2mol/L氢氧化钠使最初生成的白色沉淀溶解为止，分离，取出上清液放入试管中，加0.1g/L双硫腙四氯化碳溶液数滴，猛烈振摇，观察水溶液的颜色，有锌存在应呈红色。

【项目小结】

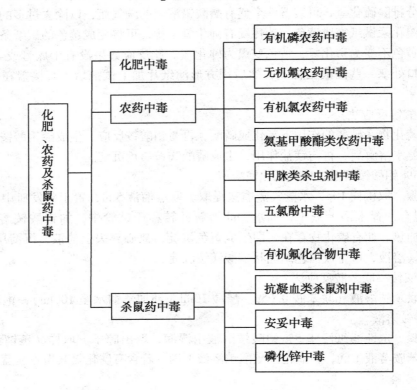

【项目检查与评价】

根据上述学习情况进行职业能力测试，以检查与评价你的学习掌握程度。

（一）判断题

（　　）1. 阿托品是有机磷中毒的特效解毒剂。

（　　）2. 在治疗有机磷杀虫剂中毒时常用解磷定，因为它有拮抗乙酰胆碱的作用。

（　　）3. 敌百虫中毒时，不能用碱性溶液冲洗。

（　　）4. 动物氟乙酰胺中毒主要是通过"渗入作用"干扰三羧酸循环，组织细胞失去能量供给而发生损害。

（　　）5. 敌鼠钠进入体内通过抑制凝血酶原引起中毒。

（二）选择题

1. 有机磷农药杀虫剂毒性大，特别是剧毒类，如（　　）可致动物迅速死亡。

A. 乐果　　B. 敌百虫　　C. 敌敌畏　　D. 甲拌磷

2. 下列几种关于有机磷农药中毒的症状描述中，正确的是（　　）。

A. 瞳孔缩小　　B. 血尿　　C. 全身水肿　　D. 黏膜发绀

3. 有机磷引起动物中毒，主要是它抑制胆碱酯酶的活性，使（　　）在体内蓄积，因而引起胆碱能神经兴奋。

A. 乙酰胆碱　　B. 胆碱　　C. 氯化胆碱　　D. 磷酸胆碱

4. 下列属于弱毒类有机磷农药的是（　　）。

A. 甲拌磷　　B. 乐果　　C. 对硫磷　　D. 敌百虫

5. 有机磷中毒出现的胆碱能持续兴奋的症状主要包括：烟碱样症状、中枢神经症状和（　　）症状。

A. 呼吸系统　　B. 泌尿系统　　C. 消化系统　　D. 毒蕈碱样症状

6. 阿托品可作为下列（　　）患畜的特效解毒药。

A. 黑斑病甘薯中毒　　B. 有机磷农药中毒　　C. 硝酸盐与亚硝酸盐中毒　　D. 食盐中毒

7. 在治疗有机磷杀虫剂中毒时常用解磷定，因为它有（　　）作用。

A. 拮抗有机磷　　B. 拮抗乙酰胆碱　　C. 拮抗胆碱酯酶　　D. 复活胆碱酯酶

8. 下述所列，（　　）不是有机磷农药的特点。

A. 在环境中残效期短　　　　　　B. 有蒜臭味

C. 多数在酸性溶液中被破坏　　　　D. 多数在碱性溶液中被破坏

9. 有机磷中毒的机理是：它能抑制胆碱酯酶的活性，使乙酰胆碱在体内蓄积，因而引起（　　）兴奋。

A. 中枢神经　　B. 胆碱能神经　　C. 迷走神经　　D. 植物神经

10. 当发现动物因使用有机磷杀虫剂灭虱中毒时，应立即用碱水冲洗，只有（　　）除外。

A. 甲拌磷　　B. 内吸磷　　C. 敌百虫　　D. 敌敌畏

11. 有机磷农药中毒剖检，胃内容物（　　）。

A. 有蒜臭味　　B. 有苦杏仁味　　C. 染成黑色　　D. 染成黄色

12. 在兽医院门诊中，常有猫因吃了被药死的老鼠而中毒，这是因为在死老鼠体内含有较多的（　　）。

A. 氟乙酰胺　　B. 氟乙酸　　C. 氟柠檬酸　　D 顺乌头酸

13. 安妥中毒时其有毒成分是（　　）。

A. 萘硫脲　　B. 氟乙酰胺　　C. 三磷化二锌　　D. 丁烯酸内酯

14. （　　）时，其有毒成分萘硫脲进入机体后导致肺水肿和胸腔积液，以呼吸困难为特征。

A. 灭鼠灵中毒　　B. 敌鼠中毒　　C. 安妥中毒　　D. 牛霉稻草中毒

15. （　　）患畜，临床上表现以广泛性致死性出血为特征症状。

A. 灭鼠灵中毒　　B. 安妥中毒　　C. 磷化锌中毒　　D. 食盐中毒

（三）理论问答题

1. 有机磷农药中毒的防治？

2. 氟乙酰胺中毒的防治？

（四）病例分析

某年某月某林场为防治林木虫害，用一种农用杀虫剂点燃后熏杀林木害虫。熏后第3d，曾在林中放牧的黄牛有2头倒地，随后又有3头黄牛发病，但反应较轻。倒地不起的2头黄牛流涎，呻吟，反刍停止，全身震颤，抽搐，大小便失禁，四肢泳状划动，呼吸困难，眼结膜发绀，瞳孔缩小，数小时后死亡。另外3头病牛精神沉郁，不安，食欲基本废绝，流涎，肠音亢进，腹泻，反刍停止，张口呼吸，被毛潮湿，心跳加快，心律不齐，肩胛部、股部肌肉震颤，呼出的气体有蒜臭味。

项目七　毒素中毒

【岗位需求】能对常见的动物毒素中毒包括蛇毒素中毒、蜂毒素中毒、蟾蜍毒素中毒和细菌毒素中毒的诊断与防治。

【能力目标】掌握蛇毒中毒、蜂毒中毒、细菌毒素中毒的临床症状、诊断及鉴别诊断。理解毒素中毒的相关知识，了解其他动物毒中毒的基本知识。

【案例导入】警犬品种为狼青，体重30kg，性别公。2010年在执行护山任务时，当行至一小山沟，左侧腹部被一条1.5米左右长的蝮蛇咬伤；由于当事人缺乏经验，当天没能及时采取处理措施，夜间该犬鸣叫不止，第二天，则见咬伤处严重肿胀，呈紫黑色，随后到兽医院就诊，兽医立即采取0.2%高锰酸钾冲洗伤口，并湿敷患部，每日一次。0.5%普鲁卡因40ml，地塞米松磷酸钠注射液25mg，在肿胀周围作深部环状封闭。肌肉注射地塞米松磷酸钠注射液2.5ml，每日一次，连用3d。经治疗后，第二天开始有食欲，3d后肿胀逐渐消失，5d后食欲恢复正常，10d后肿胀的表皮脱落，行走正常。

点评：这一案例典型的反映了动物毒素通过多种途径侵害家畜机体而引起急性中毒病。绝大多数动物毒素属有毒蛋白质，能在叮咬蛰伤部位或在肠胃道内发挥毒效，吸收后很快引起患畜血液损害（溶血、凝血）、肾脏损害（肾炎或肾病）、神经损害（变性和坏死），甚至发生休克而迅速致死。已经报道的动物毒素中毒主要是蛇毒素中毒、蜂毒素中毒和蝎毒素中毒等；同时，随食物摄入大量活菌或细菌外毒素而引起的细菌毒素急性中毒，多发生在夏秋季节，具有食物中毒的流行特点。根据发病机理，可分为感染型及毒素型两大类。感染型食物中毒系由大量活菌及细菌内毒素所致，如沙门菌属食物中毒、副溶血性弧菌食物中毒等；毒素型食物中毒系由细菌外毒素所致。

任务7-1　动物毒素中毒

一、蛇毒中毒

蛇毒中毒（ophiotoxemia）是动物被毒蛇咬伤而引起的动物毒素中毒。各种动物对蛇毒的敏感性不同。最敏感的是马属动物，其次是绵羊和牛，而猪的敏感性最小。咬伤部位多发生在四肢和头部，咬伤部位愈接近中枢神经和血管丰富部位，症状愈严重。中国毒蛇有50余种，其中以金环蛇、银环蛇、眼镜蛇、五步蛇、蝮蛇、蝰蛇、竹叶青等毒蛇毒性强，危害大。毒蛇种类不同，所含毒素也不尽相同，蛇毒主要有神经毒、血液毒和混合毒。神经毒素为一种碱性多肽类物质，金环蛇、眼镜蛇等含有此类毒。血液毒素中含有透明质酸钠、蛋白分解酶、胆碱酯酶、三磷酸腺苷酶，蝰蛇、竹叶青蛇、五步蛇等含有此类蛇毒。

毒蛇有毒牙和毒腺，毒牙分为沟牙类和管牙类。沟牙的前面有一条纵沟，称为牙沟；管牙内有一中央管，称为牙管，其上端与毒腺相接，下端与口腔相通。毒腺分泌毒液。当毒蛇噬咬家畜时，毒牙咬伤畜体，毒液通过牙沟或牙管注入畜体引起家畜中毒。无毒蛇没有毒牙和毒腺，不会伤害家畜。

【病因分析】

犬、猫到野外觅食或警犬、猎犬在丛林执行任务或家畜于放牧觅食时被毒蛇咬伤，马、牛及羊被咬伤的部位多在跗关节和球关节附近，犬、猫多在四肢和头部。

【临床症状】

由于蛇毒的类型不同，各种毒蛇咬伤的局部症状和全身症状各不相同。

1. 神经毒中毒

咬伤厚，流血少，红肿热痛等局部症状轻微，但毒素很快由血管及淋巴道吸收，通常在咬伤的数小时内即可出现急剧的全身症状。病畜痛苦呻吟，兴奋不安，全身肌颤，吞咽困难，口吐白沫，瞳孔散大，血压下降，呼吸困难，脉律失常，最后四肢麻痹，卧地不起，终因呼吸肌麻痹，窒息死亡。

2. 血液毒中毒

咬伤后，局部症状特别明显，主要表现为咬伤部位剧烈疼痛，流血不止，迅速肿胀，发紫发黑，并极度水肿，往往发生坏死，而且肿胀很快向上发展，一般经 6～8h 可蔓延到整个头部及颈部，或者蔓延到全肢以及腰背部。毒素吸收后，则呈现一定的全身症状，包括尿血、血红蛋白尿、少尿、肾功能衰竭以及胸膜腔大量出血，最后导致心力衰竭或休克而死。

3. 混合毒中毒

咬伤后，红肿热痛和感染坏死等局部症状明显。毒素吸收后，全身症状重剧而复杂，兼有神经毒和血液毒所导致的各种临床症状。死亡的直接原因，通常是呼吸中枢和呼吸肌麻痹而引起的窒息，或血管运动中枢麻痹和心力衰竭而引起的休克。

【剖检变化】

蛇毒成分复杂，不同毒素引起不同组织损伤。一般可见家畜心肌肿胀变性，心肌变软，出血，坏死；大片深部组织坏死，末端血管扩张，尸僵缓慢，肺充血和肺水肿，肝肿大并有小出血点。

【诊断】

根据毒蛇咬伤的病史，结合伤口有 2 个针尖大的毒牙痕，局部水肿、渗血、坏死和全身症状，即可诊断。如伤口有 2 行或 4 行均匀而细小的锯齿状浅小牙痕，并无局部和全身症状，多为无毒蛇咬伤。必要时用适宜的单价特异抗蛇毒素，用酶联免疫吸附法测定伤口渗出液、血清、脑脊液和其他体液中的特异蛇毒抗原，即可确定是何种蛇毒。本病应与毒蜘蛛和其他昆虫咬伤进行鉴别。

【治疗措施】

毒蛇咬伤后应采取急救措施。治疗原则是防止蛇毒扩散，尽快施行排毒和解毒，并配合对症治疗。

1. 局部处理

主要包括伤口肿胀部位上侧用绷带结扎、伤口清创及局部封闭。

①绷带结扎：被毒蛇咬伤后，应尽量使动物保持安静，立即用柔软的绳子或纱布带、止血带，亦可就近取适用的植物茎秆、稻草、野藤等，在伤口的上方约 2~10cm 处结扎。结扎的松紧度以能阻断淋巴及静脉血回流为宜，但不能妨碍动脉血液的供应。结扎后每隔一定时间要放松一次，以免造成组织坏死。经排毒和服用有效蛇药 3~4h 后，才能解除结扎。

②清理伤口：有效结扎伤口上方后，立即沿两个毒牙痕切开伤口，压迫周围组织，迫使毒液外流，进行彻底清洗和排毒。常用 3% 过氧化氢溶液、0.2% 高锰酸钾溶液或 2% 氯化钠溶液冲洗伤口，清除残留在伤口内的蛇毒及污物。被蝰蛇及蝮蛇咬伤者，一般不作扩创排毒，以防出血不止。

③局部封闭：可在肿胀周围或于伤口的上部用 0.25%~0.5% 盐酸普鲁卡因溶液加青霉素或地塞米松、氢化可的松等进行深部环状封闭，对抑制蛇毒的扩散，减轻疼痛和预防感染均有较好的作用。亦可进行局部冷敷。

2. 特效解毒

抗蛇毒血清是中和蛇毒的特效解毒药，有条件的应尽早使用，在 20~30min 内静脉注射最好。也可选用中药治疗，中药在抢救毒蛇咬伤中有丰富的经验和实际效果。常用的中成药有季德胜蛇药、上海蛇药、南通蛇药、广州蛇伤解毒片、新会蛇药酒、群生蛇药等。将蛇药用水调成糊状，涂于伤口周围，特别是肿胀外围 2~3cm 处，但伤口内不要涂药或按照各种中成药的说明使用。

上海蛇药对蝮蛇、竹叶青蛇咬伤中毒的效果好，也可治疗眼镜蛇、银环蛇、蝰蛇和龟壳花蛇咬伤中毒。南通蛇药对各种蛇伤中毒都有效。群生蛇药主要治疗蝮蛇咬伤。广州蛇伤解毒片主治眼镜蛇、金环蛇、银环蛇、蝮蛇、龟壳花蛇、竹叶青蛇等咬伤。

用特效草药独角莲（鬼臼）根切碎捣烂加适量食醋和白酒调敷，每日更换 2 次，可消肿驱毒，2~4d 可愈。也可用白芷、百草霜各 100g，雄黄 30g，碾成细末，加入乳或牛乳调成糊状，敷于伤口周围，每天更换 2~3 次，有良好效果。

3. 对症治疗

主要采取补液、强心、防止休克和急性肾衰竭等措施。对神经症状较明显的蛇毒中毒，忌用巴比妥、吗啡等中枢系统抑制剂及箭毒碱等横纹肌抑制剂；血液循环毒素类蛇毒中毒者忌用肾上腺素及枸橼酸钠等。

【预防措施】

大力宣传普及防治毒蛇咬伤的知识，掌握毒蛇的活动规律及其特性；搞好环境卫生，加强饲养管理，及时清理饲养场周围的杂草、乱石，使蛇无藏身之地；动物避免在毒蛇活动的时间放牧，尽量避免在可能有毒蛇的地区放牧。

【知识拓展】

毒蛇种类不同，所含毒素也不同。蛇毒是一种复杂的蛋白质化合物，含特异性毒蛋白、多肽类及某些酶类，如凝血酶、溶血酶、溶蛋白酶、凝集素、胆碱酯酶和蛋白分解酶等。因此，蛇毒的作用是多方面的，通常据此将其分为三类，即神经毒、血液毒和混合毒。神经毒主要作用于脊髓神经和神经肌肉接头，使骨骼肌麻痹乃至全身瘫痪；也可直接作用于延髓的呼吸中枢或呼吸肌，使呼吸肌麻痹，最后窒息死亡。血液毒主要作用于血液循环系统，引起心力衰竭、溶血、出血、凝血、血管内皮细胞破坏，最后休克而死。混合毒则间有神经毒和血液毒的毒性作用。但总是以其中一种毒性作用为主。金环蛇、银环蛇等眼镜蛇科环蛇属毒蛇的毒液多属于神经毒；蝰蛇、蝮蛇、竹叶青等蝰蛇科和蝮蛇科毒蛇的毒液多属于血液毒；眼镜蛇的毒液属于混合毒。

二、蜂毒中毒

蜂毒中毒是蜂类蜇伤动物皮肤时，蜂尾部毒囊分泌的毒液注入动物体内而引起的中毒性疾病。马、鸭、鹅等对蜂的敏感性最高，其次为绵羊和山羊，牛和水牛亦易受到刺蜇而发病。蜂为节肢动物门昆虫纲膜翅目，常见的有蜜蜂、黄蜂、土蜂及竹蜂等数种。雌蜂的尾部有毒腺及螫针，螫针是产卵器的变形物，螫针刺入家畜皮肤，毒腺分泌的毒液经螫针注入畜体引起中毒。

【病因分析】

通常蜂巢都筑于灌木丛、草丛中或屋檐下、树枝上，竹蜂巢筑于竹子上。当家畜放牧时触动蜂巢，蜂会涌出袭击家畜。家畜中以马最为敏感，马蜂毒中毒时可以致死，山羊及绵羊也可发生死亡，奶牛的乳房常受到蜇刺，鸭鹅吞食蜂类，几分钟内可以死亡。

【临床症状】

分为局部症状和全身症状。

由于蜂毒的直接作用，蜇伤后立即出现剧烈疼痛，淤血及肿胀。轻者很快恢复，严重的可引起局部组织坏死。由于毒素的吸收，可出现不同程度的应激性全身反应，如体温升高，心跳加快，呼吸急迫，精神兴奋（或沉郁），排血红蛋白尿；严重者转为麻痹，血压下降，呼吸困难，往往由于呼吸麻痹而死亡。

1. 乳牛

动物被蜂蜇伤多发生在头面部，乳牛的乳房常受到蜂的刺蜇。病初蜇伤部位及周围皮下组织迅速出现热痛和捏粉样肿胀，从皮肤蜇刺点流出黄红色渗出液。有的因鼻唇部肿胀，表现呼吸困难，流涎，采食、咀嚼障碍；有的上下眼睑因肿胀而不能睁开。轻者症状不久即可消退，严重者出现全身症状，表现精神兴奋，体温升高，有的出现荨麻疹。后期可因溶血而使可视黏膜苍白、黄染，血红蛋白尿，血压下降。神经兴奋转为抑制，步态踉跄。心律不齐，呼吸困难，最后因呼吸麻痹而死亡。

2. 马、骡

蜂蜇伤，表现精神高度沉郁，头低耳聋；有的惊恐不安，步态蹒跚，眼睑肿胀，眼半闭、流泪。可视黏膜苍白、黄染。全身可见杏核至核桃大小的丘疹，尤以头面部及耳部最多，整个头面部严重肿胀；有的在颈背部最多，甚至连成片。病畜饮食欲废绝，呼吸快而浅表，心律不齐，体温升高，血红蛋白尿。

3. 水牛

蜇伤后表现间歇性狂躁不安，摇头。蜇伤部位呈弥漫性肿胀，热、痛反应明显。眼结膜潮红，流泪。流涎，反刍与瘤胃蠕动减弱或消失。呼吸频率增加，呼吸音粗厉。呻吟，惊恐，无目的地向前冲撞，遇障碍物则抵住不动，并能持续 10 ~ 15min ，然后转为精神沉郁，对刺激反应减弱甚至消失，反刍停止，瘤胃蠕动废绝。

【剖检变化】

蜇伤后短时间内死亡的动物常有喉头水肿，各实质器官淤血，皮下及心内膜有出血斑。脾脏肿大，脾髓质内充满巧克力色的血液。肝脏柔软变性，肌肉变软呈煮肉样。

【诊断】

根据被蜂蜇伤的病史，体表皮肤热痛、肿胀，且肿胀中央部流黄红色渗出液，有的能发现蜂类螯针，结合其他临床症状，即可诊断。

【治疗措施】

本病尚无特效解毒药，中毒动物应采取排毒、解毒、脱敏、抗休克及对症治疗等措施。

1. 局部处理

动物被蜇伤后有螯针残留时，应立即拔除残留螯针。对肿胀部位用消毒过的针尖或三棱针锥刺皮肤，然后局部用2% ~ 3%高锰酸钾溶液、3%氨水、2%碳酸氢钠溶液或肥皂水冲洗，可达到排毒消肿的目的。以 0.25%盐酸普鲁卡因加适量青霉素进行肿胀周围封闭，防止肿胀扩散和继发感染。

2. 全身疗法

首先抗应激性反应，脱敏、抗休克，可用氢化可的松、地塞米松或苯海拉明等，静脉注射或肌肉注射。为防止渗出，可注射0.1%盐酸肾上腺素或钙制剂。保肝解毒，可应用高渗葡萄糖溶液、5%碳酸氢钠溶液、40%乌洛托品及维生素 B_1、维生素 C 等。

3. 对症治疗

主要采取强心、补液、兴奋呼吸等措施。

【预防措施】

①在放牧时，应避免碰撞蜂窝，特别是不要在有野蜂经常出没的树丛附近放牧，以免惊扰蜂群而使动物遭受袭击；

②拉运蜜蜂时，应在箱口处装上纱罩，防止蜜蜂飞出蜇伤人畜；

③尽量避免在可能有蜂巢的地区放牧，搞好环境卫生，加强饲养管理；

④必要时可对蜂巢进行清理。

【知识拓展】

蜂毒中水占88%，有形成分占12%。有形成分中主要含磷脂酶 A、透明质酸酶、乙酰胆碱、5-羟色胺、组织胺及多肽类，也含有乙酸。乙酰胆碱、5-羟色胺、组织胺可使平滑肌收缩、血压下降、呼吸不整、运动麻痹、局部疼痛、淤血及水肿。磷脂酶 A 可引起严重的血压下降、间接性溶血，具有很强的致死作用。另一方面蜂毒可以使肾上腺皮质的功能增强，以提高机体的防卫机能，故能对炎症、过敏性疾病等有良好的影响。

三、蟾蜍中毒

蟾蜍又名癞蛤蟆、蚧蛤蟆等，其体内部分腺体含有蟾酥，这是导致中毒的主要成分，毒素为蟾蜍腮腺和皮肤腺分泌，其中含有儿茶酚胺、吲哚烷基胺、洋地黄糖苷；毒素作用于副交感神经系统及心脏，同时在中药成药六神丸、金蟾丸、蟾酥丸、蟾酥丹等药中都含有蟾酥。蟾蜍中毒通常在动物吞食蟾蜍或过量服用蟾酥制剂发生中毒，科罗拉多蟾蜍、海蟾蜍毒性最大、最危险。傍晚、夜间、清早多发。

【病因分析】

多数为误服或过量服用蟾酥制剂，或伤口、黏膜接触蟾酥毒液所致。

【临床症状】

潜伏期为 0.5～1h，主要症状为：因疼痛而搔挠口腔周围为最初的中毒症状；中毒动物兴奋、尖叫；口腔黏膜呈砖红色，呼吸困难；明显的室性心律失常，之后出现剧烈呕吐、腹痛、腹泻、腹水、休克；胸闷、心悸、发绀、心律不齐，心电图可出现类洋地黄中毒的 ST-T 改变及传导阻滞；嗜睡、出汗、口唇及四肢麻木，惊厥重者可导致呼吸和循环衰竭。

蟾毒误入眼内，可引起眼睛红肿，甚至失明。偶有剥脱性皮炎。抽搐，虚脱；体温可能升高，易感犬易患继发性中暑；血钾可能升高。

【剖检变化】

主要是神经症状，无明显剖检变化。

【诊断】

误服蟾蜍或过量服含蟾酥中药者。出现上述中毒症状应考虑蟾蜍中毒。

【治疗措施】

1. 排除毒物

如果是口服中毒，立即给予 0.2% 高锰酸钾溶液洗胃，然后再导泻。如果是皮肤、黏膜接触蟾酥毒液中毒，立即用清水冲洗。静脉输入生理盐水，纠正水电解质紊乱，加速毒物排泄，并可给予皮质激素治疗。

2. 药物治疗

（1）轻症治疗　停止用药即可自愈。

（2）重症治疗　根据情况可反复使用阿托品等药物，改善心脏传导功能，抑制迷走神经的兴奋性。

（3）中药治疗　中药可给予犀角地黄汤加黄连、紫草治疗。

（4）对症治疗　呕吐严重者，给予氯化钾、维生素 B_6 治疗。蟾酥误入眼内者，可清水冲洗后用紫草汁点眼。

【预防措施】

食用蟾蜍肉时，一定要清除内脏，清洗干净，将肉煮熟后再吃。服用蟾酥制剂时，要从小剂量开始，防止过量中毒。

【知识拓展】

蟾蜍的腮腺和皮肤腺能分泌毒素。进食煮熟的蟾蜍（特别是头和皮），服用过量的蟾蜍制剂，或伤口遭其毒液污染均可引起中毒。蟾蜍毒的主要成分：蟾蜍二稀醇化合物（包括蟾蜍毒素和蟾蜍配质），作用类似洋地黄糖苷，可兴奋迷走神经，直接影响心肌，引起心律失常。此外，尚有刺激胃肠道、抗惊厥和局麻的作用；儿茶酚胺类化合物，有缩血管和升压作用；吲哚烷基类化合物，可引起幻觉，对周围神经有类似菸碱样作用。

四、蜘蛛毒中毒

毒蜘蛛种类繁多，以穴居狼蛛（又称黑寡妇、砂漏蜘蛛、致命红斑蛛）毒性最强。家畜多因被有毒蜘蛛咬伤而发生蜘蛛毒中毒病。毒液的主要成分是一种神经性毒蛋白，对运动神经有麻痹作用。其螯肢（上腭）刺破人的皮肤后，毒液可经螯肢侵入人体而引起中毒。雌蜘蛛毒性大于雄蜘蛛。

【临床症状】

1. 局部症状

被蜘蛛咬伤后出现局部疼痛、红肿，严重时伤口区苍白，周围发红，起皮疹，可有坏死。

2. 全身症状

现有头痛、头晕、恶心、呕吐、腹痛、流涎、全身无力、足跟麻木、刺痛感，可有畏寒、发热、大汗、流泪、瞳孔缩小、视物模糊、血压升高及全身肌肉痉挛等。严重者出现休克、呼吸困难、溶血、急性肾功能衰竭、中毒性脑病、脑水肿及弥漫性血管内凝血等。

【治疗措施】

1. 紧急处理

立即在咬伤部位近心端扎止血带，每 15～20min 放松约 1min，止血带结扎总时间不得超过 2h。尽快在咬伤的局部消毒后作十字形切口，用注射器等装置负压抽吸毒液，用石炭酸烧灼或涂 2% 碘酊后，可放松止血带。

2. 解毒

（1）局部用药　在被咬部位注射 10% 高锰酸钾水溶液 3～4ml；反复用 10%～20% 葡萄糖酸钙静注；重症或休克者，可静脉或皮下注射 0.5～1mg 肾上腺素。

（2）全身用药　静注 10% 葡萄糖酸钙 10ml，50% 葡萄糖液 40ml，同时肌注尼可刹米和安钠咖各 1 支，被咬处涂碘酊。次日，继续注射 10% 葡萄糖酸钙 10ml，同时口服血可平 0.25mg。也可配合中药疗法：用熟烟丝数钱或用雄黄 2 钱、青黛 3 钱、梅片 5 分，共研碎温水漱服；重症者可内服南通蛇药，每次 5 片，每天 3 次。

【预防措施】

尽量避开可疑有毒的蜘蛛。

五、蚜虫中毒

蚜虫中毒多见于半封闭或散养畜群。蚜虫中毒一般发生于羊和马属动物，猪的蚜虫中毒也见报道。

【病因分析】

蚜虫含有光能剂，动物采食多量蚜虫寄生的植物，经日光照射而发生感光过敏性皮炎。本病多发生于白色动物。家畜大量采食寄生有蚜虫的植物后，经消化道吸收了蚜虫体内的光过敏物质，后经血液循环进入机体各部位，光过敏物质在阳光的作用下，造成家畜白色或白斑的皮肤渗出炎性物而中毒。

【临床症状】

1. 羊

轻症羊表现为唇缘、鼻面、眼睑、耳廓、背部发生红斑性疹块。患部皮肤发红、肿胀、疼痛并瘙痒，经过 2~3d 后消退，以后逐渐落屑，全身症状无明显改变。重剧病羊全身皮肤发生红斑性疹块，疹块 1~2d 发展为水疱性皮炎。患部肿胀，温度增高，疼痛明显，瘙痒剧烈，并有大小不等的水疱，水疱破溃后流出黄色液体，体温升高至 41.2~42.1℃。严重的病羊还呈现黄疸、腹痛、腹泻、兴奋不安、无目的奔走、共济失调、痉挛等症状。

2. 猪

轻症病例最初在体表阳光照射到的部位发生水疱，破溃结痂可以痊愈。重症病猪，水疱破溃后，皮肤充血、肿胀、并有痛感，继而形成红斑性疹块和硬性肿胀，病猪奇痒，中午阳光照射之后症状加剧，早晚减轻；病猪摩擦止痒，水疱破溃流出淡黄色液体，结痂或化脓。严重病例因细菌感染引起皮肤坏死，有的伴发口腔炎、结膜炎、鼻炎或阴道炎，甚至有的病猪高度兴奋、颤粟、吼叫、碰撞、痉挛或麻痹，体温升高到 40.5~41℃，心律不齐，治疗不及时者已有死亡的报道。

【剖检变化】

皮肤肿胀，有大小不等的水疱，内含黄色液体，有结痂，痂下化脓，皮肤坏死。颌下及腹股沟淋巴结肿大、出血。瘤胃黏膜潮红、肿胀，有较大面积的黏膜脱落。真胃黏膜潮红、肿胀。肠黏膜潮红、肿胀，黏膜下水肿。肠系膜淋巴结充血、肿胀。肝肿大，边缘钝圆，切面有黑红色血液流出，小叶结构不清楚，肝实质变软。脾肿大，淤血。脑及脑膜血管淤血。

【诊断】

根据牧草上有大量蚜虫和病畜皮肤病变可以确诊。

【治疗措施】

本病无特效解毒药。治疗要点是立即更换饲料，防止病畜再度采食带蚜虫饲料，并置病畜于隐蔽处，防止日光照射，实施对症处置。

应用 2% 硼酸液冲洗患部皮肤后，再涂擦 10% 鱼石脂软膏，或氢化可的松软膏，或

10%氧化锌。应用抗过敏药物，用地塞米松7～12mg，肌肉注射，每日1次，连用2～3d；同时用10%氯化钙液20～60ml，静脉注射，每日1次，连用2～3d。

中毒严重的病畜，除用抗过敏药物外，同时用10%葡萄糖液300～500ml，10%维生素C液5～10ml，青霉素80万～160万IU，静脉注射，每日2次，连用3～4d。

对兴奋不安的病畜，用复方安乃近5～10ml，肌肉注射。

【预防措施】

禁止在有大量蚜虫的草场放牧。

任务7-2　细菌毒素中毒

动物吞食的食物或食物下脚料中含有可产生内毒素的细菌，如葡萄球菌、链球菌等；肠道内的荚膜菌也可以产生内毒素；吞食细菌（如大肠杆菌、沙门氏菌等）污染的食物；在气候温暖的季节，如夏季，动物吞食细菌污染的食物或含有内毒素前体的食物；动物产品（例如牛奶、不洁的副产品）或污染的动物源性产品，往往由于金黄色葡萄球菌繁殖而产生内毒素。

大多数内毒素能刺激肠道上皮分泌活动，引起水分及电解质丢失，胃肠道吸收功能可能仍正常；有些内毒素能改变黏膜形态：肠道黏膜上皮坏死出血；有些内毒素能破坏肠道吸收能力。内毒素作用于体温调节中枢和网状内皮系统引起炎性细胞浸润，血小板总数下降，血凝异常，循环系统障碍。

一、肠毒素中毒

多种病原菌都可分泌肠毒素，引起动物的肠毒素中毒。肠毒素根据抗原性分为A～E，G～I 8个血清型。肠毒素是蛋白质，溶于水，相对分子质量约为30 000，耐热（目前有一种大肠杆菌不耐热肠毒素突变体），饲料中的毒素不因加工而灭活；对蛋白酶有耐性，故在消化道中不被破坏。肠毒素中毒是动物摄入含肠毒素污染的食物所引起的以呕吐、腹泻为主要特征的中毒性疾病。各种动物均可发生，常见于犬、猫、猪。

【病因分析】

动物感染可分泌肠毒素的致病菌或食入含肠毒素的饲料所致。在某种特殊条件下，往往由于产生肠毒素的病原菌繁殖体或孢子在动物内环境中高密度出现，加之饲养和饲料失误，紧张因素如拥挤、长途运输等导致感染。由于肠道内菌群被"爆炸"性的生长繁殖，瞬间在小肠内产生大量的外毒素，进一步造成局部营养缺乏，使得细菌形成孢子，同时释放出肠毒素。

【临床症状】

1. 犬

一般体温不高、神志清醒、反射机能下降、肌肉张力降低；出现明显运动神经机能障碍。由于咬肌麻痹，下颌下垂、流涎、咀嚼吞咽困难、两耳下垂、眼睑反射较差、视觉障碍、瞳孔散大。严重的犬可见膈肌张力降低，出现呼吸困难、心功能紊乱，死亡率很高。

2. 羊

患病以后，潜伏期变化颇大，由几小时到几天不等。初期表现出一定兴奋状态，步态强硬，行走时头弯于一侧或点头，尾向一侧摆动；后来流涎，呼吸困难直至呼吸麻痹死亡。临床上表现有最急性、急性和慢性 3 种类型。

（1）最急性型　不表现任何症状而突然发生死亡。

（2）急性型　突然发生吞咽困难，卧地不起，头向侧弯，颈部、腹部和大腿肌肉松弛。以后食欲及饮欲消失，舌尖露于口外，口流黏性唾液，多数发生便秘。但体温正常，知觉和反射活动仍存在。病情发展快者，1d 之内死亡，慢者可延至 4~5d。

（3）慢性型　除有急性型的症状外，常并发肺炎，最后常因极度消瘦而死亡。各型病例死亡率都很高，尸体剖检时，无特征性眼观变化。但也有少数自愈的。

3. 家禽

表现为头颈无力下垂，翅膀下垂，行动困难，羽毛松乱易脱落，昏迷嗜睡，数小时至 3~4d 死亡。

4. 马、牛、猪（少见）

表现为从头部开始向后发展的运动麻痹，开始时咀嚼、吞咽困难，然后流涎，瞳孔散大，视觉障碍，波及四肢时则共济失调，卧地不起，最后呼吸困难至呼吸麻痹而死。原有数据库资料显示，本病潜伏期多在 12~36h。潜伏期越短，临床表现越严重。绝大多数患畜起病急骤，初感头昏、软弱，迅速出现视力模糊、复视、眼睑下垂、瞳孔散大、对光反应消失、眼内外肌麻痹、吞咽困难、呼吸困难等。重症患畜常可并发吸入性肺炎和心力衰竭，甚至呼吸中枢麻痹而于 2~3d 内死亡。

【剖检变化】

肠毒素使肠黏膜发生坏死和形成伪膜。镜检伪膜可见其由纤维素、坏死细胞和少量炎症细胞构成。整个肠道及其他器官都可能发生病变；较明显为小肠壁增厚，外翻，小肠脆，易碎，充满气体；肠黏膜脱落，覆盖一层黄色或绿色伪膜，有出血斑点。家禽还可见肝脾肿大；卵巢坏死，输卵管变粗；在肝、盲肠、十二指肠、肠系膜和心脏有典型的肉芽肿结节或黄色脓肿，肠不易分离，有时可见肝坏死；肠道出血或溃疡；禽蜂窝织炎：腹部皮下，蛋黄色干酪样渗出等。

【诊断】

诊断要点主要是结合动物发病后的腹泻等临床症状和对病料镜检的情况进行初步判定，必要时可使用专用试剂进行确诊。

【治疗措施】

本病一般是细菌感染引起，在使用抗生素治疗的同时，可用 2.0% 的硫酸镁溶液灌胃，用 5% 的葡萄糖水输液。对于饲料中的肠毒素中毒，要及时更换饲料，进行灌胃的同时采取输液补盐的措施，加快体内毒素代谢。

【预防措施】

加强对饲料品质的检测，搞好饲养管理，避免出现应激。

【知识拓展】

肠毒素黏附在肠黏膜上皮上，妨碍了氨基酸的吸收和运输，这时肠壁的通透性升高，使得肠黏膜损伤而发生水样腹泻；严重时，毒素（或细菌与毒素）进入血液循环，引起毒血症（或败血症），从而导致机体全身衰竭、死亡。

二、肉毒毒素中毒

肉毒菌素中毒是由于摄入含有肉毒菌素的食物或饲料而引起的动物中毒性疾病，以运动神经麻痹为特征。我国以北纬30°～50°的西北地区较多发生，各种动物均可发生，主要见于鸭、鸡、牛、马。

【病因分析】

在适宜条件下肉毒梭菌可产生蛋白神经素——肉毒梭菌毒素，它是迄今所知毒力最强的毒素，1mg纯毒素能致死4×10^{12}只小鼠。肉毒毒素对胃酸和消化酶都有很强的抵抗力，在消化道内不会被破坏。毒素耐pH值3.6～8.5，对高温也有抵抗力，100℃15～30min才能破坏。在青贮饲料、骨头、发霉饲料和发霉青干草中，毒素可保持数月。

肉毒菌素主要作用于神经肌肉接头，阻止胆碱能神经末梢释放乙酰胆碱，而阻断神经冲动传导，导致运动神经麻痹；毒素还损害中枢神经系统的运动中枢，导致呼吸困难而窒息死亡。

【临床症状】

本病的症状和程度因动物种类不同和摄入毒素量的多少而有差异，一般在摄入毒素后4～20h发病，有的长达数日。

1. 家禽

主要表现头颈软弱无力，向前低垂，常以喙尖触地支持或以头部着地，颈项呈锐角弯曲，有"弯颈病"之称。翅膀下垂，两脚无力，有的发生嗜眠症状及阵发性痉挛，死亡率5%～95%。水禽在水边无法行走，水中不能游泳，多数半沉在水中奄奄一息或溺死在水中。

2. 牛、羊、马

表现为神经麻痹，从头部开始，迅速向后发展，直至四肢；也主要表现肌肉软弱和麻痹，不能咀嚼和吞咽，垂舌，流涎，下颌下垂，眼半闭，瞳孔散大，对外界刺激无反应。波及四肢时，则共济失调，以致卧地不起，头部如产后轻瘫弯于一侧。肠音废绝，粪便秘结，有腹痛症状，呼吸极度困难，直至呼吸麻痹而死，死前体温、意识正常。严重的数小时死亡，病死率达70%～100%，轻者尚可恢复。

3. 猪

很少见，症状与牛、马相似，主要表现肌肉进行性衰弱和麻痹，起初吞咽困难，唾液外流，两耳无力而下垂，视觉障碍，反应迟钝。呼吸肌受害时，出现呼吸困难，黏膜发绀，最后呼吸麻痹，窒息死亡。

4. 貂

貂表现肌肉松弛，后肢软弱无力，流涎，瞳孔散大，捕捉时无防御能力。咀嚼、吞咽障碍，呼吸困难，发病后短时间死亡，死亡率可达70% ~90%。

5. 犬

表现渐进性不协调，从后肢逐渐发展到前肢，肌肉张力下降，肌反射减弱，仍有痛觉。流涎，下颌无力，瞳孔散大，眼睑反射减弱。呼吸困难，吞咽障碍。因呼吸麻痹，继发呼吸道或尿道感染而死亡。

【剖检变化】

剖检无特殊变化，所有器官充血，肺水肿，膀胱内可能充满尿液。

【诊断】

依据肌肉麻痹的特征性症状，结合发病原因进行分析，可作出初诊。确诊需进行毒素检验。

1. 初步的定性试验（小白鼠腹腔注射法）

检验样品（可疑食品、饲料及病死动物的胃内容物等）经适当处理后取上清液，用明胶磷酸缓冲液稀释（1∶5、1∶10、1∶100三个稀释度）后各取0.5ml腹腔注射小白鼠；另取上清液100℃10min加热后注射小白鼠；再取上清液经胰酶处理后注射小白鼠。每个注射样注射2只小白鼠；注射后，定时观察小白鼠，连续观测48h；排除24h后死亡的白鼠和无症状死亡的小白鼠；48h后，如果除了经热处理后再注射样品的小白鼠未死亡，其余小白鼠均死亡的情况，重复试验，增加稀释倍数，计算最低致死量。如用鸡做试验，分别取上述液体注射于两侧眼睑皮下，一侧供试验用，另一侧供对照，注射量均为0.1~0.2ml。如注射0.5~2h后，试验的眼睑发生麻痹，逐渐闭合，试验鸡也于10h之后死亡，而对照的眼睑仍正常，则证明有毒素。豚鼠也可供试验用，取试验液体1~2ml给豚鼠注射或口服，同时取对照液体以同样方法和用量接种其他豚鼠。如前者经3~4d出现流涎、腹壁松弛和后肢麻痹等症状，最后死亡，而对照豚鼠仍健康，即可作出诊断。有些发病动物的血液中也有较多的毒素，所以在发病以后，也可用其抗凝血液或血清0.5~1.0ml，注射于小鼠皮下，进行上述同样试验。

2. 中和试验

可以为毒素定型。用无菌生理盐水溶解冻干的抗毒素，取A、B、E、F4种抗毒素注射于小白鼠体内；同时取未注射抗毒素的小白鼠做对照。注射抗毒素30min或1h后，注射不同稀释度（覆盖10、100、1 000倍最小致死量）的含毒素样品。观察48h，如发现毒素未被中和，再取C、D型抗毒素和A~F多价抗毒素重复上述试验；如小白鼠死亡，应将含毒素样品稀释后再重复以上试验。另外用血凝抑制试验、免疫荧光试验、PCR试验也可以鉴定毒素的型。

【评价方法】

典型的肉毒中毒，小白鼠会在4~6h内死亡，而且98%~99%的小白鼠会在12h内死亡；24h 后的死亡是可疑的，除非有典型的症状出现。如果小白鼠注射经 1：2 或 1：5 倍数稀释的样品后死亡，但注射更高稀释度的样品后未死亡，这也是非常可疑的现象，一般为非特异性死亡。食物中发现毒素，表明未经充分的加热处理，可能引起肉毒中毒。检出肉毒梭菌，但未检出肉毒毒素，不能证明此食物会引起肉毒中毒。肉毒中毒的诊断必须以检出食物中的肉毒毒素为准。原有数据库资料有进食可疑食物，特别是火腿、腊肠、罐头或瓶装食品史，临床上有特殊的中枢神经系统症状。对可疑食物作厌氧培养和动物毒力试验，以观察有无肉毒杆菌及其外毒素存在，是确诊本病的依据。

【治疗措施】

发病时，应查明和清除毒素来源，发病畜禽的粪便内含有多量肉毒梭菌及其毒素，要及时清除。大家畜内服大量盐类泻剂或用 5% 碳酸氢钠或 0.1% 高锰酸钾洗胃灌肠，可促进毒素排出。

治疗在早期可注射多价抗毒素血清，毒型确定后可用同型抗毒素，在摄入毒素后 12h 内均有中和毒素的作用。有报道，应用盐酸胍和单醋酸牙胚碱可促进神经末梢释放乙酰胆碱和增加肌肉的紧张性，对本病有良好的治疗作用。

【预防措施】

主要措施在于随时清除牧场、畜舍中的腐烂饲料，不使畜禽食入。禁止饲喂腐烂的草料、青菜等，调制饲料要防止腐败，缺磷地区应多补充钙和磷。在经常发生本病的地区可用同型类毒素或明矾菌苗进行预防接种。

技能 20　肉毒毒素的检验

（一）检样的采集与处理

采集病畜胃肠内容物和可疑饲料，加入 2 倍以上无菌生理盐水，充分研磨，制成混悬液，置于室温 1～2h，然后离心，取上清液加抗生素处理后，分成 2 份：一份不加热，供毒素试验用，另一份 100℃ 加热 30min，供对照用。

（二）肉毒毒素的检查方法

可选择以下实验用动物进行试验，如检出毒素后需作毒素类型鉴定（如下表）。

表　肉毒毒素的检查方法

实验动物	接种量（ml）	接种途径	结果观察时间及变化	对照
鸡	0.1～0.2	一侧眼内角皮下	经 30min～2h 不加热病料侧眼闭合，健康 10h 后死亡	接种加热病料侧眼正常
小鼠	0.2～0.5	皮下、腹腔	经 1～2d，小鼠出现麻痹，呼吸困难而死亡	健康
豚鼠	1.0～2.0	口服、注射	经 3～4d 豚鼠出现麻痹，呼吸困难而死亡	健康

三、内毒素中毒

内毒素中毒是革兰氏阴性细菌产生的内毒素引起的以毒血症和多器官功能障碍为特征的中毒性疾病。各种动物均可发生。内毒素为许多 G^- 细菌细胞壁结构成分，生活状态时不释放，只有当菌体死亡或用人工方法裂解细菌时才释放，主要成分为脂多糖。各种细菌内毒素成分基本相同，但可能有质或量的微小差别，脂多糖的主要成分类脂 A 具主要毒性。除 G^- 细菌外，在 G^+、真菌、支原体和某些动物组织中也含内毒素。中毒表现的热型曲线在动物为双相，在人类为单相。内毒素释放后吸收入血致病作用相同，作用无选择性，临床表现与毒素剂量、侵入部位和攻击次数有关。

【病因分析】

革兰氏阴性细菌在残羹剩饭、污水及腐败动物组织中可大量繁殖，其内毒素为细菌外膜的脂多糖成分，在细菌裂解后释放。所有革兰氏阴性细菌内毒素的毒性作用大致相同，机体吸收后引起发热、血液循环中白细胞骤减、弥漫性血管内凝血、休克等，严重者导致死亡。

1. 经口摄入

由于进食 G^- 细菌感染的畜禽、病死性畜肉，宰前污染或饲料保存不当造成细菌大量繁殖，可产生大量内毒素，经胃酶消化释出内毒素吸收入血，经 4～6 h 潜伏期后引起全身中毒症状。进入肠道的内毒素可引起肠道毒性，造成肠黏膜分泌亢进，腹痛、腹胀，引起水样泻。临床表现可因基础免疫、食量多少、体质差异等表现不同。

2. 肠源性

造成中毒大多由肠道寄生的 G^- 菌，即腐败菌或过路菌在肠道繁殖产生（不包括肠道原籍菌和常驻菌）。正常情况下可小量、间歇地进入门脉系统，在肝内被 Kupffer 细胞迅速清除；当 Kupffer 细胞受损（网状内皮系统功能损害），或侵入毒素过多时可引起内毒素血症，导致中毒反应。肠道为 G^- 细菌内毒素池，正常情况下肠黏膜机械、生物、免疫屏障作用可阻止内毒素吸收从而预防内毒素血症发生，而当肠黏膜受损（门脉高压、胃肠道淤血、黏膜破损、肝损害等）破坏了生物屏障作用时，极易引起内毒素血症。

【临床症状】

主要临床表现为发热、寒战、呕吐、腹泻、皮肤出现损害和竖毛反应等。内毒素进入肠道引起肠道毒性，造成肠黏膜分泌亢进，消化道蠕动增强，出现呕吐、腹泻。

【剖检变化】

剖检可见胃肠黏膜出血成肾上腺损害。镜检组织可见弥漫性血管内凝血。

【诊断】

经口摄入内毒素引起的中毒属细菌性毒素性食物中毒。目前尚无诊断标准，可参照细菌性食物中毒和腹泻病诊断标准和处理原则予以诊断。在暴发案例中，病畜除具共同饲喂史外，多经 4～6h 潜伏期后出现发烧呈双相曲线，发冷、皮肤竖毛等全身中毒症状，可伴有呕吐、腹泻等；但细菌培养血、尿、便均为阴性。轻者可不治而愈，重者经对症治疗一般病程

24～48h。

【治疗措施】

治疗原则为抑制内毒素的产生和吸收，促其结合、转化和排出。

可通过改善饲料，控制改善肠道内 pH 值环境（可选用巴龙霉素、乳果糖等）；多黏菌素 B 可与类脂中磷酸根结合，消胆胺可与内毒素牢固结合而减少或阻止肠道吸收；胆盐可破坏脂多糖；清热解毒中草药制剂和缓泻剂可对抗内毒素效应，减少吸收。

【预防措施】

加强对饲料品质的检测，搞好饲养管理，避免出现应激。

【知识拓展】

内毒素可激活单核-巨噬细胞、肝 Kupffer 细胞、血管内皮细胞等，并可诱生 TNF-α、IL-1、IL-6、IL-8 等炎性细胞因子及氧自由基等化学介质释放，诱发全身炎症反应综合征；激活单核-巨噬细胞释放内源性致热源直接或间接作用于体温调节中枢；白细胞在数小时后数量显著增加；作为免疫增强剂可加大非特异性免疫（体温调节、骨髓释放颗粒白细胞），影响特异性免疫，促使 B 淋巴细胞分裂增殖产生 IgM、IgG、IgA 等，而细胞免疫不受影响。重者可发生微循环障碍、休克、DIC（弥漫性血管内凝血）、糖代谢障碍；小剂量内毒素可引起免疫反应，其类型有速发型、迟发型和因耐受性不同而表现的其他型临床表现；大剂量内毒素可引发病理反应，出现高热、寒战、血压下降、中毒性休克，严重者全身衰竭；间隔一定时间后如内毒素二次进入局部和血流，可引起局部或全身性出血性坏死（Shwartzman 现象）及 DIC。

四、破伤风毒素中毒

破伤风又名强直症，俗称锁口风，是由破伤风梭菌经伤口感染引起的一种急性中毒性人畜共患病。临床上以骨骼肌持续痉挛和神经反射兴奋性增高为特征。

【病因分析】

破伤风毒素是由破伤风梭菌产生的一类毒素。破伤风梭菌在动物体内和培养基内均可产生几种破伤风外毒素，最主要的是痉挛毒素，是一种作用于神经系统的神经毒，可引起动物特征性强直症状。

【临床症状】

1. 单蹄兽

最初表现为对刺激的反射兴奋性增高，稍有刺激即高举其头，瞬膜外露，接着出现咀嚼缓慢、步态僵硬等症状，以后随病情的发展，出现全身性强直痉挛症状。轻者口稍开张，采食缓慢，重者开口困难、牙关紧闭，无法采食和饮水，由于咽肌痉挛导致吞咽困难，唾液积于口腔而流涎。末期患畜常因呼吸功能障碍（浅表、气喘、喘鸣等）或循环系统衰竭（心律不齐，心搏亢进）而死。体温一般正常，死前体温可升至 42℃，病死率 45%～90%。

2. 牛

较少发生，症状与马相似但较轻微，反射兴奋性明显低于马，常见反刍停止，多伴有瘤胃臌气。

3. 羊

成年羊病初症状不明显，中后期出现与马相似的全身强直症状，常发生角弓反张和瘤胃臌气，步态呈踩高跷样。羔羊的破伤风毒素中毒常因脐带感染导致，可呈现畜舍性流行，角弓反张明显，常伴有腹泻，病死率极高，几乎可达100%。

4. 猪

较常发生，多由于阉割感染。一般也是从头部肌肉开始痉挛，牙关紧闭，口吐白沫，叫声尖细，瞬膜外露，两耳竖立，腰背弓起，全身肌肉痉挛，触摸坚实如木板状，四肢强硬，难于站立，病死率较高。

【诊断】

根据本病的特殊临床症状，如神智清楚、反射兴奋性增高、骨骼肌强直痉挛、体温正常，并有创伤史，即可确诊。对于轻症病例或病初症状不明显病例，要注意与马钱子中毒、癫痫、脑膜炎、狂犬病及肌肉风湿等相鉴别。

【治疗措施】

1. 创伤处理

尽快查明感染的创伤，进行外科处理。清除创内的脓汁、异物、坏死组织及痂皮，对创深、创口小的要扩创，以5%~10%碘酊和3%双氧水或1%高锰酸钾消毒，再撒以碘仿硼酸合剂，然后用青链霉素作创周注射，同时用青链霉素作全身治疗。

2. 药物治疗

早期使用破伤风抗毒素，疗效较好，剂量20万~80万IU，分3次注射，也可一次全剂量注入。临床上，也可同时应用40%乌洛托品，大动物50ml，犊牛、幼驹及中小动物酌情减量。

3. 对症治疗

当病畜兴奋不安和强直痉挛时，可使用镇静解痉剂。一般多用氯丙嗪肌肉注射或静脉注射，每天早晚各一次。也可以应用水合氯醛25~40g与淀粉浆500~1 000ml混合灌肠，或与氯丙嗪交替使用。可用25%硫酸镁作肌肉注射或静脉注射，以解除痉挛。

【预防措施】

1. 预防注射

在本病多发区，应对易感家畜定期接种破伤风类毒素。牛、马等大动物可在阉割等手术前一个月进行免疫接种，可起到预防本病作用。对较大较深的创伤，除作外科处理外，应肌肉注射破伤风抗血清1万~3万IU。

2. 防止外伤感染

平时要注意饲养管理和环境卫生，防止家畜受伤。一旦发生外伤，要注意及时处理，防止感染。阉割手术时要注意器材的消毒和无菌操作。

【知识拓展】

当破伤风梭菌芽胞侵入机体组织后，在有深创、水肿及坏死组织存在的条件下，或有其他化脓菌或需氧菌共同侵入时，菌体能大量繁殖，产生毒素，引起发病。破伤风痉挛毒素通过外周神经纤维间的空隙上行到脊髓腹角神经细胞，或者通过淋巴、血液途径到达运动神经中枢。已经证明，毒素与中枢神经系统有高度的亲和力，能与神经组织中神经节苷脂结合，封闭脊髓抑制性突触，使抑制性突触末端释放的抑制性冲动传递介质（甘氨酸）受阻，这样上下神经元之间的正常抑制性冲动不能传递，由此引起了神经兴奋性异常增高和骨骼肌痉挛的强直症状。下行性破伤风的强直性痉挛起始于头、颈部，随后逐渐波及躯干和四肢；上行性破伤风最初在感染创口周围的肌肉出现强直症状，然后扩延到其他肌群。痉挛毒素对中枢神经系统的抑制作用，导致呼吸功能紊乱，进而发生循环障碍和血液动力学的扰乱，出现脱水、酸中毒，这些扰乱成为破伤风毒素中毒的家畜死亡的根本原因。

【项目小结】

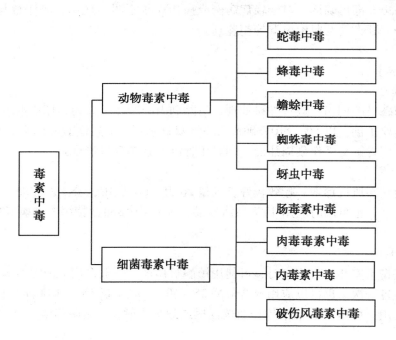

【项目检查与评价】

根据上述学习情况进行职业能力测试，以检查与评价你的学习掌握程度。

（一）单项选择题

1. 毒蛇咬伤后进行彻底清洗和排毒可用（   ）。

A. 3%过氧化氢溶液　　　B. 0.2%高锰酸钾溶液　　　C. 2%氯化钠溶液　D. 石灰水

2. 动物被蜂蜇伤后局部一般用（   ）冲洗。

A. 2%～3%高锰酸钾溶液　　B. 3%氨水　　C. 4%氢氧化钠溶液　　D. 肥皂水

3. 肠毒素黏附在肠黏膜上皮上，妨碍了氨基酸的吸收和运输，从而易发生（　　）。

A. 腹泻　　B. 便秘　　C. 正常　　D. 都有可能

（二）判断题

（　　）1. 毒蛇咬伤治疗原则是防止蛇毒扩散，尽快施行排毒和解毒，并配合对症治疗。

（　　）2. 毒蛇咬伤局部处理主要包括伤口肿胀部位上侧用绷带结扎、伤口清创及局部封闭。

（　　）3. 被毒蛇咬伤后，应尽量使动物保持安静，在伤口的上方约2～10cm处结扎。

（　　）4. 毒蛇咬伤结扎的松紧度以能阻断淋巴及静脉血回流为宜，但不能妨碍动脉血液的供应。

（　　）5. 预防毒蛇咬伤需大力宣传普及防治知识，掌握毒蛇的活动规律及其特性。

（　　）6. 动物被蜂蜇伤后有螫针残留时，应立即拔除残留螫针。

（　　）7. 动物被蜂蜇伤后对肿胀部位用消毒过的针尖或三棱针锥刺皮肤。

（　　）8. 在放牧时，应避免碰撞蜂窝，特别是不要在有野蜂经常出没的树丛附近放牧，以免惊扰蜂群而使动物遭受袭击；

（　　）9. 破伤风又名强直症，俗称锁口风，是由破伤风梭菌经伤口感染引起的一种急性中毒性人畜共患病。

（　　）10. 破伤风临床上以骨骼肌持续痉挛和神经反射兴奋性增高为特征。

（三）理论知识测试

1. 毒蛇咬伤的原因有哪些？可采取哪些预防措施？

2. 细菌毒素中毒防治措施有哪些？

3. 破伤风毒素中毒的有哪些临床特征？

项目八　有毒植物中毒

【岗位需求】掌握常见有毒植物的中毒原因和防治措施。

【能力目标】重点介绍疯草中毒的概念、病因、临床症状、诊断及鉴别诊断、治疗；了解栎树叶、苦楝子、醉马草、毒芹中毒、感光过敏的基本知识。

【案例导入】青海省畜牧兽医有关部门不完全统计，1997年全省每年因棘豆中毒的羊约10万多只，死亡和淘汰4 000多只，中毒的大家畜约10 000头，死亡500多头，造成的经济损失在1 000万元以上；据统计，2001年西藏山南地区，因采食茎直黄芪中毒家畜占39.94%；西藏自治区农牧区调查显示，2001年全区28个县发生疯草中毒导致中毒家畜101 329头，其中死亡46 630头，占发病总数的39.90%；阿里地区东部3个牧业县，因棘豆中毒死亡的牲畜总数在53万头以上，损失超过6 172万元，占该3个县当年总收入的28%以上；宁夏西海固地区每年因黄花棘豆中毒造成10万头以上牲畜死亡。可见，疯草中毒已对中国畜牧业发展造成了严重的危害，并严重危害了牧民的利益。

点评：这一案例典型的反映了有毒植物中毒对养殖业造成的严重后果。疯草是目前世界范围内影响草原畜牧业生产最为严重的毒草。在我国，疯草主要分布于内蒙古、宁夏、甘肃、青海、西藏、新疆、陕西、四川等地区，面积已超过1 100万 hm²，约占全国草场面积的2.8%（全国草场面积为3.9亿 hm²），占西部草场面积的3.3%，比20世纪80年代增长了2.75倍。我国有天然草原面积4亿 hm²，其中可利用草原面积3.31亿 hm²，居世界第二位。长期以来，由于草原干旱、超载过牧、盲目开垦、乱砍乱挖等自然因素和人为因素的影响，以及我国草原基础建设投入不足和草原管理的滞后，导致草原沙化、退化，生态持续恶化。特别是近几十年来，草原的退化使得毒草在我国西部草原迅速蔓延，并造成毒草成灾，严重影响牧区畜牧业的发展和农牧民的增收，动摇了农牧民对草原的安全感。对有毒植物引发的中毒必须高度重视和防治。

任务8-1　疯草中毒

"疯草"是豆科黄芪属和棘豆属有毒植物的统称，疯草对动物的毒害作用几乎相同，均可引起以神经症状为主的慢性中毒，目前被列为是世界范围内草原畜牧业危害最严重的毒草。在国外，疯草主要分布于北美的美国、加拿大、墨西哥，欧洲的俄罗斯、西班牙和冰岛及北非的摩洛哥和埃及等国，其中以美国西部疯草危害最为严重。

【病因分析】

据不完全统计，中国现有疯草44种（其中黄芪属21种，棘豆属23种）。构成严重危害的有15种（其中黄芪属6种，棘豆属9种），主要分布于内蒙古自治区、甘肃、青海、西藏自治区、新疆维吾尔自治区、陕西、山西、宁夏回族自治区、四川等省区。分布面积达1 100万 hm²，约占全国草场总面积的2.8%。每年因疯草中毒所造成的直接及间接经济损失达约十几亿元。一般来说，在可食牧草较丰富的季节，由于疯草适口性较差，牲畜不会主动采食。但在冬春牧草缺乏的情况下，疯草由于抗逆性较强，返青早，枯竭晚，牲畜由于饥饿而被迫采食，造成疯草中毒，并对疯草后天形成感官上的喜好而产生采食嗜好并成瘾。

【临床症状】

各种家畜都可发生疯草中毒，马骡最敏感，牛羊次之，猪的耐受性较大。疯草中毒通常是一个渐进的过程，牲畜在采食疯草的初期，上膘较快，体重稍有增加。一段时间之后，体重开始下降，继而出现精神沉郁，反应迟钝，被毛粗乱，以后又相继出现一些特征性神经疾病的相关症状：如头部震颤，目光呆滞，步态不稳，后肢拖地。严重时在颚下、喉等部位出现水肿，后肢麻痹，卧地不起，最后衰竭、贫血、水肿及心力衰弱而死亡。疯草中毒还会造成母畜不孕、流产、死胎、早产、畸胎等症状。疯草中毒还能够导致雄畜精子活力下降。

不同种类的牲畜，即使发生同一种疯草中毒，临床上也会表现出不同的症状；同种牲畜，因疯草的种类不同，中毒后临床症状也会有差异；即使是同种牲畜、同种疯草，也常常因疯草的物候期或生长地的不同，而导致出现不同的临床症状。

实验室血清学检测显示，疯草毒素可以导致牲畜血清中碱性磷酸酶、天冬氨酸转氨酶、乳酸脱氢酶的水平、谷草转氨酶的活性升高，γ-谷氨酸转氨酶的水平、α-甘露糖苷酶的活性下降；血清中的 Na^+、K^+、Cl^- 水平升高，而铁的含量下降；血清总蛋白、清蛋白、胆固醇的含量，睾丸激素的水平以及甲状腺素、三碘甲状腺原氨酸的含量下降；而胰岛素、生长激素和催乳素的含量基本保持不变。

【剖检变化】

剖检眼观变化为消瘦，多数皮下呈胶样浸润，腹腔积液。脑、肾、肝、肾上腺、脾脏、淋巴等脏器肿大，质地脆软。公畜睾丸发育不良，精囊肿大。超微结构显示，神经元、肝细胞、肾脏近曲小管上皮细胞和肾上腺皮质部的球状带与髓质部的上皮细胞出现明显的空泡变性。肝内充血，右心室肥大，心肌纤维肿胀、断裂、横纹不清或消失。其中具有特征性的是小脑的浦肯野式细胞萎缩、变性。神经元与胶质细胞中线粒体扩张，线粒体基质溶解，嵴减少，疏散呈椭圆形或圆形空泡，滑面内质网增多，其中以肝脏最为突出。粗面内质网脱粒和肿胀较为普遍，轻者呈扩张程度不一的葫芦串状，重者发生内质网断裂并出现囊泡化等。

【诊断】

根据动物采食疯草的病史，结合典型的临床症状（采食疯草成瘾，明显的迟钝，步态蹒跚，运动失调，视力障碍。绵羊头部水平摆动，头后仰。猪拱腰发抖，行走时不避障碍，前肢跪地，后肢拖遽。牛徘徊转圈，站立时前肢交叉。马牵之则后退，拴之则后坐，口伸入水中饮水等），可作出初步诊断。发现各器官组织细胞，尤其是神经细胞的空泡变性等剖检变化，可以作出诊断。血清 α-甘露糖苷酶活性显著下降及尿中低聚糖含量增加，可作为辅助诊断指标。

【治疗措施】

1. 轻度中毒或发病时间较短的病例

应立即停止饲喂疯草或脱离疯草蔓延的草地放牧，改善饲养管理，供给优质牧草并加强

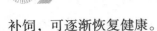

补饲，可逐渐恢复健康。

2. 中毒严重者，可采取如下中西医结合治疗

（1）10%硫代硫酸钠溶液静脉注射　同时肌肉注射维生素 B_1（牛 400mg，羊 100mg）。

（2）绵羊中毒用中药复方芪草汤　黄芪、甘草、党参、何首乌、丹参各 30g，大枣 10 枚。将以上药物加水 500ml，文火煎煮 0.5h 后，过滤去渣，候温一次灌服或让其自由饮服。

【预防措施】

动物疯草中毒病目前尚无有效治疗药物，关键在于预防。现阶段对动物疯草中毒病的控制主要有以下几种措施。

1. 传统的控制措施

（1）人工挖除疯草　人工挖除适于面积不大、疯草密度不高的草场。部分疯草为地下芽植物，挖除深度要达到 10 cm，才不会再度发芽。其缺点是破坏草场植被，造成草原沙化、退化和水土流失。

（2）化学灭除疯草　主要是使用除草剂，如 2，4-D 丁酯、草苷膦、"棘豆清"等喷洒。其缺点是缺乏特异性，对疯草（毒草）及其他可食牧草都具有杀灭作用。

（3）去毒利用　疯草是豆科植物，营养丰富，蛋白质含量高，去毒利用不失为一种优质牧草。方法是将疯草收割后用水或稀酸水浸泡 2～3d，捞出后饲喂或晒干用于补饲。这种方法适于疯草生长特别茂盛的盛花期和水源充足的地方。

（4）间歇饲喂　适合于舍饲或各季补饲，即在饲草中加入 40% 的疯草，每饲喂 15d 停 15d，可以防止中毒。

2. 生态系统控制工程

我国曹光荣教授课题组从生态角度将疯草作为天然草原生态群落的重要组成部分，首次提出把"毒草—疯草"作为"牧草"资源加以合理利用的新观点。在国内外率先研究出生态系统控制工程控制动物疯草中毒的新技术，使动物能安全有效地利用疯草丰富的营养成分，促进牧区畜牧业的可持续发展，同时还可遏制疯草的生长和蔓延，避免人工挖除和化学灭除所造成的水土流失及环境污染。

具体方法是根据草场疯草分布情况，将草场划分为 3 个区：即高密度区（疯草分布强度在 100 株/m² 以上）、低密度区（疯草分布强度在 10～100 株/m²）及基本无疯草生长区（疯草分布强度在 10 株/ m² 以下）。在生态系统控制工程内，严格控制动物在各区的放牧时间，进行轮流放牧。在高密度区放牧 10d 或在低密度区放牧 15d，再进入基本无疯草生长区放牧 20d，如此循环，使疯草得以充分利用，而动物不会中毒。

3. 添加解毒剂

我国学者依据疯草的主要有毒成分及动物疯草中毒机理研制出了预防动物疯草中毒的解毒剂——"棘防 E 号"。试验证明，"棘防 E 号"对动物疯草中毒具有显著的预防作用，而且无毒，无致畸、致突变等毒副作用，生产中使用安全可靠。

4. 使用疯草毒素疫苗

有关植物毒素免疫用于动物中毒性疾病的诊断和防控是动物临床毒理学、免疫学、化学等多学科交叉的全新领域。我国通过化学合成的方法，将苦马豆素（半抗原）与大分子载体蛋白 BAS 结合转化为大分子的苦马豆素-BAS（完全抗原），然后免疫动物，使动物获得主

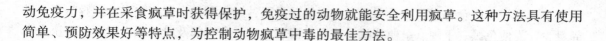

动免疫力，并在采食疯草时获得保护，免疫过的动物就能安全利用疯草。这种方法具有使用简单、预防效果好等特点，为控制动物疯草中毒的最佳方法。

【知识拓展】

国内外兽医毒理学家根据疯草对牲畜毒性的作用不同，认为疯草有毒成分可分为三大类。第一类为脂肪族硝基化合物，含脂肪族硝基化合物的疯草基本上都属于黄芪属。脂肪族硝基化合物在消化道内可被水解为3-硝基-1-丙醇或3-硝基丙酸，机体吸收后即产生毒性作用。第二类为硒及硒化合物，有些黄芪属植物有很强的聚硒能力。据报道北美有24种聚硒黄芪属植物，每千克植物中聚硒量可达数千毫克。我国土地大多为贫硒土壤，因而硒中毒不是我国疯草中毒的主要原因。第三类为疯草毒素，多数学者认为疯草的有毒成分是生物碱。目前，从疯草中已分离鉴定出的生物碱按照其结构特征大体上可分为三大类，第一类是吲哚里西啶生物碱类，代表性化合物为苦马豆素和氧化氮苦马豆素；第二类是喹诺里西啶生物碱类，代表性化合物为臭豆碱、黄花碱（野决明碱）、羽扇豆碱等；第三类是哌啶生物碱类，代表性化合物为2，2，6，6-四甲基-4-哌啶酮。

苦马豆素阳离子在半椅状空间结构上同甘露糖阳离子具有很强的相似性，从而成为α-甘露糖苷酶的强烈抑制剂。结果造成细胞溶酶体甘露糖贮积，使正常糖蛋白的合成发生异常，细胞发生空泡变性。虽然细胞空泡变性是广泛的，但神经系统损害出现最早，特别是小脑浦肯野氏细胞最为敏感，常有细胞死亡，因而中毒动物出现以运动失调为主的神经症状。由于生殖系统细胞的广泛空泡变性，造成母畜不孕、孕畜流产和公畜不育。苦马豆素可通过胎盘屏障，直接影响胎儿，造成胎儿死亡或发育畸形。

任务8-2　栎树叶中毒

栎树叶中毒的发病地区集中在我国农牧交错地带，即从东北吉林省延边到西南贵州省的毕节，呈一斜线分布。本病的临诊特征是消化障碍、体躯下垂部位皮下水肿和体腔积液。栎树，俗称青杠树、柞树，为显花植物双子叶门壳斗科栎属植物，约350种，分布在北温带和热带的高山上。我国约有140种，除新疆、青海、西藏部分地区以外，在华南、华中、西南地区及陕甘宁的部分地区均有生长。其中，槲树或槲栎、栓皮栎、锐齿栎、白栎、麻栎、小橡子树或蒙古栎、枹树和辽东栎8个种及2个变种已通过试验证实有毒。

【病因分析】

本病主要发生于生长栎树的林带，尤其是乔木被砍伐后形成的灌木林带，放牧牛采食栎树叶占日粮的50%以上即可引起中毒。也有因采食栎树叶垫草而中毒的。特别是前一年因旱涝灾害造成饲草匮乏，翌年春季干旱，其他牧草发芽迟缓，而栎树返青早时，常可发生大批耕牛栎树叶中毒。

【临床症状】

牛栎树叶中毒的发生具有季节性，通常发生于每年3月下旬至5月初，其中以4月中旬为发病高峰期。牛大量采食栎树叶连续5~15d多可发生中毒。病初表现精神不振，被毛竖立，食欲减少，厌食青草，喜食干草，瘤胃蠕动减弱，尿量增多、清亮如水。频频努责，排粪量少，粪便色黑、干硬、呈薄片状，带有黏液和血丝。肩胛部及股部肌肉震颤，甚至全身颤抖。继之，精神沉郁，食欲减少或废绝，反刍停止，瘤胃蠕动减弱、无力。体温正常或逐渐下降，心跳稍增数，有的心音亢进或节律不齐。鼻镜少汗、干燥或龟裂。鼻孔周围有鼻分泌物黏附，粪便呈算盘珠或香肠样，带有大量黏稠的黏液和血丝。尿量减少。后期主要表现尿闭，在阴鞘（公牛）、会阴、阴户、腹下、颌下、股内侧、胸前、肉垂等处出现水肿，指压留痕。精神极度沉郁，体温37℃以下，心音弱，呼吸困难，不愿走动或卧地，头弯向腹侧，磨牙，呻吟。不排粪或排出少量黑褐色恶臭的糊状粪便。病牛终因肾功能衰竭而死亡。

【剖检变化】

剖检时可见上述水肿部位的皮下发生胶样浸润。腹腔积水呈淡黄色，可达 4 000 ~ 6 000ml。瘤胃充满内容物；瓣胃充满内容物且干硬，叶面呈相同的灰白色或深棕色；真胃空虚，有少量内容物呈糊状灰黑色。十二指肠黏膜附有一层白色或黄白色糊状物。空肠与回肠空虚。盲肠充满黄褐色稀粪，有的呈稀糊状或黑褐色糊状物。直肠近肛门处水肿，管腔狭窄。真胃、十二指肠、盲肠黏膜出血点呈细沙样密布。肠系膜水肿，肝肿大，胆囊显著增大 1 ~ 3 倍。脾脏边缘及表面散在许多出血点。肾脏周围脂肪水肿，肾包膜易剥离，肾呈土黄色或黄红相间，有针尖大出血点。肾盂淤血，有的充满白色脓样物。膀胱积尿或无尿，膀胱黏膜散在出血点。心冠脂肪散在出血点，心室、心房充满凝血块。肺小叶气肿。组织变化主要为肾曲小管变性坏死，肝脏变性，胃和十二指肠黏膜脱落坏死。

【诊断】

1. 临床检查

凡具有以下指标者，可判定为牛栎树叶中毒：a. 有采食或饲喂栎树叶病史；b. 发病时间在栎树叶返青期（秦岭、巴山山区为 4 月中旬至 5 月上旬）；c. 体温正常，食欲减少或废止，粪便干燥，色暗黑并带有较多的黏液及少量血丝；d. 尿蛋白阳性；e. 体躯低下部位明显水肿。

2. 临床生化检验

（1）尿液　淡黄色或微黄白色，有多量沉渣，pH 值波动在 5.5 ~ 7.0，尿比重下降为 1.008 ~ 1.017；尿蛋白检查阳性；尿沉渣中有肾上皮细胞、白细胞及尿管型等；尿中游离酚升高，病的初期可达 30 ~ 100mg/L，游离酚与结合的酚比例失调。

（2）血液　血液尿素氮（BUN）高达 40 ~ 250mg/100ml（正常 5 ~ 20mg/ml），高磷酸盐（7.0 ~ 20.3mmol/L）和相应的血钙过少症（3.5 ~ 4.2mmol/L）。挥发性游离酚可达 0.28 ~ 1.86mg/100ml。

（3）肝功检查　血清谷草转氨酶（SGOT）和血清谷丙转氨酶（SGPT）升高。

【治疗措施】

治疗原则为排除毒物、解毒及对症治疗，目前本病无特效疗法。

1. 排除毒物

立即禁食栎树叶，促进胃肠内容物的排除，可用1% ~ 3%食盐水 1 000 ~ 2 000ml，瓣胃注射，或用鸡蛋清 10 ~ 20 个，蜂蜜 250 ~ 500g，混合一次灌服。

2. 解毒

可用硫代硫酸钠 5～15g 配制成 5%～10% 溶液一次静脉注射，每天一次，连续 2～3d，对初中期病例有效。

3. 碱化尿液和利尿

用 5% 碳酸氢钠 300～500ml，一次静脉注射，适合于尿液 pH 值在 6.5 以下的病例。也可用 10% 葡萄糖溶液和甘露醇或速尿注射液混合静脉注射，或口服双氢克尿噻利尿。如果肾功能衰竭时，应慎用利尿剂，有条件时可采用腹膜或结肠透析疗法。

4. 强心补液

用 10%～20% 安钠咖注射液静脉或肌肉注射，兼有强心利尿作用。对全身衰弱或心力衰竭的病畜，应用洋地黄等强心苷制剂。

5. 腹腔封闭

具体方法是青霉素钠 360 万 U，盐酸普鲁卡因 1g，生理盐水 500ml，稀释后，在右侧肷窝部注入。

6. 中药治疗

大黄 90g、麻仁 60g、郁李仁 45g、泽泻 60g、茯苓 45g、青皮 45g、陈皮 45g、健曲 45g、党参 60g、黄芪 60g、白术 45g、白芍药 45g、苍术 45g、茵陈 45g、柴胡 45g、甘草 30g。上药除大黄外先共煎，大黄后放入微煎，候温灌服，成牛每日 1 剂，小牛药量减半或酌减，每剂两煎，分早晚两次给药，每次给药时加蜂蜜 250g、鸡蛋 10 个，连服 3～4 剂。病程转成中后期时，出现肾功能降低，方中可去掉大黄、甘草，加当归 60g、炙姜 45g、附子 30g、肉桂 30g、炙甘草 30g 等，以回阳救逆、温补肾阳。

【预防措施】

1. "三不"措施法

贮足冬春饲草。在发病季节里，不在栎树林放牧，不采集栎树叶喂牛，不采用栎树叶垫圈。

2. 日粮控制法

发病季节，耕牛采取半日舍饲半日放牧的办法，牛采食栎树叶占日粮的 50% 以上即发生中毒，75% 以上即发生死亡。为此，可采取控制牛采食栎树叶的量在日粮中占 40% 以下。在发病季节，牛每日缩短放牧时间，放牧前进行补饲或加喂夜草，补饲或加喂夜草的量应占日粮的一半以上。

3. 高锰酸钾法

高锰酸钾能对丹宁及其降解的低分子酚类化合物进行氧化解毒。发病季节，每日下午放牧后灌服一次高锰酸钾水。方法是称取高锰酸钾粉 2～3g 于容器中，加清洁水 4 000ml，溶解后一次胃管灌服或饮用，坚持至发病季节终止，效果良好。

【知识拓展】

栎树叶主要有毒成分为一种高分子水溶性没食子鞣酸，即栎叶丹宁，它属于水解类丹宁。丹宁进入消化道，可使黏膜蛋白凝固、上皮细胞破坏，同时大部分丹宁在瘤胃微生物的作用下，水解为多种低分子酚类化合物。后者经黏膜吸收，进入血液循环而分布于全身器官组织，最终发生毒性作用。当其被吸收时导致胃肠道的出血性炎症，经肾脏排出时则引起肾小管变性和凝固性坏死为特征的肾病，最终因肾功能衰竭而致死。

任务8－3 有毒萱草根中毒

萱草又名黄花菜、金针菜，为百合科萱草属多年生草本植物，本属约有14种，主要分布于亚洲温带至亚热带地区，少数生长在欧洲。中国有11种，栽培或野生于全国各地，其中一些品种的根具有毒性，家畜采食后可引起中毒，如北萱草、北黄花菜、小黄花菜。萱草根的主要有毒成分为萱草根素，可引起脑和脊髓白质软化、视神经变性，并对泌尿器官及肝脏产生损害。多发于枯草季节的羊、牛、马、猪，尤以2月下旬至3月中旬发病率最高。动物采食了有毒的萱草根会引起一种脑脊髓白质软化和视神经变性为主的全身性中毒病。

自然发病见于放牧绵羊和山羊，临床上以轻瘫、四肢麻痹、双目失明为特征，故有"瞎眼病"之称。20世纪50年代，本病曾在我国陕西北部和甘肃的西南部流行，给当地养羊业造成很大损失。

【病因分析】

本病的发生是由于吃了有毒的萱草根。自然发病有明显的季节性与地方性，北方均在每年的冬春枯草季节，牧草缺乏，表层土壤解冻，萱草根适口性很好，羊只因刨食而发生中毒，或因捡食移栽抛弃的根而发病。曾用小黄花菜根饲喂20多只试验羊，最小喂量为250g，全部中毒，瞎眼死亡。小黄花菜又名红萱，亦称小萱草，其根有毒，有毒成分为萱草根素。

不含萱草根素的黄花菜别名金针菜、黄花菜，用这种黄花菜根喂试验羊，最大喂量达6 250g，并未发生中毒。

【临床症状】

食入萱草根的数量不同，症状出现的时间和严重程度有很大差异。

1. 轻度中毒

由于食入萱草根数量较少，一般采食后3～5d发病。病初精神稍迟钝，尿橙红色，食欲减退，反应迟钝，离群呆立。继之双目失明。失明初期表现不安，盲目行走，易惊恐或行走谨慎，四肢高举或转圈运动。随后，除失明外，其他恢复如常，可以人工喂养。

2. 重度中毒

由于食入萱草根数量较大，发病十分迅速。表现低头呆立或头抵墙壁，胃肠蠕动加强，粪便变软，排尿频数，不断呻吟，空口咀嚼，眼球水平颤动，双目瞳孔散大、失明，眼底血管充血，视乳头水肿。行走无力，继之四肢麻痹，卧地不起，咩咩哀叫，终因昏迷，呼吸麻痹而死亡。

【剖检变化】

肝脏表面呈紫红色，切面结构不清；部分肝细胞肿大，有的呈颗粒变性和坏死。肾稍肿大，肾小球充血，肾小管上皮细胞颗粒变性，有的坏死。肠道有轻度出血性炎症。膀胱胀大，呈淡紫色，其内充满橙红色尿液。脑膜、延髓及脊髓软膜上常有出血斑点。脑及脊髓的不少神经细胞变性、坏死、肿胀或浓缩，神经胶质细胞增生，多现卫星化或嗜神经现象；白质结构稀疏，常出现边缘不整齐的空洞；神经纤维有的断裂或髓鞘脱失。

【诊断】

依据特征临床症状，如双目失明、肢体瘫痪，结合采食萱草根的病史及病理学检查，可以作出诊断。必要时可进行毒物分析，最简单的方法是用薄层层析法作萱草根素的定性检验。

【防控措施】

做好宣传工作，杜绝羊采食萱草根的机会，在萱草属植物化学分类的基础上，清除有毒品种，注意引进无毒品种，避免中毒是完全可能的。

目前尚无有效治疗方法。

任务8-4　苦楝子中毒

苦楝子又名金铃子，是苦楝树的种子。含有苦楝子酮、苦楝子醇及苦楝碱等毒素，如家畜吃多了，常引起中毒，多见于猪，其他家畜很少发生。

【病因分析】

苦楝是一种落叶乔木，可以用来驱猪蛔虫，猪服鲜苦楝树皮90~120g即可引起中毒。每年冬季或初春，成熟的苦楝种子落地，猪喜欢吃，若一次采食量过大，常无症状而死亡。

苦楝皮中含有苦楝毒碱和鞣酸，种子中往往含有油质。苦楝毒碱对猪的造血、呼吸系统的组织器官均有明显的损害作用，能使猪的肺、胃、肝、脾的生理功能严重失调，最后呈呼吸极度困难而缺氧死亡。

【临床症状】

轻度中毒表现为食欲减少或停止，步态不稳，精神不振，有轻微呻吟声。重度中毒表现为全身震颤、痉挛以致麻痹，腹痛剧烈，可视黏膜及皮肤发绀，呼吸困难，心跳加快，口吐白沫或呕吐，卧地不起，强迫行走则四肢发抖，随即卧倒嘶叫，体温降至35℃以下。从开始出现中毒症状到死亡，时间大约30min。

【剖检变化】

对死亡猪尸检，尸僵不全，吻突、皮肤呈紫色，血液暗红、凝固不良，腹水增多、色黄、混浊而黏稠。胃淋巴结肿大呈黑色，胃贲门区黏膜布满灰白色粟粒大中央凹陷小点，幽门部十二指肠黏膜呈泥土色，空肠黏膜鲜红色，小肠后段呈乌红色。肝稍肿大、有灶性坏死，脾有大小不等的暗红块突出，心脏有出血斑点，肾充血、出血，肺有水肿，喉、气管、支气管中充满白色泡沫。脑膜充血、硬脑膜下出血。

【诊断】

根据饲养调查、临床症状、剖检变化，一般即可诊断为猪苦楝子中毒。

【治疗措施】

确诊后可采用以下治疗措施。

1. 泻下排毒

用硫酸钠 50g 加水 500ml/头灌服，促进毒物排出。

2. 解毒

用 0.5% 硫酸阿托品 2～4ml 皮下注射，2～3h 后再注射 1 次；用硫代硫酸钠 0.65g、25% 葡萄糖 100ml 静注，维生素 C 5ml，一次静脉注射，12h 再注射 1 次。

3. 强心补液

10% 安钠加 10～20ml，肌肉注射。

4. 中药疗法

鱼腥草 200g 捣烂取汁，莱菔子 100g 炒熟研末，白糖 100g，鸡蛋清 5 个，混合一次灌服。

【预防措施】

苦楝树皮、叶及果实均有毒性，苦楝果实多汁而甜，经风吹落地后猪喜采食而引起中毒。因此，猪舍的建造应远离苦楝树等毒源地，更不要在苦楝子成熟季节到树下放牧。用苦楝皮给猪驱蛔虫时，要掌握用量，不可过多，以免发生中毒。

任务 8-5 蕨中毒

蕨中毒是动物采食蕨属植物后所致疾病的总称。蕨属植物在世界上分布广泛，其中欧洲蕨或简称蕨，可引起反刍动物以骨髓损害为特征的全身出血综合征，以及以膀胱肿瘤为特征的地方性血尿症。蕨还可引起单胃动物间或绵羊的硫胺素缺乏症，并已证实对多种实验动物有致癌性。我国南部和亚洲一些地区分布的毛叶蕨也具有与欧洲蕨相似的毒性作用。

【病因分析】

1. 蕨叶含大量硫胺酶

这是导致单胃动物中毒的主要原因。蕨中硫胺酶可使体内的硫胺素大量分解破坏，而导致硫胺素缺乏症。反刍动物的瘤胃可生物合成硫胺素，一般采食蕨不会导致硫胺素缺乏症，但绵羊大量采食蕨也能因体内硫胺素大量破坏而发生脑灰质软化症。

2. 含有毒素

这些毒素有蕨素、蕨苷、异槲皮苷、紫云英苷等。有人认为这些毒素具有"拟放射作用"或具有一种"再生障碍性贫血因子"，但其在蕨中毒发生上的意义尚不能肯定。Niwa（1983）从蕨中分离出原蕨苷，试验证明，原蕨苷可像直接饲喂蕨一样诱发大鼠肠、膀胱及乳腺肿瘤，也可引起犊牛类似于牛蕨中毒的骨髓损伤。因此，原蕨苷被认为是蕨中毒的毒素又是中毒原因。

【症状与剖检】

1．"亮盲"

绵羊摄食蕨可引起进行性视网膜萎缩和狭窄。患羊永久失明，瞳孔散大，眼睛无分泌物，对光反射微弱或消失。病羊经常抬头保持怀疑和警惕姿势。

2．脑灰质软化

澳大利亚学者发现绵羊采食蕨的食用变种和碎米蕨后，其硫胺酶可使体内硫胺素遭到破坏而导致脑灰质软化。其症状有无目的行走，有时转圈或站立不动，失明，卧地不起，伴有角弓反张，四肢伸直，眼球震颤和周期性强直阵挛性惊厥。

3．引起出血综合征

这种综合征多见于牛，也可发生于绵羊，但症状和病变比较缓慢和轻微。最初体况下降，皮肤干燥和松弛。其后，体温升高，下痢或排黑粪，鼻、眼前房和阴道出血。在黏膜和皮下以及眼前房可见点状或淤斑状出血。血液有粒细胞减少和血小板数下降。后期呼吸和心率增数，常死于心力衰竭。

4．膀胱及其他部位肿瘤

长期采食蕨的老龄绵羊中可出现血尿和膀胱肿瘤。Mccrea 等（1981）在 5 年的饲喂试验中诱发出绵羊的膀胱移行细胞癌及颌部的纤维肉瘤等肿瘤。

【诊断】

根据典型临床表现和接触蕨类植物的病史以及剖检变化，不难作出诊断。

【治疗措施】

尚无特效疗法。多采用综合对症疗法，对脑灰质软化早期可用盐酸硫胺素，剂量为 5mg/kg，每 3h 注射 1 次。开始静脉注射，以后改为肌内注射，连用 2~4d。还可口服多量硫胺素，连用 10d。

【预防措施】

①加强饲养管理，减少接触蕨的机会，是预防蕨中毒的重要措施。如放牧前补饲，避免到蕨类植物茂密区放牧（特别是在春季，蕨叶萌发时期），缩短放牧时间，剔除混入饲草中的蕨叶等。

②用化学除草剂防除蕨类植物。用黄草灵（asulam）较为理想，因其使用安全、稳定、经济、高效及高选择性而成为那些以蕨为主而某些有价值牧草需保留地区的首选除草剂。

任务 8-6　毒芹中毒

毒芹中毒是家畜采食毒芹的根茎或幼苗后引起的以兴奋不安、阵发性或强直性痉挛为特征的中毒性疾病。毒芹中毒多发生于牛、羊，马、猪也偶有发生。

【病因分析】

毒芹和水毒芹中毒多见于早春，因为这两种植物比其他适口性更好的植物出苗早且生长快，所以早春到低洼地带放牧时，牛、羊首先看到毒芹幼苗，立即采食，而且啃掉露出地面的根茎，由于其根茎有少许甜味而牛羊喜食，到一定量时，造成中毒。夏季因毒芹气味发臭，动物拒食而较少中毒。另外，由于毒芹的叶与芫荽、芹菜叶相似，毒芹的根常与芫荽根、防风根、莴笋根相混淆，果实又与八角茴香相似，有时因错误饲喂家畜而中毒。

毒芹为伞形科毒芹属多年生植物，俗称走马芹、野芹菜。我国东北地区生长最多，西北、华北等地也有生长，尤以黑龙江省生长最多。喜生长于河边、水沟旁、低洼潮湿地带，春季比其他植物生长为早。毒芹全草有毒，主要有毒成分为毒芹素、挥发油（毒芹醛、伞花烃），毒芹根茎部有毒芹碱等多种生物碱，晾晒并不能使毒芹丧失毒性，其含毒部位主要在根、茎，有毒成分为生物碱"毒芹素"。毒芹中毒多发生于牛、羊，有时也可发生于放牧的猪和马。常在早春开始放牧时发生中毒。毒芹的致死量：牛为 200～250g，羊为 60～80g。

【临床症状】

各种动物中毒后均表现兴奋不安、流涎、呼吸急促，腹胀、腹痛、腹泻、呕吐、口流泡沫，发生强直性和阵发性痉挛，后因站立困难而倒地，头颈后仰，瞳孔散大，牙关紧闭，四肢伸直，脉搏增快，心搏强盛。后期躺卧不动，脉搏细弱，体温下降，反射消失，因呼吸中枢麻痹而死亡。可见腹部皮肤有紫色斑点。

1. 羊

羊采食后，一般在 1h 左右出现临诊症状。初期中毒羊兴奋不安，离群，走路摇摆，精神不振，然后卧地不起，口或鼻孔内流出白色泡沫状液体，反刍停止，瘤胃臌气，排尿次数增加。中毒后期，体温下降到 37℃ 以下，四肢抽搐，知觉消失，牙关紧闭，全身肌肉出现阵发性震颤，头颈后仰，心跳加快，四肢末端冷厥，最终因呼吸中枢麻痹而死亡。

2. 牛

患牛兴奋不安，驻立不稳，步样蹒跚，共济失调，全身肌肉震颤或阵发性痉挛，瞳孔散大，目光无神，茫然凝视，口吐白沫并不断空嚼，结膜充血以致发绀，鼻翼开张，呼吸困难，腹围增大，瘤胃臌胀，脉搏弱。体温多无升高，在濒死期多降至常温下 1～2℃。重者倒地，四肢不断做游泳样动作，在 1～1.5h 内窒息死亡；轻者倒地，时而表现犬坐姿势，头颈高抬，鼻唇抽搐，眼球震颤，呈阵发性发作。如抢救及时，大多数病畜可以恢复健康。

3. 马

轻者口吐白沫，脉搏增数，瞳孔放大，肩、颈部肌肉痉挛。严重的病例，腹痛、腹泻，口角充满白色泡沫。强直痉挛，各种反射减弱或消失。体温下降，呼吸困难，脉搏加快，牙关紧闭，常常倒地，头后仰，最后因呼吸窒息而死亡。

4. 猪

主要表现为兴奋不安，运动失调，全身抽搐，呼吸急促，不能站立。并且出现右侧横卧的麻痹状态，如果使其左侧横卧，则尖叫不止，再恢复右侧卧，即安静。在 1～2d 内因呼吸衰竭而亡。

【剖检变化】

主要表现为皮下结缔组织均有出血，血液暗而稀薄。腹部明显臌胀，胃肠内容物发酵，充满大量气体，胃、肠黏膜极度充血。肾、膀胱黏膜出血。心包膜、心内膜出血。肺出血、水肿。脑及脑膜充血、淤血、水肿。

【诊断】

根据临床症状及牧地调查的毒芹中毒发病史即可判断。

【治疗措施】

本病尚无特效解毒药，且病程短，往往来不及救治，关键在于早发现、早抢救。治疗原则为清理胃肠、补液解毒、强心利尿、对症治疗。

1. 清理胃肠

发现中毒后应迅速排出病畜胃内容物。用0.1%高锰酸钾溶液洗胃后，内服碘溶液（碘1g、碘化钾2g、水1 500ml）200ml，隔2h再用1次。也可用1%鞣酸液1 000ml洗胃，稍后灌服硫酸钠100~200g、水2 500~4 000ml，以清理肠道、排出毒物。

2. 补液解毒

可用单宁酸、鲁格氏液或10%葡萄糖进行静脉注射，也可选用鲜奶、食醋或酸奶等灌服以解毒。

3. 强心利尿

为改善心脏机能，可用10%安钠咖注射液10ml、10%维生素C注射液20ml，分别进行肌肉注射。

4. 对症治疗

皮下注射毛果芸香碱，以缩瞳、缓解痉挛。也可静脉注射水合氯醛、硫酸镁、氯丙嗪等以缓解阵发性痉挛。对中毒严重的牛、羊，可切开瘤胃，取出含毒内容物，之后应用吸附剂、黏浆剂或缓泻剂。为维护心脏机能可应用强心剂。

【预防措施】

①早春放牧应避免到有毒物生长地带或低洼地带，必要时，应在放牧前对牧场进行1次检查。并在放牧前先喂少量饲料，避免牲畜饥不择食。

②对于易发生毒芹中毒的地区，应向农牧民介绍有关毒芹中毒的防控方法，毒芹的形态特征，提高农牧民识别毒芹的能力。在放牧时，应见到毒芹就立即掘除，将毒芹残根集中暴晒枯干烧毁处理，从而降低毒芹中毒的发生率。

③合理放牧，防止草原退化，有条件的可以用防莠剂2，4-D喷洒毒芹植株。

【知识拓展】

毒芹，俗称野芹菜，有钩吻叶芹和水毒芹两类，属于北半球最毒的植物之一，是导致畜牧业蒙受重大损失的多年生伞科植物、多生长于河边、潮湿及沼泽地带。毒芹生长初期叶子类似芹菜叶，体表光滑无毛，茎直立，中空；叶互生，2~3回羽状复叶；复伞形花序，顶生，花白色；根似胡萝卜，有时有分叉。毒芹全株有毒，其有毒成分为生物碱——毒芹素，它具有辛辣恶臭气味，但根茎含毒最多且有甜味，所以动物喜欢采食，尤其是牛。各种家畜毒芹中毒的临床症状相似，包括肌肉衰弱、共济失调、颤抖、初期中枢神经兴奋、由于呼吸麻痹机能降低而死亡；在妊娠的特定时期还引起牛、猪和绵羊后代的骨骼缺陷及仔猪裂腭。

毒芹的主要毒性成分是毒芹素（一种 C_{17} 多聚乙炔），研究发现毒芹素是一种作用很强的激活 T-淋巴细胞的钾通道阻滞剂。毒芹素对动作电位的再极化时间有明显延长作用，它作用于中枢神经系统，导致强烈惊厥而致死。另外，毒芹素对神经元细胞的作用可能与钙通道有关，但还有待进一步研究。摄食致死量后 15min 内出现中毒症状，包括流涎增多、神经过敏、颤抖、肌肉衰弱、惊厥间歇性发作，最后麻痹缺氧而死亡。血液乳酸脱氧酶、天冬氨酸转氨酶、肌酸激酶的活性升高，表示肌肉损伤。

任务 8-7　夹竹桃中毒

家畜偶尔误食夹竹桃树叶、树皮后，可引起急性胃肠炎、心律失常和心力衰竭为临床特征的中毒病，称为夹竹桃中毒。各种家畜都能发生夹竹桃中毒，已报道的有牛、犬、羊、猪、家禽及马属动物，以鹅和牛、羊为多发。

夹竹桃为夹竹桃科夹竹桃属的常绿灌木，又称柳叶桃，原产伊朗、印度、欧洲及秘鲁等地。常见的有红花、黄花、白花 3 种，我国栽培以红花者居多。一般作为观赏植物，在南方大量种植于房前屋后或畜舍周围，用作篱墙护院，还可种植在道路两旁作为风景树木。另外它还具有较好的经济价值和药用价值，夹竹桃的叶、茎、皮、果仁和花均可入药，有强心、利尿、平喘、祛痰、催吐、发汗、解痉等功效；夹竹桃种子出油率达 47%，可用于制皂、鞣革，也可作为工业润滑油；夹竹桃的茎皮纤维细而柔软，是优良的混纺原料。因此，我国南北各地广泛栽培。

【病因分析】

在我国，引起畜禽中毒的基本为红花夹竹桃。红花夹竹桃的茎皮、叶、根及种子含有多种强心苷，目前已分离出二十余种，属剧毒，其作用类似洋地黄苷。一般而言，茎皮的毒性比叶强，而花的毒性较轻。

夹竹桃的毒性很强，马、牛的中毒量为 50mg/kg 体重，羊、猪为 150mg/kg 体重。也就是说，马和牛只要误食夹竹桃叶 10~20 片（15~25g）、羊和猪 2~4 片（3~5g）、鹅 1~2 片（1.5~2.5g）即可引起中毒。一般情况下，家畜是不会主动采食夹竹桃的，中毒的原因主要是将夹竹桃茎叶混入饲草，使家畜误食而发病；也有将家畜栓系于夹竹桃附近，家畜啃咬其茎皮而中毒者。家禽中毒主要发生于鹅，其他家禽较少见。

【临床症状】

1. 牛

（1）出血性肠炎　突然减食或停食，反刍、嗳气停止，瘤胃蠕动减弱或停止。腹泻，粪中有黏液气泡、脱落的肠黏膜或稀胶状物，有的有鲜红到暗红色的血液或血块。严重者粪为煤焦油样，呈黑红色到黑褐色，并含有较多的胶冻状物，粪很腥臭。腹痛，时常回头顾腹，努责，拱背不安。

（2）心律失常　心搏动缓弱，约 40 次/min，一天后即出现间歇，心脏每搏动 1~3 次即间歇 3~15s。心音减弱，第一心音增强，第二心音减弱或消失，有的发生阵发性心动过速，心悸亢进，在瘤胃部即能听到明显的心搏动音。病后期心跳加快，达 90~120 次/min。

（3）其他　鼻镜湿润，呼吸困难。有的瞳孔散大，有的精神沉郁，全身震颤，四肢厥

冷，尿量减少，色黄而深，有的尿血。

2. 羊

当羊每千克体重食鲜叶 1g 后 12h 即可出现症状。

（1）胃肠反应　食欲、反刍停止，后拉稀，粪呈黑色，有较多胶冻状物和血液。瘤胃蠕动减弱或消失，肠音亢进。

（2）心律失常　病初心音高亢，心率约 68 次/min，而后达 126 次/min，节律不齐，脉细而弱。

（3）其他　呼吸困难，全身震颤，眼结膜充血，瞳孔散大，精神沉郁，四肢无力，卧地呻吟，最后昏迷、死亡。

3. 家禽

病禽表现精神不振，衰弱，步态不稳，腹泻，失明，心动过速，呼吸困难，痉挛，有时出现麻痹症状。鹅一般停食，口鼻流大量黏液，不断摇头，企图甩出口鼻的黏液，并发出"咔、咔"的声音，排粪频繁，呈水样，有乳白色黏液，精神沉郁，两眼半开半闭，步态不稳，喜卧，驱赶起立后两脚轻微震颤，又立即卧下。

【剖检变化】

牛、羊的剖检变化基本相同。网胃黏膜有出血点，瓣胃黏膜易脱落，真胃底部和幽门部黏膜充血、出血，瘤胃中可找到夹竹桃叶碎片。肠中有胶冻状物和少量血块，小肠黏膜充血有出血点，大肠黏膜弥漫性出血。心内、外膜均有出血点。肝脏质软，表面呈灰白色，切面可刮下暗红色稀糊状物。胆囊浆膜有出血点。脾脏实质萎缩，边缘变薄，有点状出血，切面呈紫红色，脾小梁明显，脾小体不明显。肾脏和膀胱表面苍白，膀胱黏膜有点状出血。肺气肿、充血，切面的支气管流出带有白色泡沫的液体。

鹅剖检时可发现嗉囊和肌胃中有夹竹桃叶，小肠、大肠某些肠段充血、出血。肝淤血，稍肿胀。心尖部的心外膜有块状出血。肾、肺呈黑紫色。

【诊断】

依据采食夹竹桃的病史及临床症状，主要是心脏节律不齐及出血性下痢等，可作出初步诊断。确诊可根据剖检时在胃内容物中找出夹竹桃叶碎片并伴有严重的出血性胃肠炎等剖检变化，必要时进行毒物分析，强心苷为阳性。

实验室检查：取剩余饲料等作检材，一方面发现夹竹桃叶，一方面用醇（50% 乙醇）温浸提取三次，然后合并提取液，60℃ 水浴挥去醇液，残渣供检。取残渣于白瓷板上，加溴-硫酸 1 滴（20ml 浓硫酸中加饱和溴水 1 滴即成），如有夹竹桃存在，显绿褐色，逐渐转为红色。

【治疗措施】

本病尚无特效解毒药。治疗的重点在于保护和调整心脏功能、清理胃肠和消炎止血。救治原则是排毒消炎，保护胃肠黏膜；补钾禁钙，改善心肌机能。

调节心脏机能常选用氯化钾注射液配合补液进行治疗。马、牛通常用 10% 氯化钾 50 ～100ml 加入高渗葡萄糖液 300 ～500ml 或 5% 葡萄糖盐水，1 000 ～2 000ml 缓慢静脉注射，每天 2 ～3 次，如加入适量的维生素 B_1 或维生素 C，则效果更好。钙与心肌收缩有密切关系，它与强心苷对心肌的作用相同，均能增强心肌的作用，因此，在强心苷中毒时严禁静脉注射钙剂。

对心律失常的病畜，除输注葡萄糖盐水外，常选用1%阿托品皮下注射，每次3~5ml，每隔4h一次，注射2~3次后，根据瞳孔散大程度减量或停用。

也可应用依地酸二钠络合钙离子，从而减弱强心苷的毒性作用。由于复方氯化钠含钙，所以在补液时应尽量少用或不用。

内服氧化剂可破坏胃肠道内的毒物，通常用0.1%~0.2%的高锰酸钾溶液2 000~3 000ml灌服，而后内服石蜡油以清理胃肠，促进毒物排出。最后内服磺胺类药物，应用收敛止血剂及黏浆剂，以保护胃肠黏膜，并大量输液，以纠正脱水状态。如条件许可，可进行输氧，则效果更佳。

对于鹅，当怀疑其为夹竹桃中毒时，立即用0.2%高锰酸钾水和木炭末灌服，同时按0.2mg/kg体重肌注阿托品，可获较好效果。

【知识拓展】

夹竹桃苷的毒理作用与洋地黄毒苷类似。在胃肠道内，对黏膜有强烈的刺激作用，并损伤肠壁微血管，导致出血性胃肠炎。吸收后的夹竹桃苷主要分布于肝脏，其次为胆汁、胃及十二指肠，而心脏分布不明显。但夹竹桃苷对心肌有选择性的兴奋作用，能直接作用于心肌，高度抑制心肌细胞膜上ATP酶的活性，使钠泵作用发生障碍，造成Na^+、K^+在主动转运过程中的能量供应停止，阻碍了Na^+的外流和K^+的内流，因而导致心肌细胞明显缺钾，使心肌的自律性增高，引起心律失常，如过早收缩、异位搏动、阵发性心动过速，甚至发生心室纤维性颤动等。同时，大量的夹竹桃苷还能直接抑制心脏传导系统，兴奋迷走神经，心冲动传导发生部分或完全阻滞，出现心动过缓，逸搏性心律，甚至心动停顿。在正常生理情况下，心肌收缩过程由三方面的因素决定，它们是收缩蛋白及其调节蛋白、物质代谢与能量供应、兴奋-耦联的关键物质Ca^{2+}。现已证明强心苷对前二者无直接影响，却能增加兴奋时心肌细胞内Ca^{2+}量，这是强心苷正性肌力作用的基本机制。

任务8-8　醉马草中毒

醉马草是禾本科䅟芨草属多年生草本植物，一般在早春开始萌芽，多丛生长于低矮山坡、山前草原及河滩，路旁也广泛生长。醉马草中毒主要发生于马属动物，偶尔发生于牛、羊等其他动物。中毒动物的临床症状一般以心率加快、步态蹒跚如酒醉状为主要特征。

【病因分析】

当地家畜一般能识别醉马草而拒食，不易中毒，但外地新引进的家畜不能识别而大量采食，常常会发生中毒甚至死亡。在天旱之年，牲畜偶尔在饥不择食的情况下，因醉马草与其他牧草混杂生长在一起，误食而中毒。一年四季均可发生中毒，一般多发生在春夏之交，牲畜抢青时最易发生。

【临床症状】

1. 马

初期精神沉郁、流泪、闭眼、肌肉震颤，然后摇头、伸颈、身体前倾、后肢向后伸展、迈步困难，有时倒地，呼吸加快、心跳90次/min以上，体温正常。

2. 羊

初期目光呆滞，食欲下降，精神沉郁，呆立，对外界反应冷漠，迟钝。中期，头部呈水平震颤。呆立时仰头缩颈，行走时后躯摇摆，步态蹦跳，追赶时极易摔倒，放牧时不能跟群。被毛逆立，失去光泽。后期，出现拉稀，甚至脱水。被毛粗乱，腹下被毛易被手抓脱。后躯麻痹，卧地不起。多伴发心律不齐和心杂音，最后衰竭死亡。

3. 奶牛

奶牛采食后40~60min后出现中毒症状，轻度中毒者呈现精神沉郁，头低耳耷，食欲减退，口流涎，心跳加快，呼吸急促。严重中毒时流泪，闭目，鼻镜干燥，食欲、反刍停止，呻吟，磨牙，腹痛、腹胀，行走摇晃，形似醉酒，卧地不起，呈昏睡状态。

4. 骆驼

呈现酒醉状，行走摇摆，遇到障碍时无能力回避，不听从主人指挥。体温36.5~37.0℃，呼吸、脉搏均正常。

【剖检变化】

病畜胃肠道黏膜轻度出血，小肠前段轻度水肿，腹内充满淡黄色的黏液，心内膜有散在出血点，肝脏表面出血，肾脏表面有针尖大小的出血点。胆囊充满胆汁，膀胱积尿。

组织学观察可见心肌纤维内出现多量红色小颗粒，间质毛细血管扩张充血，肝脏肿大、淡染，胞浆呈细丝状或红色颗粒状，窦状隙扩张，可见有散在的中性白细胞，中央静脉和小叶间静脉扩张，肺毛细血管扩张充血，肾小管上皮细胞肿胀，胞浆内有多量红色颗粒，肾小球毛细血管球肿大、充血，肾上腺皮质和髓质上皮细胞肿大，胞浆内出现多量淡红色小颗粒。小脑浦肯野氏细胞内内格里氏小体溶解，胞核深染，大脑神经细胞肿大、淡染，个别神经细胞出现卫星化和噬神经现象。

【诊断】

诊断要点主要有：有无采食或误食醉马草的经历；马属动物对中毒最敏感；有明显的地区性和季节性；临床症状以神经机能紊乱为主要特征。

【治疗措施】

醉马草中毒尚无特效解毒药，一般采取酸性药物中和解毒和对症治疗的方法。可用醋酸30ml或乳酸15ml，加水灌服；也可灌服酸奶子或醋500~100ml。维生素 B₁ 0.5g肌肉注射，可取明显效果。

有人对急性中毒的马，灌服60度白酒0.25kg取得了较好的效果。

有人对中毒奶牛采取中西医结合方法取得了较好疗效：即静脉注射25%葡萄糖1 000ml，生理盐水1 000ml，10%维生素C 100ml。同时，服用中药：乌梅90g，山楂120g，五味子60g，甘草200g，为末，开水冲，加陈醋1 000ml，灌服，每天1次。

而绿豆银花解毒汤对中毒羊的效果也不错：即取绿豆100g，金银花20g，甘草20g，明矾20g，上药共研末，加食盐30g，食醋200ml（该方药为2只成年绒山羊的药量），加水适量一次灌服，1剂/d，连服2~3剂。

【预防措施】

在早春牧草缺乏时，应禁止在有醉马草生长的草场上放牧，以防止误食中毒。对刚会吃草的幼畜或家畜迁移到新草场时，应选择无醉马草的草场上放牧，在放牧前喂些优质牧草，防止因饥饿误食毒草。对外地引入的家畜，应先圈养10d左右，并给予富有营养、易消化的饲料，待其体质复原后，再到无醉马草等的其他无毒植物的草场跟群放牧，也可将幼嫩的醉马草捣碎与人尿混合，涂抹于家畜的口腔和牙齿上，使其厌恶不再采食醉马草，如出现中毒的患畜应及时治疗。

【知识拓展】

目前，醉马草的有毒成分还不十分清楚。党晓鹏等（1991年）对醉马草提取、分离出一种生物碱单体，并起名为醉马草毒素，化学名称为二氯化六甲基乙二铵。汪恩强等人工合成了二氯化六甲基乙二铵，给马按1 000ml/kg体重的剂量口服，结果未发生中毒，这与马属动物的自然采食醉马草发生急性中毒的实际情况不符合。James报道，美国西部和墨西哥的一些山区生长一种洋醉马菜，马采食大约相当于体重1%的植物，可引起昏睡2~3d，从中毒地区采集的洋醉马菜，检验证明都含有内生真菌，认为它与中毒有关。

研究证实，给家兔每公斤体重10ml的剂量一次灌服醉马草粉的水浸液，就可引起家兔精神沉郁，卧地，不愿走动，反应迟钝，心跳加快，呼吸急促。给小鼠一次灌服醉马草提取物10ml/kg体重，20~40min后出现心跳加快、呼吸困难、后肢麻痹等中毒症状，死亡率为16.67%。

【项目小结】

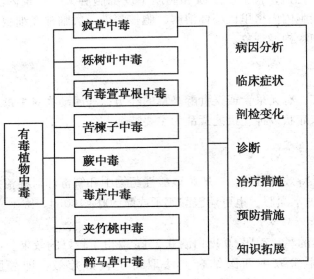

【项目检查与评价】

根据上述学习情况进行职业能力测试，以检查与评价你的学习掌握程度。

（一）单项选择题

1. （　　）时，牛主要表现再生障碍性贫血和地方性血尿症。

A. 栎树叶中毒　　　B. 疯草中毒　　　C. 蕨中毒　　　D. 萱草根中毒

2. （　　）患畜，临床上表现以瞳孔散大、双目失明、瘫痪及膀胱麻痹等为特征症状。

A. 萱草根中毒　　　B. 疯草中毒　　　C. 栎树叶中毒　　　D. 蕨中毒

3. 下列几种关于萱草根中毒的症状描述中，正确的是（　　）。

A. 瞳孔散大、双目失明、瘫痪及膀胱麻痹　　　B. 肌肉麻痹、呼吸困难、心力衰竭

C. 便秘或下痢、胃肠炎、肾脏损害　　　D. 心率加快、步态蹒跚如酒醉状

4. 下述所列，（　　）的病理学变化为脑和脊髓白质软化、视神经变性，俗称"瞎眼病"。

A. 栎树叶中毒　　　B. 疯草中毒　　　C. 萱草根中毒　　　D. 马霉玉米中毒

5. （　　）患畜，临床上以便秘或下痢、水肿、胃肠炎和肾脏损害为特征症状。

A. 栎树叶中毒　　　B. 蕨中毒　　　C. 萱草根中毒　　　D. 疯草中毒

（二）判断题

（　　）1. 牛栎树叶中毒的发生具有季节性，通常发生于每年3月下旬至5月初，其中以4月中旬为发病高峰期。

（　　）2. 做好宣传工作，杜绝羊采食萱草根的机会，在萱草属植物化学分类的基础上，清除有毒品种，注意引进无毒品种，避免中毒是完全可能的。

（　　）3. 萱草根中毒目前尚无有效治疗方法。

（　　）4. 毒芹中毒多见于早春。

（　　）5. 醉马草中毒主要发生于马属动物，偶尔发生于牛、羊等其他动物。

（　　）6. 醉马草中毒动物的临床症状一般以心率加快、步态蹒跚如酒醉状为主要特征。

（　　）7. 醉马草中毒可用醋酸30ml或乳酸15ml，加水灌服治疗。

（　　）8. 预防醉马草中毒可将幼嫩的醉马草捣碎与人尿混合，涂抹于家畜的口腔和牙齿上。

（三）理论知识测试

1. 疯草中毒的防除方法有哪些？

2. 栎树叶中毒动物临床症状？

项目九　有毒气体中毒

【岗位需求】掌握常见有毒气体中毒原因，能对中毒动物及时处理。

【能力目标】掌握一氧化碳中毒、二氧化硫中毒临床症状、诊断及鉴别诊断。了解其他有毒气体中毒如煤焦油中毒的基本知识。

【案例导入】2010年12月20日上午，河北省河间市某养殖户饲养4 000只樱桃谷商品鸭，在鸭6日龄时，鸭群表现采食量减少，整个鸭群只有1% ~2%采食，绝大部分表现为羽毛蓬松，精神沉郁，鸭只出现大量不明原因死亡，1d死亡100多只，而且大部分是在晚上死的。当地兽医到鸭舍内查看，发现病鸭呈现流泪、咳嗽、呼吸困难等症状，死前发生痉挛和惊厥。经仔细观察，发现鸭舍取暖炉没有安装烟囱，门窗关闭且无通风口，通风不佳。

点评：这一案例典型地反映了在冬季，由于气温下降，有些养殖户为了保温育雏室不敢通风或通风孔设置不合理，加上饲养密度偏高导致育雏舍通风不足，造成舍内有毒有害气体（煤产生的有害气体和机体代谢产生的有害气体，主要是一氧化碳、氨气、硫化氢和二氧化碳）浓度明显升高，畜禽吸入大量有毒有害气体，造成畜禽中毒甚至死亡。

任务9-1　一氧化碳中毒

一氧化碳中毒，俗称煤气中毒。一氧化碳中毒是动物吸入过量的一氧化碳与血液中红细胞的血红蛋白结合形成稳定的碳氧血红蛋白，引起全身组织缺氧为特征的中毒性疾病。一氧化碳是无色、无臭、无味的气体，故易于忽略而致中毒，临床上多发生于冬季用燃煤取暖的密闭畜舍。各种动物均可发生，主要见于幼畜。

【病因分析】

在用燃煤取暖的密闭畜舍中，由于煤燃烧不充分，产生大量一氧化碳，导致动物中毒。畜禽一氧化碳中毒，时有发生。一氧化碳可以与血红蛋白牢固结合，使红细胞降低或失去携带氧的功能，使氧气运输发生障碍，引起全身组织缺氧，最后因窒息而死亡。

【临床症状】

轻度中毒表现羞明，流泪，呕吐；精神沉郁，眩晕，站立不稳，食欲减退，呼吸困难，脉搏增快。

中度中毒表现步态不稳或卧地，可视黏膜呈樱桃红色或发绀；全身出汗，呼吸急促，脉细而快，心音减弱；肌肉出现阵发性痉挛，逐渐呈昏睡或昏迷状态。

严重中毒呈现极度昏迷状态，意识丧失，反射消失，大小便失禁，呼吸困难，甚至呼吸衰竭和心脏麻痹，窒息而死亡。

【剖检变化】

急性中毒者，尸体剖检可见血管和各内脏器官内的血液呈樱桃红色，脏器表面有出血

点。慢性中毒者，可见肝脏、脾脏、肾脏肿大，有时可见心肌坏死。

组织学变化为大脑半球和脑干白质软化，皮质坏死，脑水肿、出血以及海马体坏死，还有脱髓鞘。

【诊断】

根据动物与一氧化碳的接触病史，结合突然昏迷、可视黏膜（眼结膜、口黏膜等）呈樱桃红色等症状，可初步诊断。必要时测定空气中一氧化碳浓度和血液碳氧血红蛋白含量。本病应与脑炎、脑膜脑炎和尿毒症等相鉴别。

【治疗措施】

1. 改善组织缺氧，保护重要器官

（1）立即将患畜移至通风、空气新鲜处，清除呼吸道分泌物，保持呼吸道通畅　必要时进行气管插管，或行气管切开。冬季应注意保暖。

（2）吸氧，加速碳氧血红蛋白的离解　有条件时，可立即对病畜进行输氧，输氧量为 5 ~ 7L/min 为宜。对中小动物可施行人工呼吸。静脉注射双氧水，即用 10% 葡萄糖注射液将双氧水配成 0.24% 以下的稀溶液后，进行静脉注射，牛、马每次 500 ~ 1 000ml，中、小动物可酌情减量。有条件的可以进行输血疗法。

（3）保护心脑等重要器官　可用细胞色素 C 30mg 静脉滴注，或将三磷腺苷 20mg、辅酶 I（辅酶 A）50IU、普通胰岛素 4IU 加入 25% 葡萄糖溶液 250ml 中静脉滴注。有脑血管痉挛、震颤性麻痹者，可用阿托品静脉注射。

2. 防治脑水肿

常用 20% 甘露醇、25% 山梨醇、高渗葡萄糖溶液，交替静脉注射。同时应用利尿剂和地塞米松。在脑水肿得到控制并稳定后，选用促进细胞机能恢复的药物，如细胞色素 C、辅酶 A、三磷酸腺苷及大剂量的维生素 C。也可选用血管扩张药，改善脑循环，如低分子或中分子右旋糖酐等。

3. 纠正呼吸障碍

可应用呼吸兴奋剂如洛贝林等。重症缺氧、深昏迷 24h 以上者可行气管切开。

4. 对症处理

发现休克征象者立即抗休克治疗。惊厥者应用苯巴比妥、地西泮（安定）镇静。震颤性麻痹服苯海索 2 ~ 4mg，3 次/d。瘫痪者肌注氢溴酸加兰他敏 2.5 ~ 5mg，口服维生素 B 族和地巴唑，配合新针、按摩疗法。

【预防措施】

一氧化碳中毒，预防是关键。加强预防一氧化碳中毒的宣传；冬季应经常检查和检修动物产房、育雏室内的取暖设备，防止煤炉、烟筒、煤气管道跑气、漏气；注意畜舍的通风，窗户要安装风斗、通风口，有条件者可以改变取暖方式。

技能 21　一氧化碳的定性检验

（一）采样与处理

血液样品冷冻保存时，碳氧血红蛋白含量在几天内比较稳定。常用的血液碳氧血红蛋白的测定方法有一氧化碳-血氧分析仪、气相色谱、分光光度法等，也可用以下定性检验法。

（二）定性检验

1. 鞣酸法

取试管 1 支，在试管内加入蒸馏水 0.8ml；在该试管中加入被检血 0.2ml，然后再加入 1% 鞣酸溶液 3.0ml；振摇试管，使其充分混合。

结果判断：一氧化碳中毒者呈红色；正常者于数小时后变为灰色，24h 后尤为显著。

2. 氢氧化钠法

取试管 2 支，各加蒸馏水 4ml；测定管加被检血（不加抗凝剂的血液）0.2ml（或一滴血）混合，呈淡粉红色；同时，用另一试管加正常血 0.2ml 作对照；在两支试管（测定管与对照管）中各加入 2 滴 10% 氢氧化钠溶液，用拇指按住管口，迅速混合，立即记下时间。

结果判断：正常血液，立即由淡粉红色变为草黄色，而含 10% 以上碳氧血红蛋白的血样，需经 15s 后才能变成草黄色。因此根据由淡粉红色变为草黄色所需时间的长短可以大致判定被检血液中含碳氧血红蛋白的浓度，即 15s、30s、50s、80s 后才变成草黄色的这种时间变化相当于血液中含有 10%、25%、50%、75% 碳氧血红蛋白。

任务 9-2 二氧化硫中毒

二氧化硫（SO_2）为无色气体，具辛辣和窒息性臭味。在烧制硫磺、制造硫酸、硫酸盐、磺酸盐及漂白、制冷、熏蒸消毒杀虫中均有可能接触 SO_2。一切含硫燃料（石煤、焦炭、页岩、硫化石油）的燃烧，熔炼硫化物矿石或有硫化物污染的材料都能产生 SO_2。

【病因分析】

吸入了大量 SO_2 造成动物的中毒。急性中毒是短时间内接触高浓度二氧化硫气体所引起的，以急性呼吸系统损害为主的全身性疾病。慢性中毒是长期接触低浓度二氧化硫所引起的慢性损害。

【临床症状】

1. 急性中毒

表现出眼结膜和呼吸道黏膜强烈刺激症状，如流泪，畏光，鼻、咽喉烧灼感及疼痛、咳嗽、呕吐等。

2. 慢性中毒

以慢性鼻炎、咽炎、气管炎、支气管炎、肺气肿、肺间质纤维化等病理改变为常见。

根据中毒轻重还可分为轻度和重度中毒：

3. 轻度中毒

可有畏光、流泪、流涕、咳嗽，常为阵发性干咳，呼吸短促。有时还出现消化道症状，如呕吐、消化不良以及全身症状。

4. 严重中毒

很少见，可于数小时内发生肺水肿，出现呼吸困难和紫绀，咳粉红色泡沫样痰。较高浓

度的 SO_2 可使肺泡上皮脱落、破裂，引起自发性气胸，导致纵膈气肿。

【剖检变化】

主要是呼吸系统发生炎性反应，严重者肺泡上皮脱落、破裂。

【诊断】

根据病史和临床症状即可确诊。

【治疗措施】

立即脱离中毒现场，静卧、保暖、吸氧。以碳酸氢钠、氨茶碱、地塞米松、抗生素雾化吸入。用生理盐水或清水彻底冲洗眼结膜囊。注意防治肺水肿，早期、足量、短期应用糖皮质激素。必要时气管切开。氧疗、防治感染、合理输液、纠正电解质紊乱及抗休克等对症及支持治疗。

【预防措施】

主要加强饲养管理，搞好畜舍卫生。远离可能产生二氧化硫的场所，比如，化工厂、电厂等。

任务9-3　硫化氢中毒

硫化氢是一种无色、有臭鸡蛋气味的气体，由蛋白质腐败而形成。毒性很强，如空气中含量超过 0.01% 时，或每升空气中含有 0.015mg 时，家畜吸入就可发生中毒。

【病因分析】

主要是家畜吸入硫化氢而发生中毒。硫化氢是一种血液毒和刺激毒，能与血红蛋白结合生成硫化血红蛋白而引起体内组织缺氧，对黏膜有刺激，如被吸收后能使中枢神经系统兴奋及麻痹。

【临床症状】

在空气中浓度不大时表现流泪，黏膜潮红肿胀，角膜有点状缺损，皮肤有水疱。在高浓度时则发生呕吐，倦怠，呼吸困难，心悸亢进，疝痛，下痢，步态不稳，兴奋，痉挛。以后虚弱，麻痹，昏睡。

【剖检变化】

剖检可见血液呈暗绿色如墨汁状，肺脏、心脏和大血管淤血。血液有特殊臭味。

【诊断】

结合临床症状和病史可以确诊本病，同时还可以用浸有铅糖液的白色纸条触试血液，若纸条变黑，可认定为硫化氢中毒。

【治疗措施】

迅速将病畜转移到空气新鲜的地方，给以人工呼吸。注射生理盐水和强心剂。内服铁剂可促使体内硫化氢的氧化。眼部可用3%的碘仿软膏涂擦或用硼酸水湿敷。

【预防措施】

主要加强饲养管理，搞好畜舍卫生。远离可能产生硫化氢的场所，比如化工厂、污水坑等。

任务9-4　煤焦油中毒

煤焦油中毒是动物摄食了过量的煤焦油或沥青而引起的以急、慢性肝损伤，伴有黄疸、腹水和贫血，甚至导致死亡为特征的中毒性疾病。

【病因分析】

煤焦油、沥青及多种煤焦油的提取物、衍生物都能引起动物的急、慢性中毒。常见的原因是误饮酚类消毒溶液，如甲酚、苯酚溶液等；外用大量含酚软膏或治疗皮肤病时涂敷杂酚油合剂过多，或者体表被大量煤焦油沾污；在通风不良的厩舍内喷洒大量的酚类消毒溶液；动物啃食了含有煤焦油、沥青的泥块、飞碟枪靶碎片、煤焦油纸；用五氯酚或杂酚油处理过的木地板铺设的圈舍，或用褐煤沥青和烟煤沥青铺地的圈舍饲养动物均可引起中毒。

【临床症状】

急性中毒的动物多在接触毒物后15min至几小时死亡。未死亡的动物表现精神沉郁，虚弱，共济失调，侧卧，黄疸，贫血，昏迷，最终死亡。

外用浓度过高的酚类消毒液或体表被大量煤焦油沾污时，动物出现皮炎和局部麻木。摄入毒物者出现流涎，呕吐，腹痛，腹泻，口渴，呼吸困难，震颤或惊厥。呼吸道吸入毒物的蒸气时，动物表现流泪，结膜潮红，咳嗽，有时引起喉炎、气管炎。

煤焦油产品中毒还可影响维生素A的吸收，可引起猪的死胎和犊牛皮肤过度角质化。中毒后期血糖降低，而麝香草酚浊度和血磷、血氯含量升高。

雏鸡中毒表现虚弱，呼吸困难和水肿。雏鸭表现生长迟缓，皮下水肿，心包、胸腔、腹腔积液。

【剖检变化】

剖检可见黏膜和皮下组织黄染，腹腔内充满大量积液；肝脏肿大，并呈弥漫性花斑状外观，肝脏质脆，肝小叶周围有清晰明亮的彩色带围绕，肝小叶中央区有大头针状深红点；脏充血，血液色暗，凝固不良；肾脏肿大、充血。

【诊断】

根据动物接触煤焦油及其产品的病史，结合临床症状和剖检变化，可初步诊断。必要时可对胃内容物、组织及尿液进行酚类化合物检测，定性常用硫酸亚铁法。取胃内容物（或尿液、肾脏）或可疑物置于烧瓶内，通入蒸汽蒸馏；取蒸馏液 5ml 置于试管内，加 1% 硫酸亚铁或过氧化氢 2 滴，如有酚存在则显绿色。

【治疗措施】

目前尚无特效疗法，口服活性炭和盐类泻剂可减少吸收，口服蛋清可保护胃肠黏膜，并采取措施防止休克、呼吸衰竭和酸中毒。服用抗菌素和高蛋白饲料有助于疾病恢复。

【预防措施】

管理好酚类消毒药，在用酚类消毒剂进行圈舍消毒时，一定要保持通风良好；修建圈舍的材料要符合卫生要求，毒物含量不能超标；管理好动物，不让动物摄食到含煤焦油、沥青的泥块、飞碟枪靶碎片、油毛毡片等；严禁在铺设沥青路面的现场和用沥青对木材进行防腐处理的现场附近放牧，以免动物吸入其蒸气引起中毒。

【知识拓展】

煤焦油是烟煤、褐煤在分解蒸馏过程中形成的一种浓缩混合物。其成分复杂，一般含 50% 左右的沥青，2%～8% 轻油（主要是酚、煤酚及萘）、8%～10% 重油（萘及其衍生物）和 16%～20% 蒽油（主要是蒽和苯、二甲苯、噻吩等）。沥青、酚、重油和蒽油都具有毒性，其中毒性最大的是酚。2% 苯酚溶液 2～3ml 涂擦于猫的体表，即可使猫致死；苯酚对于大部分动物的致死量为 0.1～0.2g/kg，牛为 4g/kg；杂酚油对绵羊的致死量为 4～6g/kg，犊牛为 4g/kg。

煤焦油、沥青所含的酚、甲酚属于剧毒毒物，是细胞原浆毒。它们可与蛋白质结合，使局部细胞凝固，故对皮肤、黏膜有刺激和腐蚀作用，从而引起皮肤发炎、坏死。酚、甲酚容易被皮肤、伤口和呼吸道吸收进入体内，而当动物摄食了含有煤焦油、沥青的泥土、飞碟碎片等后，酚、甲酚等有毒物质可通过消化道进入机体，可引起口炎、咽炎、喉炎和气管炎等。酚和其他有毒物质可兴奋中枢神经系统，抑制心脏功能，对肝脏有损伤作用。体内酚、甲酚部分氧化为焦儿茶酚及对苯二酚，部分与硫酸盐、葡萄糖醛酸结合从尿中排出，在排出的同时可刺激肾脏引起肾炎。

【项目小结】

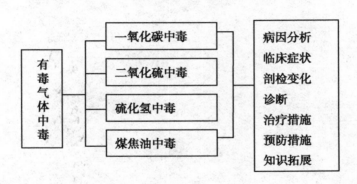

【项目检查与评价】

根据上述学习情况进行职业能力测试，以检查与评价你的学习掌握程度。

（一）判断题

（　）1. 注意畜舍的通风，窗户要安装风斗、通风口，有条件者可以改变取暖方式以预防一氧化碳中毒。

（　）2. 慢性中毒是长期接触低浓度二氧化硫可引起慢性损害。

（　）3. 硫化氢中毒剖检可见血液呈暗绿色如墨汁状，肺脏、心脏和大血管淤血。血液有特殊臭味。

（　）4. 煤焦油中毒是动物摄食了过量的煤焦油或沥青而引起的以急、慢性肝损伤，伴有黄疸、腹水和贫血，甚至导致死亡为特征的中毒性疾病。

（　）5. 动物可以在铺设沥青路面的现场和用沥青对木材进行防腐处理的现场附近放牧。

（二）选择题

1. 一氧化碳中毒是动物吸入过量的一氧化碳与血液中红细胞（　　）结合形成稳定的碳氧血红蛋白，引起全身组织缺氧为特征的中毒性疾病。

A. 低铁血红蛋白　　B. 高铁血红蛋白　　C. 血红素　　D. 酶

2. 煤焦油产品中毒可影响（　　）吸收。

A. 维生素 A　　B. 维生素 B　　C. 维生素 C　　D. 维生素 D

3. 不可能是煤焦油产品中毒剖检变化的是（　　）。

A. 黏膜和皮下组织黄染　　B. 腹腔内充满大量积液　　C. 肝脏肿大　　D. 血液凝固色暗

（三）案例分析

某猪场一栋火炕式地面取暖猪舍内刚转入 70 日龄育成猪 113 头，平均 31.8kg，健康状况良好，次日早 4：30 发现突然死亡 18 头，第三天凌晨发现死亡 26 头，另有 8 头病情严重，其他猪表现精神不振，食欲减退。猪多死于夜间，白天无新增病例，发生死亡的仅为晚上发病的猪，临床症状突然死亡，死亡时姿势不规则，多躺卧于距离自动饮水器较近处。轻度症状：精神不振、四肢无力、步态不稳、有轻度水肿表现。较为严重的表现为：大小便失禁、四肢厥冷、全身皮肤苍白、无出血点、眼睑水肿、四肢瘫软或肌张力增高，阵发性强烈抽搐。

项目十　矿物质元素中毒

【岗位需求】了解常见矿物质元素中毒的原因和使用剂量规定；掌握常见矿物质元素中毒的诊断与预防。

【能力目标】掌握硒中毒、氟中毒的发病机理、临床症状、诊断及鉴别诊断。理解重金属中毒的相关知识，了解铜、铅、钼、砷、汞中毒的基本知识。

【案例导入】杨某和张某饲养的20头肥育猪中有6头发病死亡，7头重病，其他猪只精神不好，于是求诊。畜主在全价饲料中按每100kg加入含硒生长素1 000g、肥育灵1号1 500g、畜禽宝1 500g、九二〇1 000g、土霉素钙1 000g配饲喂猪。喂了不久后，猪便开始发病死亡。当地兽医根据畜主所述认为，畜主使用的猪饲料添加剂品种多，用量大，结合临床症状与剖检的病理组织变化，可初步诊断为猪微量元素饲喂过量中毒。采用中西兽医结合治疗，用药后14头病猪全部治愈。

点评：这一案例典型的反映了正确使用矿物质饲料添加剂对猪的生长发育有重要作用。但添加剂品种多，成分复杂，用量甚微，对各阶段生长发育猪和各品种猪有不同的使用剂量和方法，因此，饲养者要慎用，更不能重复使用、混杂滥用，必须根据猪生长发育的需要来添加。实际上市场销售的猪全价饲料中已经含有添加剂成分，不必要再加入添加剂，否则就会使饲料中的矿物质元素量严重超标，造成中毒，结果事与愿违。常见的矿物质元素中毒有哪些？

任务 10 – 1　氟中毒

长期以来，人们是以有毒元素对氟进行研究的，直到 20 世纪 70 年代初才确定氟为动物所必需的元素。长期食含氟过多的饲料，氟会累积在机体组织中，使骨骼变厚变软、强度降低，牙琺琅质出现斑点，严重的形成锐状齿，影响采食。

【病因分析】

1. 地质环境原因

氟在地壳表面分布不均，许多国家的一些自然高氟地区的牧草、饮水含氟量较高，长期饲用这种牧草、饮水易引起动物氟中毒。

2. 饲料加工因素

据报道，大多数磷矿石含氟量高达 9 000 ~ 14 000mg/kg，用高氟地区的动物加工的骨粉，其含氟量达 4 000mg/kg。饲用磷酸盐生产厂家在生产过程中不脱氟或脱氟不彻底是造成目前动物氟中毒的主要原因。

3. 工业污染

工业生产所排放的"三废"含有大量的氟化物，可对周围环境造成严重的污染，该地区的饲用植物等含氟量都较高。当牧草被污染浓度达到 40×10^{-6} 以上时，可对放牧动物构成潜在威胁。污染水域生产的鱼料含氟量高达 1 000mg/kg，大约为非污染区的 5 倍。

动物对氟的耐受性因动物种类、品种、年龄、氟化物的类型不同而不同。家禽对氟的耐受性较强；家畜中牛较为敏感，其次是绵羊、猪、兔；幼年动物比成年动物敏感。动物日摄入氟的最大安全量（单位：mg/kg）为：牛 2、猪 8、兔 11、禽 35。

【临床症状】

1. 急性中毒

在生产中较少见到。如果一次性大剂量地摄入氟化物后，氟可立即与胃酸作用，产生氟氢酸，直接刺激胃肠道黏膜，引起炎症。大量氟被吸收后迅速与血浆中的钙离子结合形成氟化钙，动物由此会出现低血钙症，其临床表现为呼吸困难、肌肉震颤、抽搐、虚脱和血凝障碍。动物一般在中毒数小时内死亡。

2. 慢性中毒

临床上常见的一般多为慢性氟中毒。

（1）肉鸡、肉鸭　食欲减退，生长迟缓，羽毛无光泽；体瘦，腿软乏力，关节肿大，步态不稳，出现运动障碍；严重的跗关节着地，两脚成八字形外翻，跛行或瘫痪，采食困难，粪便稀薄，最终昏迷衰竭而死。

（2）产蛋鸭　双脚划水无力，站立不起，腿向后伸直，出现呼吸困难症状的鸭半小时左右死亡。氟中毒可使产蛋鸭群产蛋率急剧下降 10%～50%，受精率、孵化率下降约 10%。

（3）产蛋鸡　产蛋量下降 8%～85%，蛋重逐渐变小，蛋壳易破碎，沙壳蛋、畸形蛋增多，甚至出现无壳蛋。氟中毒严重时鸡只精神沉郁，冠、髯苍白，羽毛松软、易折断。种鸡长期氟中毒，会使受精率、孵化率明显下降，出现畸形胚、死胚，刚出壳的雏鸡腿部骨骼会变形，其死亡率明显升高。

（4）牛　慢性氟中毒时被毛枯燥无光，渐进性消瘦，体温正常；稍严重的精神委顿，采食缓慢，反应迟钝，弓背缩腹，行走强拘、跛行，四肢关节触压有痛感；牛的门齿失去光泽，中间有黑色条纹及凹陷斑，左右对称，牙齿松动，臼齿过度磨损，呈左右对称的波状及台阶状，采食困难。

（5）猪　氟中毒的猪体温正常，初期食欲减退，拉干粪，四肢无力，强行站立，东摇西晃，很快卧倒，怕与人接触，见人尖叫；后期食欲废绝，腿骨肿大；泌乳母猪产乳量下降，怀孕母猪流产、早产或产弱胎、死胎，最后瘫痪、消瘦而死。

（6）兔　氟中毒初期食欲减退，鼻干，精神不振，四肢无力，喜卧，低头耷耳，怕与人接触，见人向后退缩；后期食欲废绝，腿骨肿大，卧地不起。

（7）绵羊　氟中毒初期，一前肢或一后肢跛行，食欲减退，关节变形，脊柱弯曲；后期卧地不起，背毛粗乱，体质消瘦，牙齿变形、脱落，齿面粗糙变黄，上有黑色斑纹。

【剖检变化】

1. 肉仔鸡

骨骼软而柔韧，有的龙骨弯曲变形，呈"S"形，胸椎与肋骨的连接部肿大。肠道有严重的出血斑，腿肌、胸肌有出血条或斑；心脏、睾丸有出血点，肝脏肿大、充血或有出血斑；肠道有卡他性炎症，肺有发炎症状；骨髓颜色变浅，严重的呈土黄色，脑膜轻度充血。

2. 肉鸭

喙苍白，质软，长骨或肋骨柔软易弯曲。肝表面有出血点，心肌有出血点，小肠黏膜轻度出血，肾脏有出血点并肿胀。

3. 猪

牙齿无光泽，齿釉质部分呈淡黄色，腿部骨骼变形，骨关节肿大，骨质疏松、易折，肾脏稍肿，肠黏膜出现不同程度的水肿，肌肉色淡，肠内充满干粪。

4. 兔

骨骼变形，关节肿大，骨质疏松、易折，胸骨、肋骨变形，肾微肿，肠系膜出现不同程度的水肿，肌肉色变淡，无黏性，小肠内充满干粪球，其他内脏未见典型病变。

5. 绵羊

肝脏、脾脏、淋巴结等均正常，骶关节、跗关节处，发生增生性骨瘤，关节变形。

【诊断】

骨骼、牙齿的异常变化及骨氟含量的测定是诊断中毒的可靠指标，血氟、尿氟、指（趾）氟、蹄甲氟、爪氟含量是早期诊断慢性氟中毒的主要参考指标；生化指标中，血、尿中 SA、GAG 含量及血清中 CPK 活性变化可作为慢性氟中毒的早期比较可靠的敏感指标，并结合流行病学进行调查及临床观察。

【治疗措施】

本病主要以预防为主。使人畜断绝氟源，或控制氟摄入量。

目前，所试用的拮抗剂如 Ca、Mg、Fe、Zn、Al、Se、B 等，均在临床上没有明显解决氟中毒的主要问题。真正能缓解氟中毒的办法是补充营养，从蛋白质、能量以及一些微量物质综合考虑。实践证明效果比任何其他非限氟摄入的办法显著。整体上营养改善可明显降低氟的毒性作用。

【预防措施】

1. 自然高氟牧区的预防

（1）划区放牧，采取轮牧制　牧草含氟量平均超过 60mg/kg 者为高氟区，应严格禁止放牧；30～40mg/kg 者为危险区，只允许成年牲畜作短期放牧。在低氟区和危险区采取轮牧，危险区放牧不得超过 3 个月。

（2）寻找低氟水源（含氟量低于 1mg/kg）供牲畜饮用　如无低氟水源，可采取简便的脱氟方法（如用熟石灰、明矾沉淀氟等）。

（3）改良草地，使高氟草地面积缩小，安全区逐渐扩大　可利用自然低氟水源或抽取低氟地下水供牲畜饮用，广泛栽种优质牧草。

2. 科学饲养，减少氟病对动物的影响

人们提出引进氟安全区的母畜，使之在高氟区繁殖，即把低氟区永久齿已发育好的母羊（3 岁）引进高氟区。由于牙齿很少再受氟的影响，存活时间比高氟区出生动物长得多。而把高氟区出生的动物作为肉用羊在育肥末期出售或屠宰。

3. 氟拮抗剂

（1）钙盐及富钙矿石　疏松型和软化型氟骨症的病理学基础是氟影响了钙的吸收，出现低血钙、骨盐溶解等剖检变化，因此补钙有助于缓解氟的症状。

（2）蛇纹石　蛇纹石为硅酸镁的水合物，分子式为 $Mg_6[Si_4O_{10}](OH)_8$，是一种天然的偏硅酸盐。对于有神经系统损害的氟病有效果。

（3）铝制剂　主要指氢氧化铝、硫酸铝、无机铝硅酸盐类。但摄入铝过多可造成机体的损害。

（4）硼制剂　硼进入体内后，一方面与消化道氟结合减少氟的吸收，另一方面与组织中的氟络合形成 BF_4^- 随尿排出。二者相加，减少了氟在体内的损害作用。

【知识拓展】

氟是哺乳动物骨骼和牙齿的结构成分，微量的氟是牙齿、骨骼生长、保健所必需的。由于有些地区土壤含有较多的氟或环境的污染，易出现氟中毒，尤其是牛氟中毒时有报道。氟中毒对机体的影响主要表现在以下几个方面。

1. 对机体钙、磷代谢的影响

过量的氟在肠道中与钙离子形成难溶的氟化钙，影响动物对钙离子的吸收。大量的氟离子进入血液后也能与血钙结合形成氟化钙，使血钙含量下降。低血钙刺激甲状旁腺分泌甲状旁腺素，使钙从骨组织中游离出来，促使血钙水平保持正常。随着氟中毒时间的延长，将导致机体钙代谢异常。低血钙所引起的甲状旁腺素分泌增多会抑制肾小管对磷的再吸收，使尿磷上升。大量的氟使肾脏受到损害，从而影响钙、磷的再吸收。

2. 对骨骼代谢的影响

慢性氟中毒的基本病变是骨质硬化、骨质疏松和骨质软化。骨硬化是氟骨症最主要、最常见的现象，主要表现为骨小梁增粗、融合、紊乱和密度增高等。氟中毒主要是胶原纤维受到损害，表现为肿胀、断裂、着色不匀、排列紊乱等。当矿物质成分沉积于变形、疏松的胶原纤维上时，牙齿的釉质就失去原有的半透明外观，变得易折断和磨损，同时骨骼也会出现各种可见的剖检变化。据报道，氟骨症不同的表现型主要取决于动物品种、摄氟时间及个体敏感性，动物的年龄和日进食量尤为重要，小剂量可引起骨质硬化，大剂量可引起骨质疏松。

3. 对胃肠道的损害

氟化物对消化道的影响主要取决于氟化物的剂量、浓度及动物对氟的耐受性。剂量大、浓度高时，动物易出现急性氟中毒。氟化物可与胃内盐酸作用生成氟化氢刺激胃肠道黏膜，引起出血性炎症。长时间投喂含氟量高的饲料会加重对胃肠道的毒害。

4. 对肝的损害

动物氟中毒后生成自由基消耗抗氧化剂，引起肝脏脂质过氧化损害。

5. 对肾脏的损害

氟不仅经肾排泄，而且还在肾脏内蓄积。氟主要导致肾小球的过滤、肾小管分泌与重吸收障碍。

6. 对内分泌腺的损害

甲状腺是对氟最敏感的器官。氟对甲状腺的毒性首先是干扰甲状腺摄入碘的功能，降低

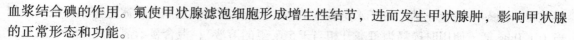

血浆结合碘的作用。氟使甲状腺滤泡细胞形成增生性结节，进而发生甲状腺肿，影响甲状腺的正常形态和功能。

7. 对脑的损害

脑是脂质过氧化易发生的部位，因此是氟中毒最易受损的靶组织。

8. 对生殖系统的损害

动物氟中毒会造成生殖器官、精子、卵损伤，使生殖内分泌系统紊乱，并具有遗传毒性作用，可造成生育力下降或不育。

9. 对酶活性的影响

氟过量时对机体内多种酶有抑制作用。这主要是因为氟夺取了酶的活性成分，使动物体内产生许多病理过程，影响动物的生长发育。

10. 对胶原蛋白代谢的影响

大量研究证明，氟中毒可干扰动物机体胶原蛋白的正常代谢，抑制胶原蛋白的合成，促进其分解。

技能 22　无机氟的测定

选用实用灰化蒸馏—氟试剂比色法。

（一）样品及处理

1. 动物血液

肝素抗凝全血。

2. 毛样

取颈部毛，洗净脱脂、干燥保存。

3. 脏器、肌肉

风干研磨过 0.5mm 筛。

4. 水样

冷冻保存。

（二）原理

待检样品加硝酸镁固定氟，经高温灰化后，在酸性条件下，蒸馏分离氟，蒸出的氟被氢氧化钠溶液吸收，氟与氟试剂、硝酸镧作用，生成蓝色三元络合物，与标准比较定量。

（三）仪器及试剂

721 分光光度计、马福炉、烘箱、800W 电炉、简易蒸馏装置。

所用试剂均为分析纯或优级纯，试验用水均为去离子水：1N 盐酸；25% 乙酸钠溶液；1N 乙酸；茜素氨羧络合剂溶液（0.190g 茜素氨羧络合剂，加少量水及 1N 氢氧化钠溶液使其溶解，加 0.125g 乙酸钠，用 1N 乙酸调节 pH 值为 5.0，加水稀释至 500ml，冰箱内保存）；10% 硝酸镁溶液；硝酸镧溶液（0.220g 硝酸镧，用少量乙醇溶解，加水约至 450ml，用 25% 乙酸钠溶液调节 pH 值为 5.0，水定容至 500ml）；缓冲液（取 30g 无水乙酸钠，溶于400ml 水中，加 22ml 冰乙酸调节 pH 值为 4.7，加水至 500ml）；10% 氢氧化钠溶液；酚酞指示剂（1% 乙醇溶液）；硫酸溶液（2∶1）；1N 氢氧化钠；丙酮；氟标准溶液（取 0.2210g

经 100℃干燥 4h 的氟化钠，溶于水定容至 100ml，移至塑料试剂瓶中，冰箱保存，每毫升相当于 1.0mg 氟，使用时稀释为每毫升相当于 5μg 氟的溶液）；混合显示剂（将茜素氨羧络合剂溶液、缓冲液、丙酮和硝酸镧溶液以 2:3:6:2 的比例混合即得，现配现用）。

（四）操作步骤

1. 灰化

取 1.0000g 毛、组织等样品，血样取 1ml，置于 30ml 瓷坩埚内，加 5ml 10% 硝酸镁溶液，0.5ml 10% 氢氧化钠溶液，使呈碱性，混匀后浸泡 0.5h，置恒温干燥箱内 90℃烘至干燥为止。移至马福炉先敞门炭化，从 150℃起始，每 0.5h 加温 50℃，至 400℃，0.5h，再 600℃灰化 4~6h，取出置冷。

2. 蒸馏

（1）加 10ml 水于坩埚中　将数滴硫酸（2:1）慢慢地加入坩埚中，防止溶液飞溅，中和至不产生气泡为止。将此液移入 250ml 蒸馏瓶中，用 20ml 水分数次洗涤坩埚，并入蒸馏瓶中。

（2）加硫酸（2:1）60ml 于蒸馏瓶中　再加无氟小玻璃珠数粒，连接蒸馏装置，加热蒸馏。溜出液用盛有 5ml 水、10 滴 10% 氢氧化钠溶液、2 滴酚酞溶液的 50ml 烧杯接收。蒸馏以沸腾起计时 20min 停止。

（3）取下冷凝管，少量水洗涤 3~4 次　洗涤液合并于烧杯中，移入 50ml 容量瓶，1N 盐酸中和褪色后，去离子水定容。

（4）土样蒸馏　不经灰化直接称取土样 1.0000g 放入蒸馏瓶中，再加入硫酸银消除氯离子干扰，以下按（2）、（3）步骤进行。

3. 比色

取 10.0ml 蒸馏液，置于 25ml 容量瓶中，加入 10ml 混合显示剂，再加水至刻度，混匀静止发色 30min，以 2cm 比色皿 580nm 波长，空白调零测吸光度值。

4. 标准曲线制作

（1）蒸馏氟标准曲线　取蒸馏瓶 6 支，分别放入 0.0ml、1.0ml、3.0ml、5.0ml、7.0ml、9.0ml 氟标准工作液，并补加水至 30ml，蒸馏定容。此蒸馏收集液每 10.0ml 依次相当于 0.0μg、1.0μg、3.0μg、5.0μg、7.0μg、9.0μg 氟。经比色得标准曲线 2。

（2）不蒸馏氟标准曲线　取蒸馏瓶 6 支，分别放入 0.0ml、1.0ml、3.0ml、5.0ml、7.0ml、9.0ml 氟标准工作液，水定容后比色，绘制出标准曲线 1。

（五）含量计算

① 固体样品氟含量（mg/kg）$= \dfrac{测得量（μg）\times 1\,000}{样重（g）\times 1\,000} \times 5$

② 液体样品氟含量（mg/L）$= \dfrac{测得量（μg）\times 1\,000}{样重（ml）\times 1\,000} \times 5$

注：5 为稀释倍数。

任务 10-2　硒中毒

硒中毒是动物采食大量含硒牧草、饲料或补硒过多而引起动物出现精神沉郁、呼吸困难、步态蹒跚、脱毛、脱蹄壳等综合症状的一种疾病。急性中毒（又名瞎撞病）以出现神经系统症状为特征；慢性中毒（又名碱病）则以消瘦、跛行、脱毛为特征。该病临床特征因病程和患病动物的种类而异。各种动物均可发病，食草动物（马、牛）多见，猪、家禽也有发生。湖北恩施和陕西紫阳是高硒地区。

【病因分析】

1. 采食富含硒饲料和饮水

土壤含硒量高，导致生长的粮食或牧草含硒量高，动物采食后引起中毒。一般认为土壤含硒 1 ~ 6mg/kg，饲料含硒达 3 ~ 4mg/kg 即可引起中毒。一些专性聚硒植物（或称硒指示植物），如豆科黄芪属某些植物的含硒量可高达 1 000 ~ 1 500mg/kg，是牛、羊硒中毒的主要原因。此外，有些植物如玉米、小麦、大麦、青草等，在富硒土壤中生长亦可引起动物硒中毒，植物中硒的含量与土壤中硒的含量和植物的种类密切相关。一般情况下，沉积岩特别是白垩化的碱性土壤含硒丰富，可导致植物和饮水硒含量升高。有些植物富硒能力很强，如黄芪、棘豆、网状鸡眼藤等。

2. 注射或饲料中添加过量的硒制剂

自从采用硒制剂预防畜禽硒缺乏症以来，因硒的用量过大或饲料中添加的硒制剂干粉拌和不匀，可导致硒中毒。饲料中硒含量在 1mg/kg 以下对动物是安全的，超过 5mg/kg 则可引起硒中毒。

3. 工业污染

有些工厂排出含有硒化合物的废气和废水，污染空气、水源和土壤，亦可导致家畜中毒。亦有喷洒含硒杀虫剂引起中毒的报道。

【临床症状】

根据临床表现，本病可分为急性、亚急性和慢性三种类型。

1. 急性型

通常是在一次采食足够的富硒植物或注射过量的硒制剂后突然发病，病程短急，大多在数小时至数日内死亡。临床主要表现为神经、消化、心血管及呼吸机能异常。

（1）牛、羊　姿势和行为异常、食欲废绝，目光呆滞，结膜发绀，两鼻流泡沫样鼻液，呼吸困难，肚腹膨胀，顾腹不安，尿频，脉搏增数，心跳加快，心搏动减弱，运动障碍，尤以注射硒的肢体跛行明显，体温正常或者升高，临死前意识丧失，有的瞳孔散大。

（2）马　体温升高，可达40℃，食欲废绝，精神沉郁，呼吸困难，流涎，腹痛，腹泻，有的狂暴不安，最后昏迷，死于呼吸衰竭。

（3）猪　体温升高至 41 ~ 42℃，呕吐，腹泻，精神沉郁乃至昏迷，呼吸困难，流泡沫样鼻液。有的腹肌紧张，触摸时发出尖叫。白色猪的蹄部因淤血而发蓝，末梢发凉。临死前卧地不起，体温低下，角弓反张，四肢呈游泳样运动。

（4）鸡　精神委靡，鸡冠、肉髯发绀，拒绝采食，排白色水样粪便，有的突然倒地死亡。

2. 亚急性型（瞎撞病）

多见于在数日或数周内连续采食高硒植物性饲料的反刍动物。用含 10 ~ 20mg/kg 硒的饲料喂饲动物，经7～8周可试验性复制亚急性病例，主要表现脑和肝机能异常。病畜进行性视力丧失和麻痹，体重减轻，步样蹒跚，离群。后期作圆圈运动或盲目运动，冲撞障碍物，舌不全或完全麻痹，吞咽障碍，流涎，两眼流出水样分泌物，有的表现剧烈腹痛。最后衰竭，死于窒息。在临床上牛以中枢神经机能障碍的症状为主，绵羊则主要表现为迷走神经紊乱的症状，猪多为食欲减损、消瘦、虚弱、后肢麻痹。

3. 慢性型（碱病）

常发生在较长时间采食富硒植物（5～40mg/kg）的动物。

（1）马、骡　多在高硒（5～10mg/kg）牧场放牧约1个月后发病，连续饮用含硒0.1～0.2mg/L的饮水也可发生中毒。突出的症状是，鬃毛和尾部的长毛脱落；姿势异常，运步强拘，高跷步样；蹄轮紊乱，蹄壁有横向皱纹，蹄冠下一寸处蹄壁环状龟裂，然后蹄壳脱落。

（2）牛　在鬃和尾毛脱落的同时，蹄冠真皮发炎、肿胀，跛行明显。蹄壁逐渐与蹄冠真皮分离，并有新生角质长出。旧蹄或脱落或与新生角质相连，以致蹄变形、变硬、生长过度。

（3）猪　饲以含硒25mg/kg的饲料，猪先表现为脱毛和蹄损伤，而后呈现不同程度的麻痹。

（4）鸡、鸟　孵化率降低，胚胎异常，如死胎、短嘴胎、球形头、鹦鹉喙、头颈水肿、舌和眼发育异常。

【剖检变化】

①急性中毒动物表现为全身出血，肺充血水肿，腹水增多，肝、肾变性。急性硒中毒羊的气管内充满大量白色泡沫状液体；亚急性及慢性中毒时，组织器官的病变见于肝脏、肾脏、心脏、脾脏、肺脏、淋巴结、胰脏和大脑。如肝脏萎缩、坏死或硬化，脾肿大并有局灶性出血，脑水肿、软化等。

②病理组织学检查表现为组织细胞变性、坏死，细胞核变形，毛细血管扩张充血、出血。肺泡毛细血管扩张、充血，细支气管扩张、充满大量红色均染物质。心肌变性。肝脏中央静脉与肝窦隙扩张，甚至破裂、出血，并出现局灶性坏死。肾脏常见肾小球毛细血管扩张、充血，部分胞核增生、深染，肾小管上皮变性坏死。

【诊断】

本病可根据放牧情况（如在富硒地区放牧或采食富硒植物）以及有硒剂治疗史，再结合临床症状、剖检变化以及血液中RBC及Hb下降等，可作出初步诊断。此外，血硒含量高于0.21μg/g可作为山羊硒中毒的早期诊断指标。

血硒和毛硒含量增加。肉用动物，血硒 <1.0mg/L，毛硒 <5.0mg/kg，可排除慢性硒中毒；血硒1.0～2.0mg/L，毛硒5.0～10mg/kg，为慢性硒中毒的临界值；血硒 >2.0mg/L，毛硒 >10.0mg/kg，指示硒摄入过多。马慢性硒中毒时，血硒为1～4 mg/L，毛硒为17～45mg/kg，蹄硒为8～20mg/kg；急性硒中毒时，毛硒和蹄硒可能升高不明显，但血硒和肝硒含量显著增加。血清谷胱甘肽过氧化物酶活性呈双相反应，即初期升高，而后降低。

【治疗措施】

目前，尚无有效的治疗方法，立刻断绝硒源。慢性硒中毒可用砷制剂内服治疗，亚砷酸钠 5mg/kg 加入饮水服用，或用 0.1% 砷酸钠溶液皮下注射，对氨基苯胂酸按 10mg/kg 混饲，可以减少硒的吸收；此外，用 10% ~20% 的硫代硫酸钠以 0.5ml/kg 静注，有助于减轻刺激症状。

【预防措施】

1. 改造高硒土壤

对高硒土壤进行改造，在土壤中加入氯化钡，能使植物吸收硒的量降低 90% ~100% 或多施酸性肥料，改变土壤的 pH，以减少植物对硒的吸收。

2. 严格掌握硒制剂用量

在缺硒地区，临床预防白肌病或饲料添加硒制剂要严格掌握用量，必要时，可选小范围试验再大范围使用。

3. 增加动物日粮营养成分

给羊体喂高蛋白质及富含硫酸盐的饲料，或加入维生素 E、维生素 B_1、维生素 B_{12} 及胱氨酸或加入含砷、汞和铜等元素的物质，在饲料中添加对氨基苯胂酸或 3-硝基-4-羟基苯胂酸等砷制剂，以促进动物对硒的排出，对饲料中硒含量为 10mg/kg 以下的毒性可起预防作用。

【知识拓展】

①硒易从肠道吸收，尤其是小肠。吸收后它分布于全身，主要分布于肝、肾及脾脏，肌肉和脑最低，慢性中毒时可大量分布于毛与蹄内。硒可通过胎盘屏障造成胎儿畸形。此外，硒还可通过损伤的皮肤及呼吸道吸收。在硒类物质中有机硒毒性最大，而硒元素相对无毒。

②硒进入机体后与硫竞争，取代正常代谢中的硫，形成硒化合物，从而抑制了许多含硫氨基酸酶，使机体氧化过程失调。硒酸盐进入体内后，可转化为亚硒酸盐，并能与胱氨酸、辅酶 A 等作用，形成硫硒化合物，使胱氨酸酶失活。硒还可以与游离的氨基酸以及含巯基蛋白结合，而影响蛋白质合成。此外，硒可影响维生素 C、维生素 K 的代谢，而造成血管内皮损害。

③硒的毒性因动物品种、饲料、硒化合物的种类而异。口服硒最低致死剂量（亚硒酸钠）为，马 3.3mg/kg 体重，牛 10mg/kg 体重，猪 17mg/kg 体重。皮下注射最低致死剂量为，牛、猪 1.2mg/kg 体重，绵羊 1.6mg/kg 体重。

任务 10 - 3　钼中毒

畜禽钼中毒是由于畜禽采食了高钼饲料或因工业污染土壤、饲料、饮水引起的一种畜禽微量元素中毒病，以持续性腹泻、消瘦、贫血为特征。在钼矿及富钼地区，由于土壤、饮水和饲料中含钼量过高，或在饲料中添加了某些钼化合物且用量过大等，均可引起钼中毒。钼过量常与铜缺乏同时发生，因而认为钼中毒是由于动物采食高钼饲料引起的继发性低铜症，临床上以持续性腹泻和被毛褪色为特征。在自然条件下，该病多发生于反刍兽，牛比羊易感，水牛的易感性高于黄牛，马和猪的易感性很低，一般不呈现临床症状，家禽很少发生。

【病因分析】

1. 天然高钼土壤

长期采食过量钼的反刍动物易产生"腹泻症"，牛、羊、兔有中毒的报道，猪和鸡在自然条件下还未见有钼中毒。家畜对钼的耐受性有很大差异，德国巴斯夫（BASF）公司提出，配合饲料中钼的最大安全量为牛 6mg/kg 日粮、羊 10mg/kg 日粮、猪 720mg/kg 日粮，禽 100mg/kg 日粮（美国 NRC，1980）。关于畜对钼的需要，近年来已有人进行了研究，但确切的需要量还不清楚。1984 年，德国巴斯夫公司的建议量为：牛、羊 0.5 ~ 1mg/kg，猪、禽 1mg/kg 以下。

2. 工业污染

钼矿、钨矿石、铝合金、铁钼合金等的生产冶炼过程可造成钼污染，形成高钼土壤，或仅造成牧草污染，土壤钼含量并不高。曾报道江西大余用含钼 0.44mg/L 的工业废水灌溉农田，逐年沉积使土壤含钼量达 25 ~ 45mg/kg，所生长的新鲜早稻草含钼达 182mg/kg，牛采食这种稻草 1kg 即可发生中毒。

3. 不适当地施钼肥

为提高固氮作用，过多地给牧草施钼肥，使植物含钼量增高。

4. 硫化物的影响

饲料中含硫物质影响钼、铜的吸收和代谢，无机硫酸盐与钼结合，严重影响了反刍动物对铜的吸收。增加饲料中无机硫酸盐可促进钼经尿排泄，增加饲料中钼及硫酸盐则可促进尿中铜的排泄。如绵羊饲料中硫酸盐含量由 0.1% 增加至 0.4% 时能加强钼的毒性作用，使铜的摄入低于正常。在一些地区，土壤中铜和硒水平处于临界缺乏状态时，如果增加硫酸盐可使动物产生钼缺乏综合征。

【临床症状】

1. 牛

持续性严重腹泻，排出充满气泡的稀粪。被毛渐渐褪色，开始于眼周围，黄色变为棕色，黑色变为灰白色。皮肤呈斑状发红，多从头部开始，逐渐蔓延至躯干，严重时波及全身。病畜逐渐消瘦，被毛粗乱、竖立，产奶量下降。贫血，关节疼痛。在实验性钼中毒中，还发现壮年公牛性欲丧失，睾丸明显损害，繁育力降低。发展缓慢者常有骨质疏松、骨折或佝偻病，念珠状肋骨。异嗜，运动失调或摆腰。

2. 绵羊

症状比牛轻，仅见轻度腹泻。幼畜发育迟缓；羊毛弯度减少、质量下降。

工业钼病常以暴发形式发生，是由大量含钼物质排入大气污染草场所致。症状比自然钼病严重。表现为：腹泻；幼年家畜背、腿僵直，不愿起立和行动；血钼含量升高（正常为 0.005mg/100ml，中毒时可高达 0.02 ~ 0.047mg/100ml），血铜量降低（正常为 0.07 ~ 0.12mg/100ml，钼中毒时可降至 0.037mg/100ml）。

钼对人体产生毒害的情况尚少。前苏联的亚美尼亚地区土壤中含钼量很高；钼摄入量

（10～15mg/d）高，痛风病发病率也高，认为痛风病与钼过多有关。

【剖检变化】

尸体消瘦，脂肪呈胶冻状，内脏器官色淡。骨质变松软，关节肿大，羔羊大脑白质液化，常见神经元变性和脱髓鞘等类似铜缺乏的病理特征。

【诊断】

根据流行区域持续性腹泻、消瘦贫血、被毛褪色、皮肤发红等临诊表现，及对铜制剂治疗的反应可作出铜缺乏性钼中毒诊断，饲料和组织中钼和铜含量测定也有诊断性意义。正常牛血铜浓度为 0.75～1.3mg/L，钼浓度约为 0.05mg/L；肝铜 30～140mg/kg（湿重），钼低于 3～4mg/kg。钼中毒时，早期血铜浓度明显升高，后期血液中铜的浓度低于 0.6mg/L，钼浓度高于 0.1mg/L，肝脏铜含量低于 10～30mg/kg，钼含量高于 5mg/kg。

确诊根据病状与血钼测定。血钼测定可采用硫氰酸盐法。

在诊断时应注意与钙、磷、维生素 D 紊乱、严重的寄生虫病、副结核病和脑脊髓脱髓鞘病等鉴别。

【治疗措施】

注射或口服铜剂效果良好，可在饲料中或盐类矿物补充剂中加入适量硫酸铜。按饲料中的含钼量可补充硫酸铜达 1%～5%。个别治疗，成年乳牛每天可投服 30～60g，连用数日。

皮下注射甘氨酸铜，每一季度重复一次效果甚佳，剂量：犊牛 60mg；成年牛 120mg。

【预防措施】

减少工业钼污染对人畜的危害，治理污染源，避免土壤、牧草和水源的污染。对土壤高钼地区，可进行土壤改良，降低地下水位以减少饲草对钼的吸收，也可施用铜肥减少植物钼的吸收，增加植物铜的含量。在饲草含钼高的地区，可在日粮中补充硫酸铜。放牧地区可采取高钼与低钼草地定期轮牧方式。注射或内服铜制剂是治疗或预防缺铜性钼中毒的有效方法。

【知识拓展】

钼是动物机体必需的微量元素，是动物体内黄嘌呤氧化酶、醛氧化酶、亚硫酸氧化酶的活性组分，它参与细胞内的电子传递、机体内铁代谢、醛氧化等，参与细胞内电子转运链和瘤胃微生物代谢。适量的钼能促进反刍动物生长，提高泌乳牛的早期泌乳量。钼和铜、磷、钨、锰等矿物元素有颉颃作用，但在特定的情况下又有协同作用，据报道，饲料中铜、钼比例为最佳时（6～10∶1），即使钼的浓度较高，也不会引起钼中毒或铜缺乏。

钼中毒与铜缺乏表现的症状相似，因而认为，慢性钼中毒主要是引起继发性铜缺乏而致病。钼和硫酸盐可单独或共同地干扰铜的代谢。饲料在瘤胃中消化产生 H_2S，与钼酸盐作用，形成一硫、二硫、三硫和四硫钼酸盐的混和物。在消化道中，铜与硫或硫钼酸盐及蛋白质作用，形成可溶性复合物，妨碍了铜的吸收，硫钼酸盐还可封闭小肠内铜吸收部位，并可在肠内形成硫钼酸铜，使吸收率明显下降。当硫钼酸盐被吸收入血液后，可激活血浆白蛋白上铜结合簇，使铜、钼、硫与血浆白蛋白间紧密结合，一方面可使血浆铜浓度上升，另一方面妨碍了肝组织对铜的利用，硫钼酸盐被吸入血后，其中一部分进入肝脏，可掺入到肝细胞核、线粒体及细胞浆，与细胞浆内蛋白质结合，特别是它可以影响和金属硫蛋白（MT）结合的铜、镉，使它离开金属硫蛋白。离开了 MT 的铜一方面可进入血液，增加了血浆蛋白结合铜的浓度，一方面可直接进入胆汁增加铜从粪便中排泄的量，久之使体内铜逐渐耗竭，产生慢性铜缺乏症。然而，在急性钼中毒时，如用硫钼酸盐给山羊静脉注射，可表现剧烈腹痛、腹泻，慢性钼中毒亦有明显的腹泻现象（泥炭泻），这可能是钼对机体的直接作用。

任务 10 - 4　铜中毒

动物因一次摄入大剂量含铜化合物，或长期食入含过量铜的饲料或饮水，引起铜在体内的过量蓄积，称为铜中毒。临床表现为腹痛、腹泻和溶血危象。根据病程，可分为急性铜中毒和慢性铜中毒。根据疾病起始原因，分为原发性铜中毒和继发性铜中毒。动物中以羔羊对过量铜最敏感，其次是绵羊、山羊、犊牛等反刍动物。单胃动物对铜耐受量较大。家禽中鹅对铜较敏感，鸡、鸭对铜的耐受量较大。鲤鱼对铜敏感，饮水中含 0.5mg/kg 铜，7 ~ 10d 内可全部致死。

【病因分析】

1. 急性铜中毒

多因一次性误食或注射大剂量可溶性铜盐等意外事故引起，如羔羊在含铜药物喷洒过不久的草地上放牧，或饮用含铜浓度较大的饮水等。

2. 慢性铜中毒

①环境污染或土壤中铜含量太高，所生长的牧草或饲料中铜含量偏高引起，如矿山周围、铜冶炼厂、电镀厂附近，因含铜灰尘、残渣、废水中的含铜化合物污染了饲料、饮水；

②长期用含铜较多的猪粪、鸡粪施肥的草场，亦可引起绵羊铜中毒，将含铜较多的鸡粪烘干，除臭后喂羊；

③猪、鸡饲料中添加较高量的铜未予碾细和拌匀；

④某些植物，如地三叶草、天芥菜等可引起肝脏对铜的亲和力增加，铜在肝内蓄积。

⑤有些狗可能是遗传基因缺陷，产生类似人 Wilson 氏病样的遗传性铜中毒。羔羊对过量铜最敏感，其次绵羊、山羊、犊牛、牛等反刍动物。

各种动物对铜的耐受量不同。绵羊、犊牛按 20 ~ 110mg/kg 体重，一次静脉注射可导致急性铜中毒死亡。山羊按铜含量 2.5mg/kg 体重一次静脉注射，可产生急性铜中毒死亡。用含量 27mg/kg 铜的日粮喂羔羊，16 周内可致死。大量研究证明，当饲料中锌、铁、硫含量适当时，各种动物对饲料铜耐受剂量（ppm）是：绵羊 25，牛 100，猪 250，兔 200，马 800，大鼠 1 000，鸡、鸭 300，鹅 100。各种含铜化合物对动物的毒性作用也不一样，它们的毒性依次递减为：$CuCO_3$ > Cu（NO_3）$_2$ > $CuSO_4$ > $CuCl_2$ > CuO（粉）> CuO（针）> Cu（铜丝）（Under-wood 1977）。

【临床症状】

1. 羊

急性铜中毒时，有明显的腹痛、腹泻、惨叫，频频排出稀水样粪便，有时排出淡红色尿液。猪10d可出现呕吐，粪及呕吐物中含有绿色或蓝色黏液，呼吸增快，脉搏频数。后期体温下降，虚脱，休克，在3~48h内死亡。

2. 绵羊

慢性铜中毒，临床上可分为3个阶段。早期是铜在体内累积阶段，除肝、肾组织铜大幅度升高；增重减慢，谷草转氨酶（GOT）、精氨酸酶（ARG）、山梨醇脱氢酶（SDH）等酶活性短暂升高。中期为溶血危象前阶段，肝功能明显异常，GOT、SDH、ARG活性迅速升高，血浆铜浓度也逐渐升高，但精神食欲变化轻微，由于动物个体差异，可维持1~6周。后期为溶血危象阶段，动物表现呼吸困难、极度干渴、卧地不起，血液呈酱油色，血红蛋白浓度下降至52g/L，可视黏膜黄染，出现血红蛋白尿，红细胞形态异常，红细胞内出现Heinz小体，PCV下降，血浆铜浓度急剧升高达1~7倍，病羊可在1~3d内死亡（王宗元等，1992）。

3. 猪

中毒时，食欲下降，消瘦，稀粪，有时呕吐，可视黏膜淡染、贫血，后期部分猪死亡。

4. 犬

中毒时，呈现呼吸困难，昏睡，可视黏膜苍白，黄染，肝脏变小，体重下降，腹水增多。

5. 鹅、鸡

鹅在含铜量100mg/L的池塘内可急性中毒并死亡。成年母鸡喂给含铜800~1 600mg/kg的日粮则生长缓慢，贫血，有1/3鸡将会死亡。

【剖检变化】

全身性黄疸，血红蛋白尿，腹腔积液，肝肿大呈土黄色，肠内容物呈深绿色。组织学检查，肝细胞变性坏死，胆管增生，结缔组织纤维化。肾小管上皮细胞变性坏死。

慢性铜中毒以全身性黄疸和溶血性贫血为特征，血液呈巧克力色。腹腔内积有大量淡黄色腹水。肝脏肿大，脆弱，呈淡黄色，胆囊肿大、充盈浓稠绿色胆汁；肾脏肿大，呈古铜色，被膜散在斑状或点状出血；心包积液，心包外膜见有出血点，肠内容物呈深绿色。

急性铜中毒时胃肠炎症状明显，尤其是真胃、十二指肠充血、出血甚至溃疡，间或真胃破裂。胸、腹腔内有红色积液。膀胱出血，内有红褐色尿液。

猪铜中毒剖检可见肝脏肿大了一倍以上，胆囊扩大，肾、脾脏肿大，色深。肠系膜淋巴结弥漫性出血，胃底黏膜出血，食道和大肠黏膜溃疡。

犬中毒剖检肝脏呈灶性坏死，中等程度炎症，后期呈慢性肝炎和肝纤维素性增生，最终因肝功能衰竭和溶血而死亡。

鹅中毒剖检可见腺胃和肌胃坏死，肺呈淡绿色。

【诊断】

急性铜中毒可根据有接触含高铜的饲料或饮水的病史，结合腹痛、腹泻、胃、肠内容物中铜浓度可作出初诊。饲料、饮水中铜含量测定有重要意义。慢性铜中毒依赖对肝、肾、血液中铜浓度及酶活性测定。当肝铜浓度在 500mg/kg，肾铜浓度在 80～130mg/kg（干重），血浆铜浓度从正常时的 0.7～1.2mg/L 上升一倍甚至数倍，为溶血现象先兆。反刍动物饲料中铜浓度大于 30mg/kg，猪、鸡饲料中铜浓度大于 250mg/kg，或因添加的铜未碾细、未拌匀时可作出进一步诊断。如配合血清酶学和血液学测定和监测，发现血清 GOT、ARG、SDH 等酶活性稳步上升、PCV 值下降、血清胆红素浓度增加，出现血红蛋白尿，许多红细胞内出现 Heinz 小体者可以确诊。但应注意与引起溶血、黄疸的其他疾病之间的区别。

【治疗措施】

铜中毒的治疗原则是立即中止铜供给，迅速使血浆中游离铜与血浆白蛋白结合，促进铜排出。硫钼酸钠不仅可促使铜与白蛋白结合，而且可促进肝铜通过胆汁排入肠道，铜的补充物多为硫酸铜、氧化铜、碳酸铜等。

（1）急性　羊可用三硫（或四硫）钼酸钠溶液静脉注射。按 0.5mg/kg 体重的三硫钼酸钠，稀释成 100ml 溶液，缓慢静脉注射。

（2）对亚临床铜中毒　按每日日粮中补充 100mg 钼酸铵和 1g 无水硫酸钠或 0.2% 的硫黄粉，拌匀饲喂，连续数周。

【预防措施】

在高铜草地放牧的羊，可在精料中添加钼、锌及硫，不仅可预防铜中毒，而且有利于被毛生长。对因采食某些植物而引起的铜中毒，应避免在这种草地放牧。例如秋季在三叶草生长旺盛时，应避免羊群长期食用这种牧草。对已有中毒表现的羊群，可每天补充钼酸铝和硫酸钠，使羊只死亡率减少。我国在猪饲料中添加了高浓度铜，为了防止铜中毒，可同时补充锌、铁，不能用过量铜饲料喂鹅、鱼、牛或羊。猪、鸡的粪便喂鱼应慎重，如其中铜含量过多，有可能酿成鱼的铜中毒。

【知识拓展】

铜是机体必需的微量元素之一，吸收进入血液的铜即与血浆中的蛋白质或氨基酸结合被运送至机体各部。肝脏从血液中吸取的铜通常被结合到肝细胞的线粒体中，这些铜或贮存于肝细胞内，或释放出来与蛋白质结合形成血浆铜蓝蛋白、红细胞铜蛋白以及构成细胞中许多含铜酶的成分。高浓度铜溶液进入机体可产生：

①大量铜盐对胃肠黏膜产生刺激作用，引起急性胃肠炎、腹痛、腹泻。

②饲料中铜过多，引起的中毒多为慢性的蓄积性中毒。当肝脏中蓄积到临界水平时，大量铜转入血液，使红细胞溶解，发生血红蛋白尿和黄疸，并使组织坏死，甚至导致死亡。母鸡体内不易蓄积铜，猪对铜也有较高的耐受性。一般认为，每千克日粮中铜安全含量的上限：鸡为 300mg，猪为 250mg。猪的中毒剂量为 500mg/kg 日粮，但与日粮中其他元素含量有关。如果铁、锌不足，长期使用 250mg/kg 的含铜饲料，也有发生中毒的可能，故在使用高剂量铜时，必须增加日粮中铁、锌的添加量。据研究，每千克日粮含 130mg 的锌、150mg 的铁即可抵消 250mg 铜中毒的危险。饲喂高铜日粮中超过 20mg 左右就可能会有不良影响。

③肝脏是体内贮存铜的主要器官，大量铜可集聚在肝细胞的细胞核、线粒体及肝细胞浆

内，可损伤这些亚细胞结构。在溶血危象发生前几周出现肝功能异常，谷草转氨酶、精氨酸酶活性升高。当肝内铜浓度达相当高程度时，在某些诱因作用下，可使肝细胞内铜迅速释放入血，血浆铜浓度大幅度升高，红细胞变性，红细胞内亨氏（Heinz）小体生成，溶血，红细胞压积（PCV）减少，血红蛋白尿，黄疸，动物体况迅速下降并死亡。

任务 10 - 5   镉中毒

镉是毒性较强的蓄积物，小量的镉持续地进入机体，可持续长期积累而呈现毒性作用。在临床上以表现骨骼疼痛、骨折、蛋白尿和肝功能障碍为特征。各种家畜都能发生镉中毒。

【病因分析】

1. "三废"的排放

镉中毒发生的原因主要来自锌冶炼、矿山、电镀、油漆、颜料、陶瓷、塑料和农药等生产中排放的"三废"，尤其是废水。

2. 使用剂量过大

本病也见于用镉盐驱虫时剂量过大；长期使用镀镉器具饮喂牲畜，而致饲料中含镉量过高；过磷酸盐施肥量过大，常可引起牧草含镉量过高。

【临床症状】

急性中毒有呕吐、腹泻等胃肠炎症状。慢性中毒则有贫血、黄疸，生殖机能障碍，公畜睾丸萎缩，母畜不育、流产、死胎；骨营养不良，行走站立疼痛，跛行、易于骨折，蛋白尿。动物实验表明，镉有致癌、致畸和致突变作用。

【诊断】

镉中毒的监测：金久善报道（1982），北京地区乳牛全血镉含量为 0.00205mg/kg。乳镉：Underuood（1997）资料，牛奶中平均含镉量为 26μg/L。毛镉：危克周资料（1986），家畜毛发含镉量（mg/kg），奶牛 0.4 ~ 0.6，中毒时可达 400 ~ 600；绵羊 0.55 ~ 1.22，中毒时 >720；犊牛 1 ~ 2。动物性食品中以肝、肾中镉含量最高，可达 1 ~ 2mg/kg。据樊璞报告（1988），在钼、镉污染区内，猪肝镉最高达 2.04mg/kg，猪肾镉最高达 11.20mg/kg，鸭肝镉最高达（1.4852 ± 0.5772）mg/kg，鸭肾镉高达（3.8595 ± 0.9771）mg/kg。动物性食品中镉的容许含量：1988 年 FAO/WHO 提出镉的暂定 PTWI 为每千克体重 7μg。我国食品卫生标准（GB 2762—2005）规定动物性食品中镉的 MLs（以 Cd 计，mg/kg）为：肉、鱼 ≤0.1，蛋 ≤ 0.05。

任务 10 - 6   铅中毒

铅中毒是指动物摄入过量的铅化合物或金属铅所致急性或慢性中毒病，在临床上以神经机能障碍、共济失调、贫血和消化紊乱为特征。各种家畜均能发病，多见于犊牛、羊、成年牛和猪，鸟类亦可中毒。铅对动物性食品的污染，也严重地威胁着人类的健康。

铅性质稳定，应用极广，全世界每年消耗铅约 400 万 t，大部分以各种方式排放到环境中，造成环境污染，畜禽多因摄入过量的铅化合物而中毒，铅主要通过消化道进入体内，经呼吸道亦可吸入少量铅。家畜中，以犊牛对铅最敏感，一次中毒量为 0.2～0.4mg/kg 体重，累计致死量为：绵羊 1～2mg/kg 体重，牛 6～7mg/kg 体重，猪 33～66mg/kg 体重，鸡和鸟类常因吞食铅弹而中毒。

【病因分析】

1. 环境污染

铅是一种蓄积性毒物，是不可降解的环境污染物，在环境中长期滞留。一般认为，牧草的含铅量约为 3～7mg/kg，低于 40～60mg/kg 不会引起中毒，140mg/kg 即会引起牛中毒。据调查，公路两旁农作物中铅的含量高达 300mg/kg。据南京市环境科学研究所报道，江苏公路两边的土壤"病情"严重；公路两侧 100 m 成为"铅污染区"，铅对土壤的污染已深达 30 cm。

2. 食入含铅或被铅污染的饲料及饮水

铅中毒主要是由于食入含铅或被铅污染的饲料及饮水所致。如长期使用铅制的饲槽、饮水器，饮用从铅质管中流出的自来水，舔食含铅的油布、染料、软膏（醋酸铅）、机油、润滑油，吞食油漆布、铅块，饮用含铅矿及冶炼厂排出的废水，在被铅污染及喷过砷酸铅农药的草地放牧，禽类啄食铅粒等。铅污染主要通过空气、饮水、土壤和饲料（动、植物性饲料）进入动物体内而引起中毒。

【临床症状】

铅中毒可分为急性和慢性两种，动物急性中毒现象少见，大多为慢性或亚急性中毒，牛以神经症状为主，羊以消化道症状为主。

1. 牛

亚急性或慢性中毒表现食欲减少或废绝，失明，共济失调，步态蹒跚，大量流涎，磨牙，瘤胃弛缓，先便秘后拉稀，血相检查有典型的点彩红细胞，数量可达到 0.15% 以上，呈红细胞性贫血。尿中 δ－氨基乙酰丙酸含量升高。

2. 羊

亚急性中毒症状与牛类似，唯消化系统症状更明显，食欲废绝，初便秘后拉稀，腹痛、流产，偶发兴奋或抽搐。

3. 禽

常因食入含铅弹丸而中毒，尤其是野禽吞食铅弹可引起厌食、嗜睡、腹泻、粪呈淡绿色，头水肿，下颌肿胀，消瘦、迟钝和麻痹。实验室检查与牛类似。

4. 犬和猫

多因舔食油漆或油毛毡、儿童玩具、塑料制食具内添加的铅而中毒，以 1 岁龄以下的中毒更为多见。出现明显的神经症状和胃肠症状，牙龈上可出现铅线，常有腹痛，散在性呕吐，偶有厌食、散在性脚爪发麻等现象，特别是睡醒后明显，97% 慢性中毒的动物可出现点彩红细胞和幼稚红细胞并呈低色素性正红细胞性贫血。

【诊断】

除应调查动物有长期接触铅源的生活史，消化道及神经系统症状，齿根上的铅线（黑色硫化铅）等可作出初步诊断，血中嗜中性白细胞增多，点彩红细胞增多。X线检查腹部及骨有铅带，长骨骨骺内有铅斑，血液铅浓度升高（＞0.6mg/kg），可建立诊断。

需注意与汞中毒（有黑色汞线）、有机杀虫剂中毒、脑灰质软化、犬瘟热相区别。

铅中毒的监测：根据血、尿、乳中铅含量增高可建立诊断。牛血铅浓度升至 0.6mg/kg以上，乳铅由正常的 0.028～0.03mg/kg 升高到 2.26mg/kg。牛毛铅含量由无污染的0.1mg/kg升高到88mg/kg。

【治疗措施】

因长期应用铅制食槽、饮水器或误食被铅污染的牧草引起。以胃肠炎，步态失调，腹部和耳部皮肤有暗紫色斑，齿龈有蓝色铅线等为特征。治疗宜排毒解毒。

急性中毒或慢性中毒急性发作时，可用 6.6% 的依地酸钠钙缓慢静脉注射，络合血液中过多的铅，日量 1ml/kg 体重，分 2～3 次注射，连用 3～5d，或在葡萄糖 500ml 中加入 10%氯化钙 8ml，再加 EDTA-Na₂ 80g（约折合为 121.9mg/ml 依地酸钠钙），按每 3.0～3.5kg 体重 1ml 剂量缓慢静脉注射，方法同上，可使铅排泄增加 20～40 倍。

还可应用青霉胺和二硫基丙醇，以清除过多的铅。硫胺可用于反刍动物铅中毒治疗和预防，剂量为 250～1 000mg，每天 2 次，连用 4～5d。内服硫酸镁，沉淀可溶性铅，促进铅排泄，减少铅吸收。

【预防措施】

①不要在马路旁边放养动物。禁止在报纸、书本上撒饲料喂动物。在饲料中添加维生素 B₁、维生素 B₂、维生素 B₆ 和富含维生素 C 的饲料，同时还要适当添加钙骨粉、贝壳粉，以增加动物的钙质，减轻中毒症状，减少损失。

②严格控制铅排放量，切实治理工业三废。已污染的土壤目前尚难彻底治理，有人认为更换表土，但耗资巨大，亦有主张种富铅植物，因其可富积铅，再集中销毁。有人主张用基因工程办法治理铅中毒。

③提高饲料中蛋白质比例，增加锌、硒供给量可限制铅沉着和促进铅的排泄。

④严控动物性食品中铅的容许含量

动物性食品中铅的容许含量：1993 年，FAO/WHO 食品添加剂专家委员会建立所有人群铅的暂定耐受量即每周摄入量为每千克体重 50μg。我国食品卫生标准（GB 2762—2005）规定动物性食品中铅的 MLs（以 Pb 计，mg/kg）为：肉类 ≤0.2，鱼类 ≤0.5，蛋类 ≤0.2，鲜乳 ≤0.05。

【知识拓展】

铅通过呼吸道、消化道或破损的皮肤进入体内，并蓄积分布于各组织。其在体内的分布情况如下图。

铅在体内分布以骨中含量最高，大量蓄积在骨髓中，新鲜骨髓中的铅含量也很高，可比

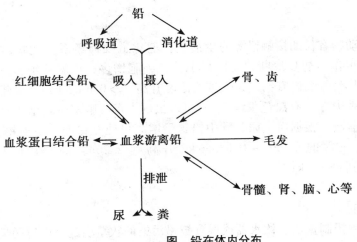

图 铅在体内分布

外周血液高约 50 倍。如此高的骨髓铅浓度可对骨髓细胞产生有毒的影响。铅可引起脑血管扩张，脑脊液压力升高，神经节变性和灶性坏死，因而中毒动物常有神经症状和脑水肿。铅对造血功能有抑制作用并产生点彩红细胞，铅可抑制 δ-氨基乙酰丙酸（ALA）合成酶和脱氢酶，使 δ-氨基乙酰丙酸合成和利用受阻，血卟啉合成受阻、血红素合成障碍，尽管体内铁充足但不能充分利用，红细胞内含有核糖体颗粒，呈嗜碱性，构成点彩。铅还可引起肾小管上皮细胞肿胀，近曲小管上皮细胞内出现包涵体。铅还可穿过胎盘屏障，对胎儿产生毒害作用，甚至引起流产。

任务 10 - 7　砷中毒

砷化合物可分为无机砷和有机砷化物两大类。无机砷化物依其毒性可分为剧毒和强毒两类：剧毒类砷化物有三氧化二砷（俗称砒霜或白砒）、砷酸钠、亚砷酸钠、砷酸钙、亚砷酸钙等；强毒类有砷酸铅等。有机砷化物则有甲基砷酸锌（稻谷青）、甲基砷酸钙（稻宁）、甲基砷酸铁铵（田安）、新肿凡钠明（914）、乙酰亚砷酸铜（巴黎绿）等。亚砷酸钠的口服平均致死量为：马 1～3g，牛 1～4g，绵羊、山羊 0.2～0.5g，猪 0.05～0.10g，狗 0.05～0.15g，禽 0.01～0.10g；三氧化二砷的口服平均致死量为：马 10～45g、牛 15～45g、羊 3～10g、猪 0.5～1.0g、狗 0.1～1.5g、禽 0.05～0.30g。

【病因分析】

1. 农药污染

采食含砷农药处理过的种子、喷洒过砷的农作物（谷物、蔬菜、青草），或者饮用被砷化物污染的饮水；受农药厂及化学制剂厂、金属冶炼厂和其他工厂排放的废气、烟尘、废水等污染的农作物、牧草及水源，都可引起人畜慢性砷中毒。

2. 误食

误食含砷的灭鼠毒饵。以砷剂作为药浴驱除体外寄生虫时，因药液过浓、浸泡时间过长、皮肤有破损或吞饮药液等。

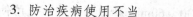

3. 防治疾病使用不当

内服或注射某些含砷药物治疗疾病以及作为硒中毒的解毒药时，用量过大或用法不当；含有对氨基苯砷酸及其钠盐的猪、鸡饲料添加剂，使用不当可导致砷中毒。

【临床症状】

1. 急性中毒

发病突然，主要表现重剧的胃肠炎症状，病畜表现流涎，口腔黏膜充血、出血、肿胀、脱落、呕吐、呻吟，腹痛不安，腹泻，粪便腥臭，混有黏液、血液。牛、羊前胃弛缓或瘤胃臌气。呼吸迫促，脉搏快、弱，四肢末梢厥冷，后肢瘫痪，体温正常或偏低，通常经数小时死于循环衰竭。

2. 亚急性中毒

病程可持续2～7d，临床仍以胃肠炎为主。表现拒食，腹泻，口渴喜饮，严重脱水，初期尿多，后排尿减少，腹痛，心率加快，脉搏快而弱。后期出现神经症状，肌肉震颤，共济失调，甚至后肢偏瘫，体温偏低，末梢发凉，阵发性痉挛，昏迷而死。

3. 慢性中毒

消瘦，消化不良，发育迟缓，被毛粗糙，易脱落。可视黏膜呈砖红色，结膜和眼睑浮肿，口腔、鼻唇部黏膜红肿和溃疡，慢性消化不良。乳牛泌乳量剧减，孕畜流产或死胎。大多数伴有神经麻痹症状，且以感觉神经麻痹为主。猪、羊有机砷中毒，临床上几乎只表现神经症状，如运动失调，视力减退，乃至失明。病禽羽毛蓬乱，减食，口流黏液，腹泻，排血便，双翅下垂，颈肌颤动，站立不稳，运动失调，伴有多发性神经炎，头颈后仰，角弓反张。

【剖检变化】

慢性病例除胃肠炎外，胃（真胃）和大肠有陈旧性溃疡或瘢痕，咳嗽和支气管黏膜炎症及全身水肿变化。急性病例死后剖检见肠道变化十分突出，胃、小肠、盲肠黏膜充血、出血、水肿乃至糜烂、坏死，产生伪膜。牛、羊真胃糜烂、溃疡甚至发生穿孔。肝、肾、心脏等呈脂肪变性，脾增大、充血。胸膜、心内膜、心外膜、肾、膀胱有点状或弥漫性出血。

【诊断】

依据消化机能紊乱，严重胃肠炎症状，神经功能障碍，结合接触砷的病史诊断，必要时可采集饲料、饮水、乳汁、尿液、被毛及肝、肾、胃肠及其内容物，肝和肾砷含量（湿重）超过10～15μg/g，即可确定为砷中毒。

【治疗措施】

初期用温水或2%氧化镁溶液反复洗胃。灌服木炭末、牛奶、蛋清、豆浆等，以减少毒物的吸收。并投服盐类泻剂，应尽快应用解毒剂。

急性中毒时，首先应用2%氧化镁溶液或0.1%高锰酸钾溶液，或用5%～10%药用活性炭液反复洗胃。

为防止毒物进一步吸收，可将40g/L硫酸亚铁溶液和60g/L氧化镁溶液等量混合，振荡成粥状，每4h灌服一次，马、牛500～1 000ml；猪、羊30～60ml；鸡5～10ml。也可使用硫代硫酸钠，马、牛25～50g，猪、羊5～10g溶于水中灌服。

应用巯基酶复活剂、二巯基丙醇（BAL），马、牛15～20ml/kg，猪、羊2～5ml/kg，鸡0.1ml/kg。分点肌肉注射，第1d每隔4h用药1次，以后每天注射1次，连用6d为一疗程。亦可应用二巯基丙磺酸钠或二巯基丁二酸钠，肌肉或静脉注射。剂量：马、牛5～8mg/kg，猪、羊3～5mg/kg，第1天注射3～4次，以后酌减。或者注射5%～10%硫代硫酸钠液（1～2ml/kg），牛、马每次100～300ml，每3～4h静脉注射1次。

根据病情实施补液、强心、保肝、利尿、缓解腹痛等对症疗法。为保护胃肠黏膜，可用黏浆剂，但忌用碱性药剂，以免形成易溶性亚砷酸盐，利于砷的吸收，使症状恶化。

【预防措施】

严格执行农药管理和使用制度，防止污染，防止被畜禽误食。喷洒农药的农作物、蔬菜谨慎饲用。严格掌握含砷添加剂和砷制剂的用量和使用时间，大群饲喂时应搅拌均匀。

【知识拓展】

砷制剂可由消化道、呼吸道及皮肤进入机体，首先且最易在肝脏聚积，然后由肝脏慢慢释放到其他组织，贮存于骨骼、皮肤及角化组织（被毛）等。砷可通过尿、粪便、汗及乳汁排泄。

砷化物为原生质毒，对体内蛋白质分子中的巯基有很强的亲和性，由之产生一系列变化：使许多含巯基酶活性降低或丧失，如丙酮酸氧化酶、磷酯酶、6-磷酸葡萄糖脱氢酶、乳酸脱氢酶、琥珀酸脱氢酶、细胞色素氧化酶等，直接损害细胞的正常代谢、呼吸及氧化过程；使得血管运动中枢麻痹，毛细血管扩张，渗透性增加，血压下降；血液循环中的砷95%以上与Hb结合；影响氧的运输，可视黏膜发绀；砷增强酪氨酸酶活性，增加黑色素合成与沉着；易在胃肠壁、肝、肾、脾、肺、皮肤和神经系统沉积而造成损害；使染色体结构和功能发生改变；砷能拮抗硒的毒性，即使在饲料硒不太低时，过量砷也可造成硒缺乏。

任务 10 – 8 汞中毒

汞含金属汞、无机汞和有机汞三种形式，其中以有机汞的毒性较大。畜禽摄取了被汞及其化合物污染的饲料和饮水能引起中毒，在临床上以呈现胃肠炎、肾炎和神经系统功能障碍为特征。各种家畜都能发生中毒，但以牛、羊对汞最为敏感。汞中毒不仅能造成畜禽大批死亡，而且受其污染的动物性食品被人食用后也能危害人的健康。

【病因分析】

汞及其无机化合物和汞蒸气如升汞、甘汞、汞撒利等，有机汞包括甲基汞、乙基汞、赛力散、富民隆等都可引起中毒。中毒途径大致如下。

（1）吸入汞蒸气 汞可以升华，许多使用金属汞的厂矿附近，因汞蒸气使人畜产生慢性中毒；

（2）误食用含汞药物喷洒过的饲料（毒谷）、或因消毒的厩舍和草地而中毒

（3）水体受到汞的污染　水中微生物可把无机汞转变为有机汞（甲基汞），使毒性猛增，危害人畜；

（4）水生植物和动物有富集汞的能力　在一定汞浓度的水中生活的鱼不一定中毒致死；但人和动物食用鱼、鱼粉或其他鱼制品后，可产生中毒，日本水俣病及狂猫跳海就是这一原因引起的；

（5）过去生产的有机汞杀虫剂　至今在环境中残留，动物食后亦可引起慢性中毒。

汞属于神经毒和组织毒，主要影响外周感觉神经和中枢神经。除四肢麻木外，还可干扰大脑组织内丙酮酸代谢，其表现与维生素 B 缺乏相似，可能与汞和辅酶 A（CoA）的巯基结合使 CoA 活性丧失有关。汞的组织毒表现在汞与金属硫蛋白结合，当这一复合物达一定量时，可引起上皮细胞损伤，尤其是肾小管和肠壁上皮细胞损伤，血管上皮损伤可产生出血，肾小管上皮损伤产生肾功能衰竭。肠上皮损伤可出现下痢、出血、疝痛等症状。

汞除了和巯基结合外，还可和二巯基（-S-S-）、氨基（-NH$_2$）、羧基（COO-）和羟基（-OH）相结合，引起相应的损害。

【临床症状】

无机汞急性中毒已很少见。但用升汞消毒，汞撒利、甘汞作临床应用时，被犊牛、貂舔食可引起局部强烈腐蚀作用，产生口炎、舌炎、胃肠炎，开始流涎，进而腹痛、拉稀、排绿色粪便、腐臭味。从呼吸道吸入的，鼻分泌物增多，鼻卡他，咳嗽及呼吸困难，常有蛋白尿，尿汞增加。

动物的汞慢性中毒，以神经症状为主。幼畜进行性消瘦，厌食，生长阻滞，动作不协调，无目的行走，失明，空嚼，呆滞，衰竭，昏睡状态下死亡。有些动物皮肤发痒，啃咬皮肤、擦痒等。继而皮肤增厚，脱毛和皮屑增多。

有机汞吸收率比无机汞高得多，因而毒性作用也特别大，半衰期长，常引起慢性中毒。以中枢神经系统损害为主，如无食欲、平衡失调、视力障碍甚至失明、听力障碍、痉挛、轻瘫、昏睡和死亡。口腔、肠道炎症，牙齿松动或脱落，瘙痒脱毛，预后多不良。

有机汞可顺利通过胎盘屏障而影响胎儿，而且可以通过乳汁而传递给幼畜，引起幼畜肢端震颤，甚至死亡。

甲基汞与乙基汞化合物致死的动物组织，汞含量差异较大。急性中毒猪的肝汞含 2.7 ~ 125mg/kg；慢性中毒猪的肝汞含量高达 48 ~ 72mg/kg，肾汞含 44 ~ 107mg/kg。成年牛的肝汞含 0 ~ 74.5mg/kg，肾汞含 2 ~ 112mg/kg。慢性中毒火鸡的肝汞含 5.8 ~ 59mg/kg，肾汞含 9.7 ~ 39.5mg/kg。吸入汞蒸气死亡的犬，其体内汞分布约为：肝 0.6mg、肺 0.6mg、肾 3.6mg、胃和肠 0.1mg、大脑 14mg。

【剖检变化】

汞中毒的眼观变化因毒物侵入途径和疾病经过的不同而异。

急性汞中毒，因误食汞制剂的，常表现严重的胃肠炎病变。胃肠黏膜潮红、肿胀、出血、坏死甚至形成溃疡。患畜生前常表现呕吐、腹泻，粪便中混有黏液、血液或假膜。因吸收汞蒸气的，则呈明显的呼吸道病变，可见气管炎、支气管炎、支气管或间质性肺炎、中毒性肺水肿、肺出血，有时还伴发胸膜炎、胸腔积液。患畜生前表现咳嗽、流鼻液、呼吸促迫、呼出气体带臭味等。因体表接触汞制剂的，可见皮肤潮红、肿胀、出血、溃烂、坏死，皮下出血或胶冻样浸润等皮肤病变。急性汞中毒时还呈现肝、脾肿大，膜出血，膀胱黏膜与肾脏出血。

慢性汞中毒时，除尸体消瘦，皮肤局部脱毛，可视黏膜苍白，皮下浆液浸润外，较典型的病变为口腔炎、齿龈炎和神经系统的中毒变化。剖检可见口腔黏膜充血、肿胀与溃烂，齿龈肿胀、出血，牙齿松动乃至脱落，齿龈见有排列成线状的灰蓝色汞色素沉着（汞线）。脑和脑膜可见出血和水肿，大脑皮质柔软苍白，切面皮质呈灰白色，以致在灰质与白质间无清晰的界限。

【诊断】

1. 病史调查

主要由于误食了含有西力生、赛力散等汞制剂处理的种子，或含汞制剂的农药密闭不严，使猪受到汞蒸气的危害而引起。

2. 临床特征

急性汞中毒以胃肠炎、气管炎、支气管炎、支气管肺炎、皮肤炎为特征，慢性汞中毒的典型病变为口腔炎、齿龈炎和神经系统的中毒变化。

3. 含量监测

病死动物内脏、肝、肾、毛、粪中汞测定，有助于诊断，当肾汞达 10～15mg/kg 即可认为是汞中毒。一般动物饲料中含汞量不得超过 0.1mg/kg，饲养场地空气中有机汞含量应不超过 0.01mg/m³，无机汞不超过 0.1mg/m³。

【治疗措施】

本病主要作预防，很难治愈，且治疗费用较大。治疗宜解毒，可用如下处方。

①10% 二巯基丙醇注射液 125～250mg，一次肌肉注射。首次用量按 1kg 体重 2.5～5mg 用药，以后每隔 6h 减半量使用。二巯基丙醇的副作用大，连用 3d 后，改为每天一次。

②5% 二巯基丙磺酸钠注射液 350～500mg，一次皮下或肌肉注射，按 1kg 体重 7～10mg 用药。

③注射用硫代硫酸钠 1～3g 加注射用水 10～20ml，溶解后，一次静脉注射，每天 2～3 次。

④土茯苓 30g、金银花 30g、冬葵子 30g、熟地 25g、巴戟天 25g、山萸肉 6g、丹皮 6g、红花 6g、桃仁 10g、泽泻 10g、柴胡 10g、甘草 15g，水煎取汁，一次灌服，每天一剂，用于慢性汞中毒。

【预防措施】

工业上防止汞的挥发与流失，农业上目前已禁止使用含汞农药，反刍动物和貂应尽量避免使用含汞消毒剂或含汞药物治疗。最大的困难是怎样治理环境及水体中残留的汞，国外现在培育一种特别能富集汞的鱼，放养于江河海洋中，定期捕捞毁灭，可逐渐消除水体中汞。但耗时长，耗费多。因此，严格治理工业"三废"，是防治汞污染的关键。

动物性食品中汞的允许含量：1992 年，WHO 建议成人每周汞允许摄入量≤0.2mg。我国食品卫生标准（GB 2762—2005）规定动物性食品中汞的 MLs（以 Hg 计，mg/kg）为肉、蛋（去壳）≤0.05，蛋制品按蛋折算；牛乳≤0.01，乳制品按牛乳折算。

【知识拓展】

汞蒸气与汞盐粉尘经呼吸道（肺）吸收，汞化合物经消化道（胃、肠）吸收。它们进入体内后均随血液分布于全身各组织器官。其中无机汞主要分布于肝、肾，而有机汞主要分布于脑组织并进入胎盘。部分有机汞在体内还可氧化成无机汞。汞蒸气吸入后，进入脑组织部分的常不易释出，因此有机汞对中枢神经系统危害性明显大于无机汞。有机汞通过胎盘屏障后，能在胎儿体内蓄积。汞对局部组织有刺激作用，当汞制剂直接接触消化道、呼吸道等黏膜时，由于汞制剂具有同蛋白质结合和溶于脂质的性质，其蛋白质化合物易溶于富含蛋白质和氯化钠的组织液中，并释放出汞离子，对局部组织产生刺激、腐蚀作用，从而引起消化道、呼吸道的急性炎症变化。进入体内的汞离子也可同一些醇的巯基结合，抑制这些酶的活性。由于使各种巯基酶丧失活性，而阻碍细胞呼吸并导致组织器官功能损害。汞还可与组织中的氨基、磷酰基、羧基等官能团结合，也可作用于细胞膜的巯基、磷酰基，抑制细胞 ATP 酶，改变细胞膜的通透性而影响细胞功能。

【项目小结】

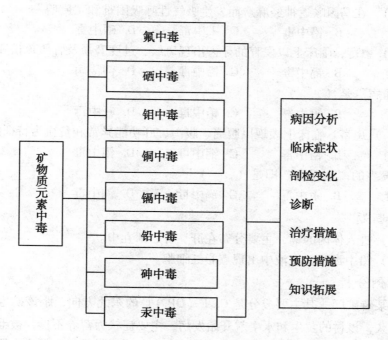

【项目检查与评价】

根据上述学习情况进行职业能力测试，以检查与评价你的学习掌握程度。

（一）单项选择题

1. 下列几种情况中，（   ）与铜缺乏症的病因关系最密切。

A. 饲草料中钼含量过多　　　　　B. 饲草料中硫含量低

C. 饲草料中铜：钼为 1：2　　　　D. 饲草中植酸盐含量低

2. 当饲料中钼含量过多时，可防碍铜的吸收和利用，是造成继发性铜缺乏的原因之一。临床推荐的合理的铜与钼供给比例通常应高于（   ）。

A. 2：1　　　　B. 8：1　　　　C. 10：1　　　　D. 20：1

3. （   ）是以持续性腹泻和被毛褪色为特征的继发性铜缺乏症。

A. 硒中毒　　　B. 氟中毒　　　C. 铅中毒　　　D. 钼中毒

4. 钼中毒是以持续性腹泻和被毛褪色为特征的继发性（   ）缺乏症。

A. 铁　　　　B. 铜　　　　C. 锌　　　　D. 硒

5. 下列药物中，（   ）可治疗铜中毒病例。

A. 硫酸钠　　　B. 氯化钠　　　C. 三硫钼酸钠　　　D. 硫代硫酸钠

6. 某患畜血液中出现点彩红细胞，则该动物最可能患的疾病是（   ）。

A. 镉中毒　　　B. 汞中毒　　　C. 铅中毒　　　D. 氟中毒

7. 钼可以干扰铜的代谢，动物进入高钼草地放牧，血浆铜浓度则（   ）。

A. 下降　　　B. 升高　　　C. 先升高后降低　　　D. 先降低后升高

8. （   ），在马因喉返神经麻痹而发生吸气性呼吸困难和"喘鸣"。

A. 镉中毒　　　B. 铅中毒　　　C. 汞中毒　　　D. 硒中毒

9. （   ）患畜，临床上以发育的牙齿出现斑纹、过度磨损及骨质疏松和骨疣形成。

A. 氟中毒　　　B. 镉中毒　　　C. 铅中毒　　　D. 佝偻病

10. "痛痛病"是（   ）。

A. 汞中毒　　　B. 镉中毒　　　C. 铅中毒　　　D. 氟中毒

11. （   ）患畜，临床上表现以腹痛、腹泻、肝功能异常和贫血为特征症状。

A. 镉中毒　　　B. 铅中毒　　　C. 铜中毒　　　D. 钼中毒

12. 日本发生的"水俣病"即是（   ）。

A. 铅中毒　　　B. 汞中毒　　　C. 镉中毒　　　D. 铜中毒

（二）判断题

1. （   ）进入体内的镉，主要分布在肝、肾、睾丸中。

2. （   ）铅中毒时，血液中出现点彩红细胞。

（三）案例分析

某村位于某磷矿厂［其主要成分是 $Ca_7F(OP_4)$］的东北方向，距该矿生产区仅 150m。黄磷厂投产不久，该村的黄牛和水牛就开始发病，主要症状为营养不良，被毛粗乱不光，运动迟缓，肢端肿大，跛行，严重者发生瘫痪，部分患畜蹄冠脱落，多数病牛牙齿磨损严重并伴有牙釉质的褐色病变，有的病牛有流涎、腹痛、肌肉震颤无力等症状。患牛食欲基本正常，体温 38.6～39.4℃。

项目十一　家庭用品中毒

【岗位需求】掌握常见家庭用品中毒的原因和处理措施。

【能力目标】掌握腐蚀剂、清洁剂、漂白剂等常见家庭用品中毒的原因，诊断和防治措施。

【案例导入】某年10月晚8时左右，王某家养的一条2月龄左右的小狗，误饮了浸泡衣服的一枝花牌洗衣粉水。当时未考虑到后果，未加以制止，半小时后，小狗不停地怪叫，继而出现严重的中毒症状：呼吸加深加快，心跳加速，四肢阵发性痉挛，并可见典型的角弓反张症状，四肢僵硬，头向后仰，随后送往当地兽医门诊救治，但因救治不及时而死亡。

点评：家庭用品主要是人们日常生活中常用的化学品，包括腐蚀剂（如酸、碱）、漂白剂、洗涤剂、溶剂、驱虫剂（如樟脑丸、卫生球等）、消毒剂等，这一案例典型的反映了对于不懂危险、好奇心强的犬、猫，看似安全的家可能危机四伏，当家庭用品使用过程中或贮存不当，有时可使动物接触而发生中毒。各种动物均可发生，常见于宠物。

任务 11 - 1　腐蚀剂中毒

常用的腐蚀剂有两类：①酸性腐蚀剂。原料包括盐酸、硫酸、磷酸、草酸、硫酸氢钠等。主要产品有便盆清洗剂、下水管道清洗剂、金属清洗剂、防锈剂、汽车电池用酸液、卫生消毒剂等。②碱性腐蚀剂。原料包括石灰、氢氧化钾、苛性碱、碳酸钠、碳酸钾、氧化钙、氧化钾、氧化钠、碳化钙等。主要产品有下水道疏通剂、烤箱清洁剂、工业清洁剂、假牙清洁剂、暖气管道清洁剂、碱性蓄电池、餐具洗涤剂、低磷洗涤剂等。腐蚀剂中毒是动物因接触腐蚀性化学物品而引起的以局部组织坏死为特征的中毒性疾病。腐蚀剂可造成所有动物的损伤，宠物因经常能接触到这些家庭用品而多发。

【病因分析】

宠物发生腐蚀剂中毒主要是由于对含有腐蚀剂的家庭用品保管不当造成的，如用后未加瓶盖或瓶盖未拧紧或放置位置过低等，均会使宠物有机会接触到这些物品而发生中毒。

【临床症状】

皮肤接触腐蚀剂表现轻度皮炎，蜂窝织炎，皱缩，感染；严重者皮肤坏死、溃疡。口服主要表现消化道炎症，口腔、咽部黏膜肿胀、糜烂、流涎、呕吐，呕吐物含有血液和黏膜碎片。口渴，拒食，腹痛，有的用爪在口唇部抓挠。唇、舌、齿龈因酸性毒物腐蚀，初期呈灰白色，以后转为黑色，草酸损伤呈黄色。因喉头水肿可导致吞咽困难和窒息。严重者可发生消化道穿孔，休克，昏迷，甚至危及生命。眼损伤可发生结膜炎、角膜炎、角膜浑浊和溃疡。吸入强酸烟雾后，立即出现呛咳，胸部疼痛。因发生喉头水肿、肺水肿、支气管痉挛、肺炎、气管支气管炎，肺部听诊出现啰音，呼吸困难，甚至窒息。

【诊断】

根据接触腐蚀性化学品的病史，结合以刺激性为主的临床症状，即可初步诊断。必要时采集呕吐物、胃内容物等进行相关游离酸或游离碱的分析。

【治疗措施】

本病无特效解毒药，经口中毒主要采取保护胃肠黏膜和对症治疗措施，切忌催吐和洗胃，以免穿孔和出血。酸性腐蚀剂中毒可灌服蛋清、氧化镁等，禁用碳酸氢钠、碳酸钠等，以免与酸反应产生大量二氧化碳导致胃肠臌气、穿孔；碱性腐蚀剂中毒可灌服 4 倍稀释的食醋，或者 1% ~5% 醋酸；酸碱中和之后可进行催吐，并用盐类泻剂。保护胃肠黏膜可用高岭土、白陶土、果胶、牛奶、蛋清等。

吸入酸雾中毒应立即用 2% ~4% 碳酸氢钠雾化吸入以中和酸，保持呼吸道畅通；喉头水肿、呼吸困难者应进行气管切开及相应的对症处理。

皮肤接触酸性腐蚀剂可用清水、4% 碳酸氢钠、1% 氨水及石灰水彻底清洗，然后进行一般的外科处理；眼烧伤可用清水、生理盐水冲洗，然后滴 1% 阿托品眼液和可的松抗生素眼液。接触碱性腐蚀剂可用清水、3% 硼酸、3% 醋酸溶液清洗；眼灼伤可用清水冲洗，不能用酸性溶液，以免产热烧伤眼睛。

【预防措施】

腐蚀剂在使用过程中应避免动物接触。用后应拧紧瓶盖，并妥善保存。

【知识拓展】

强酸引起蛋白质凝固和完全破坏。皮肤接触强酸后，可发生皮肤灼伤、腐蚀、坏死和溃烂。强酸的酸雾吸入后，刺激上呼吸道，引起咳嗽和上呼吸道炎症，甚至发生肺水肿。误服后强烈刺激口腔、咽部和胃黏膜，发生剧烈呕吐，呕吐物中混有血液和黏膜碎片。经消化道吸收进入血液，消耗血液的碱贮，发生代谢性酸中毒。

强碱与组织接触后，能迅速吸收组织中的水分，溶解蛋白及胶原组织，与组织蛋白结合而形成胶冻样的碱性蛋白盐，并能皂化脂肪，使组织细胞脱水。皂化时产生热量可使深层组织坏死，形成溃疡。经消化道吸收后可发生代谢性碱中毒。当强碱类进入机体，经血液循环分布于全身，亦可造成肝脏和肾脏等实质器官损伤。

任务 11 - 2　清洁剂中毒

清洁剂是结合了无机成分（如磷酸盐、硅酸盐、碳酸盐）的非皂化表面活性剂。根据溶液中的电荷分为非离子型、阴离子型和阳离子型 3 类。非离子型和阴离子型主要是洗发剂、餐具洗涤剂、衣物洗涤剂等，阳离子型主要成分是苯扎氯铵、苯索氯铵，产品有织物柔顺剂、杀菌剂、卫生消毒剂，用于皮肤、手术器械、病房用具、尿布等的清洗消毒。

清洁剂中毒是动物接触清洁剂而引起的以红斑性皮炎或消化系统和神经系统功能紊乱为特征的中毒性疾病，常见于犬、猫。

【病因分析】

因清洁剂使用不当和管理不善，如给动物洗澡时用量过大，或偶尔动物误食家用清洁剂，均可导致中毒。

【临床症状】

皮肤接触者表现红斑性皮炎，黏膜损伤，如结膜炎、角膜炎；阳离子清洁剂可引起皮肤红斑、水肿、疼痛，甚至溃烂。经口摄入者表现口炎，流涎，咽炎，呕吐，腹泻，胃肠扩张；有的喉头水肿导致呼吸困难；有的体温升高，肺水肿。严重者共济失调，肌肉无力，震颤，抽搐，极度沉郁，脱水。电解质平衡失调，昏迷。

【诊断】

根据有接触清洁剂的病史，结合临床症状，即可初步诊断。

【治疗措施】

本病无特效解毒药，主要采取清除毒物和对症治疗等措施。皮肤接触者用清水彻底清洗，然后进行止痛、抗炎等治疗。经口摄入者可灌服牛奶、水进行稀释，阳离子清洁剂在吸收之前可用肥皂水中和；严重者补液、补充能量，并应用抗生素和强的松。口腔和咽部严重损伤者也可用胃管投服营养物质。

【预防措施】

使用清洁剂（特别是阳离子清洁剂）时严禁动物接近，用后应拧紧瓶盖，并妥善保存。避免在犬、猫玩耍的地方使用或放置清洁剂。

【知识拓展】

非离子和阴离子清洁剂毒性较低，有一定刺激性。阳离子清洁剂吸收迅速，可引起局部和全身中毒；1%～7.5%可损伤黏膜，2%口服可引起口腔溃烂、咽炎和胃炎。阳离子清洁剂引起的全身毒性机理仍不十分清楚，进入机体后可能发挥神经节阻滞效应，并具有箭毒样作用，导致横纹肌神经肌肉接头麻痹。

任务 11-3　漂白剂中毒

家用液体漂白剂含次氯酸钠低于5%，颗粒制剂含量较高。粉剂的氯漂白剂含有次氯酸钙、二氯二甲基乙内酰脲或三氯异氰脲酸。工业漂白剂含50%或更多的次氯酸钙，有的还含过氧化钠、过硼酸钠、碳酸钠。漂白剂中毒是动物接触漂白剂所引起的以皮肤、黏膜刺激为主要特征的中毒性疾病。

【病因分析】

动物发生家用漂白剂中毒主要是由于对该药品保管或使用不当造成的，如用后瓶盖未拧紧或未妥善保存，或使用漂白剂消毒时动物在附近玩耍等，使动物有机会接触到这些物品而中毒。偶尔也见人误将漂白粉当成面粉用而发生人中毒现象者。

【临床症状】

经口摄入主要表现流涎，呕吐或干呕，腹泻，食欲缺乏，嗜睡。有的口腔溃烂，抓挠口唇，吞咽困难，严重者精神沉郁。有的碱性漂白剂可使局部化学灼伤而增厚。

皮肤接触可产生刺激，并使皮毛漂白。氯气与眼睛直接接触可引起流泪，眼睑痉挛，眼睑水肿。眼睛接触碱性漂白剂可导致角膜损伤，甚至形成溃疡。吸入氯胺气可引起咳嗽，窒息，呼吸困难；长时间吸入可导致肺炎、肺水肿和呼吸衰竭。

【诊断】

根据动物接触漂白剂的病史，结合以刺激为主的临床症状，即可初步诊断。另外，也可将患病动物的呕吐物、腹泻物等病料进行含氯消毒剂的定性测定。方法是：将 1~2 滴无色邻联甲苯胺试剂滴入病料中，若病料存在游离氯，则病料会立刻显黄色，若无游离氯，则病料不变色。

【治疗措施】

本病无特效解毒药，经口摄入中毒后立即灌服水或牛奶等进行稀释，消化道溃疡可用硫糖铝，并及时用抗菌素，防止继发感染。口腔严重损伤影响采食者可用胃管投服营养液，持续呕吐导致脱水应及时静脉补液，维持电解质平衡。皮肤接触中毒用中性洗涤剂或清水清洗，对皮肤严重损伤者应进行镇痛、抗炎。眼睛接触者应立即用清水或生理盐水冲洗，并滴抗生素眼药水。

【预防措施】

使用漂白剂时严禁动物接近，用后应拧紧瓶盖，并妥善保存。避免在宠物玩耍的地方使用或放置漂白剂。

【知识拓展】

漂白剂的毒性主要是刺激和腐蚀性，pH 值为 11~12 的漂白剂具有较强的腐蚀性。固体漂白剂因浓度高而毒性大。摄入过氧化钠可在消化道分解释放氧，并引起轻度胃炎；过硼酸钠分解为过氧化物和硼酸盐；次氯酸钠与酸或氨结合可产生氯气和氯胺气，刺激黏膜和呼吸道。

任务 11-4　硼酸盐中毒

硼酸及其盐在医药、家庭及工业上具有广泛的用途。家用含硼酸盐产品有灭菌药（如清厕剂、消毒剂、药膏）、灭蟑螂药、食品防腐剂、水软化剂等。硼酸盐中毒是动物过量接触硼酸盐而引起的以局部刺激、消化和肾脏功能紊乱为特征的中毒性疾病。各种动物均可造成损伤，但以宠物多发。

【病因分析】

动物发生硼酸盐中毒主要是使用或管理不当致动物过量接触该药品而发生中毒。另外，在将硼酸作为药用时，因浓度过高或剂量过大也可致动物中毒。一般幼龄和老龄动物易感性强。硼酸盐对大鼠口服 LD_{50} 为 $2.0 \sim 4.98g/kg$ 体重，犬口服硼酸 $1.0 \sim 3.09g/kg$ 可出现严重的中毒症状，但无死亡。

【临床症状】

经口摄入表现流涎，呕吐或干呕，腹泻，腹痛；呕吐物和粪便常呈蓝绿色，并混有血液；精神沉郁，共济失调，严重者肌肉震颤，抽搐。慢性接触可引起食欲降低，体重下降，贫血，甚至死亡。肾脏损伤表现少尿，无尿。

【诊断】

根据动物有接触硼酸盐的病史，结合以局部刺激、消化和肾脏功能紊乱为特征的临床症状，即可初步诊断。尿液化学和沉渣检查可判断肾脏损伤的程度。必要时可测定尿液中的硼酸含量。

【治疗措施】

本病无特效解毒药。皮肤接触者用大量肥皂水冲洗。经口摄入可用大剂量活性炭、黏膜保护剂，并服用盐类泻剂。严重者应及时补液、纠正酸碱平衡及电解质紊乱，并采取相应的对症治疗措施。

【预防措施】

硼酸盐产品存放应远离动物经常玩耍的场所，或将其置于动物不能触及的地方。作为灭菌、灭蟑螂等使用时应避免动物接触；作为药物应按规定的剂量使用，不能大剂量长期应用。

【知识拓展】

中毒机理仍不十分清楚。硼酸及其盐很容易被擦伤或表皮脱落的皮肤吸收，完整的皮肤吸收很少。摄入后在消化道很快吸收。进入体内后随血液分布在全身组织，但大脑、肝脏、肾脏含量较高。大部分以原型从尿液排出，半衰期 $5 \sim 21h$，但接触后 23d 仍可从尿液中检测到硼。硼酸具有细胞毒性，毒性作用强度与进入器官的硼酸浓度有关。硼酸盐对接触的局部产生刺激，高浓度的硼酸盐从肾脏排泄对肾脏造成损伤，导致肾功能衰竭。高剂量的硼砂和硼酸可导致大鼠生长抑制和饲料利用率降低，犬和大鼠睾丸变形，鸡胚胎畸形。

任务 11-5 甲醇中毒

甲醇又称木醇或木精，为无色、易燃、易挥发的液体，广泛应用于医药、农药、染料、涂料、塑料、合成纤维、合成橡胶等生产，还用于溶剂、抗冻剂和工业及民用燃料等。甲醇中毒是动物皮肤接触、食入或吸入大量甲醇所引起的以中枢神经系统抑制和代谢性酸中毒为特征的中毒性疾病。各种动物均可发病。甲醇可通过消化道、呼吸和皮肤吸收进入体内。甲醇对动物和人的最小致死剂量（g/kg 体重）为：大鼠9.5，兔7.0，犬8.0，猕猴3.0，人1.0。

【病因分析】

1. 保管不当

对甲醇的保管不当，如存放过低，或用后未拧紧瓶盖使宠物吸入或误饮多量该药品而引起中毒。

2. 使用不当

长时间应用甲醇时，如通风不良，可使动物甚至人发生中毒。

【临床症状】

摄入后15min 即可出现症状，中毒程度与进入体内的量有关。表现精神沉郁，共济失调，无力，呕吐，腹痛，呼吸急促，昏迷，休克；有的发生惊厥，兴奋。人和猕猴还表现视力障碍，突然失明，瞳孔散大，对光反射消失。最终因呼吸麻痹而死亡。

【诊断】

根据有接触甲醇的病史，结合临床症状，即可初步诊断。血液甲醇和甲酸含量的测定有助于本病的诊断。血液碳酸氢盐含量测定及血气分析可作为判断代谢性酸中毒程度的指标。

【治疗措施】

主要采取促进毒物排出、特效解毒和对症治疗。摄入后1h 内应催吐、洗胃，灌服活性炭和盐类泻剂。特效解毒常用乙醇或4-甲基吡唑（见乙二醇中毒）。对症治疗主要是补液和纠正酸中毒。

【预防措施】

甲醇应妥善保管，使用过程中避免动物接触。

【知识拓展】

甲醇进入体内后在肝脏经氧化代谢为甲醛和甲酸，甲醛很快代谢为甲酸。甲酸可抑制细胞色素 C 氧化酶、琥珀酸细胞色素 C 还原酶、过氧化氢酶的活性，抑制细胞内的氧化过程，导致细胞缺氧（特别是脑皮质细胞缺氧），出现一系列的神经症状，同时使体内乳酸和有机酸蓄积导致代谢性酸中毒。另外，甲醇氧化可使细胞内 NAD^+/NADH 比例下降，促进糖无氧酵解，并产生乳酸。

任务 11-6　丙二醇中毒

丙二醇为无色透明的黏稠液体，可与水、醇及大多数有机溶剂混溶，在食品、医药和化妆品工业中广泛用作吸湿剂、抗冻剂、润滑剂、抑菌剂、防霉剂和溶剂，如经常添加在宠物的半干食品中。另外，丙二醇也是治疗奶牛酮病的药物。丙二醇中毒是动物大量摄入丙二醇所引起的以中枢神经系统抑制为特征的中毒性疾病，常见于犬、猫和奶牛。犬每天摄入5g/kg或日粮含20%丙二醇，可使血液成分发生变化，尿量增加，但无明显的临床症状；犬的口服LD_{50}为19～22g/kg体重；成年牛的半数中毒量（TD_{50}）为2.6g/kg体重；猫因体内葡糖苷酸含量有限，对丙二醇特别敏感，如幼龄猫食物含丙二醇5%即可引起海因茨小体增加，成年猫食物丙二醇超过6%可使海因茨小体和网织红细胞增加，诱发贫血。

【病因分析】

1. 保管不当

对丙二醇的保管不当，使宠物误食多量该物品而引起中毒。

2. 使用不当

如在宠物的半干食品中，丙二醇添加过多；或用丙二醇治疗奶牛酮病时，剂量过大等，均可使动物发生中毒。

【临床症状】

牛在摄入后2～4h出现共济失调，精神沉郁，有的卧地不起，24h可恢复。

猫表现多尿，烦渴，精神沉郁，反应迟钝，共济失调。红细胞数减少，海因茨小体增多，网织红细胞数增加，红细胞存活时间减少。

【诊断】

根据有接触或使用丙二醇的病史，结合中枢神经系统抑制的临床症状，即可初步诊断。确诊必须测定血清、尿液及组织中丙二醇的含量。

【治疗措施】

本病尚无特效疗法，轻度中毒可自然恢复。猫发生的海因茨小体性贫血主要采取支持疗法。一般在6～8周康复。

【预防措施】

宠物食品中添加丙二醇应严格控制剂量，特别是容易诱发猫贫血。丙二醇用于治疗和预防奶牛酮病时应按照规定剂量使用。

【知识拓展】

丙二醇可通过消化道、呼吸和皮下注射迅速吸收，主要在肝脏和肾脏代谢，接触后2～4h即可检测到代谢物，大部分在24～48h被排泄。丙二醇进入体内后在醇脱氢酶的作用下代谢为乳醛，然后在醛脱氢酶的作用下直接转化为乳酸；或在醇脱氢酶的作用下转化为甲基乙二醛，再代谢为乳酸，最终转化为丙酮酸。丙二醇对大脑有直接抑制作用。乳酸和丙酮酸含量过高可导致代谢性酸中毒。大脑中过量的D-乳酸可引起脑病。丙二醇可引起猫海因茨小体性贫血，但机理仍不清楚，可能与丙二醇或其代谢物的氧化性有关。

任务 11 - 7　乙二醇中毒

乙二醇为无色、无臭，带有甜味的黏稠液体，广泛用作工业溶剂、除锈剂及防冻剂。乙二醇中毒是动物大量摄入乙二醇所引起的以中枢神经系统抑制、酸中毒和肾脏损伤为特征的中毒性疾病，各种动物均可发生，常见于犬、猫、牛、猪、羊、鸡。

【病因分析】

动物中毒主要与汽车、拖拉机使用的防冻剂有关。鸟类和哺乳动物均易感，乙二醇（95%）的致死剂量（ml/kg 体重）为：猫 0.9 ~ 1.0，犬 6.6，鸡 7 ~ 8，鸭 2.3，牛 2 ~ 10，人 1.4；大鼠和小鼠口服 LD_{50} 分别为 5.8ml/kg 体重和 12ml/kg 体重。

【临床症状】

临床症状与摄入乙二醇的量、中毒的不同时期及动物种类有关。

1. 犬、猫

症状比较典型，Ⅰ期发生于摄入后 30min 至 3h，以中枢神经系统症状为主，与酒精中毒相似，表现烦渴多饮，多尿，恶心，呕吐，脱水，共济失调，精神沉郁，反射减弱，严重者昏迷、死亡。随后病情恢复，经过 4 ~ 6h 后再次恶化进入Ⅱ期，表现呼吸急促，呕吐，体温过低，瞳孔缩小，极度沉郁，昏迷；有的心动过速，有的心动徐缓。Ⅲ期主要发生于摄入乙二醇 12 ~ 72h 后，表现昏睡，少尿，贫血，呕吐，口腔溃疡，惊厥。最终因急性无尿性肾功能衰竭和酸中毒而导致死亡。

2. 牛

表现步态蹒跚，呼吸急促，渐进性后躯轻瘫，初期心动过速，后期心动徐缓，卧地不起，血红蛋白尿，鼻出血，呼吸困难。

3. 猪

表现精神沉郁，无力，共济失调，肌肉震颤，渐进性肌肉张力和反射丧失，卧地不起。有的出现腹腔和胸腔积液。

4. 家禽

表现精神不振，运动失调，羽毛蓬乱，呼吸困难，水样粪便。呈特征性的伏卧姿势，闭眼，翅下垂，喙着地支撑头部，口流黏液。鸡冠发绀，嗉囊膨大。严重者震颤，昏迷，最终死亡。

【诊断】

根据有接触乙二醇的病史，结合中枢神经系统抑制、酸中毒和肾脏损伤为特征的临床症状，即可初步诊断。超声波检查时，肾区出现弥漫性高回声区域。必要时测定血清及尿液中乙二醇含量，也可测定血清中羟乙酸含量。

【治疗措施】

本病治疗的原则是早期采取阻止毒物吸收和特效解毒措施。摄入乙二醇不超过 4h，可进行催吐、洗胃，并灌服活性炭。

特效解毒剂主要是抑制肝脏醇脱氢酶的活性，阻止乙二醇的代谢，使其以原型从肾脏排泄。静脉注射 20% 乙醇溶液，犬 5.5ml/kg 体重，间隔 4h 连续 5 次，然后间隔 6h 再用 4 次；猫 5ml/kg 体重，间隔 6h 连续 5 次，然后间隔 8h 再用 4 次。乙醇治疗的副作用主要是抑制中枢神经系统，特别是抑制呼吸中枢，加剧渗透性利尿作用和血浆高重量克分子渗透压浓度。而 5%4-甲基吡唑的副作用较小，但对猫无效；犬首次用量为 20mg/kg 体重，静脉注射，之后按 15mg/kg 体重在 12h 和 24h 重复用药，36h 按 5mg/kg 体重再用一次。

辅助治疗包括补液、纠正代谢性酸中毒和电解质紊乱，维持正常的排尿量。可静脉注射 5% 碳酸氢钠溶液。另外，适量补充维生素 B_1、维生素 B_6，可促进乙二醇转化为无毒的代谢产物。

【预防措施】

乙二醇及其产品应妥善保存，避免动物接触；严禁将防冻液带回家中自行保存；冬季汽车、拖拉机使用防冻剂后排放的水严禁动物饮用。

【知识拓展】

乙二醇是小分子水溶性化合物，可增加血清重量克分子渗透压浓度，刺激饮欲，并具有利尿作用，引起动物烦渴和多尿。乙二醇进入消化道刺激胃黏膜引起恶心，表现流涎和呕吐。吸收后的毒性作用表现 3 期：I 期表现中枢神经症状，主要由母体化合物（醇）和醛引起，然而高浓度的羟乙酸也对中枢神经系统产生作用；另外，脑水肿和草酸钙沉积在脑血管也导致神经功能紊乱。II 期是酸性代谢产物（特别是羟乙酸）引起的代谢性酸中毒；同时钙形成草酸盐晶体而出现低血钙症，从而影响心脏功能。III 期表现肾脏损伤，草酸钙晶体通过肾脏滤过进入肾小管，引起上皮细胞坏死；羟乙酸和乙醛酸可导致较高的阴离子隙，并使通过细胞的血清重量克分子渗透压隙增加，引起肾脏水肿，影响肾内的血流量，加速肾衰竭发生，最终导致尿毒症。

任务 11-8　胶水和黏合剂中毒

胶水和黏合剂主要含氰基丙烯酸盐、环氧树脂、苯甲酸、酚醛树脂、甲基乙基酮等。胶水和黏合剂中毒是动物接触大量这类产品而引起的以局部刺激为特征的中毒性疾病。

【病因分析】

对胶水和黏合剂的保管不当，使宠物有机会接触到多量该药品，是引起中毒的主要原因。动物接触这类化学物品后主要是对局部产生一定的刺激性。

【临床症状】

主要表现皮炎，黏膜溃疡。有的精神沉郁，感觉过敏。经口摄入可引起胃肠炎，呕吐，腹泻，腹痛。

【诊断】

根据动物接触胶水和黏合剂的病史，结合临床症状，即可诊断。

【治疗措施】

主要采取促进毒物排除和对症治疗措施。皮肤接触用温水或肥皂水清洗，慎用其他溶剂，以免加重毒性。摄入早期可催吐、洗胃，灌服活性炭和盐类泻剂等。

【预防措施】

胶水和黏合剂应妥善保存，以免宠物玩耍接触而引起中毒。

【项目小结】

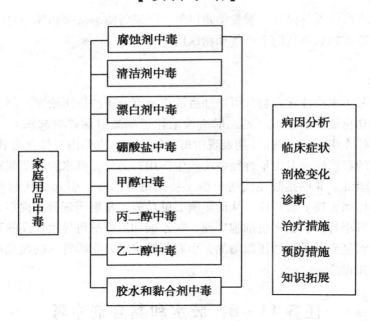

【项目检查与评价】

根据上述学习情况进行职业能力测试，以检查与评价你的学习掌握程度。

（一）单项选择题

1. 吸入酸雾中毒应立即用（　　　）。

A. 碳酸氢钠　　　B. 碳酸钠　　　C. 氢氧化钠　　　D. 氢氧化钾

2. 皮肤接触酸性腐蚀剂可用（　　　）清洗。

A. 清水　　　B. 4%碳酸氢钠　　　C. 1%氨水　　　D. 3%醋酸

3. 眼被腐蚀剂灼伤可用（　　　）。

A. 清水　　　B. 生理盐水　　　C. 酸性溶液　　　D. 蒸馏水

4. 硼酸盐皮肤接触者最好选用（　　）冲洗。

A. 大量肥皂水　　　　B. 3% 醋酸　　　　C. 清水　　　D. 生理盐水

5. 猫丙二醇中毒表现（　　）。

A. 少尿　　　　B. 反应迟钝　　　C. 共济失调　　　D. 红细胞数减少

（二）判断题

（　　）1. 清洁剂中毒是动物接触清洁剂而引起的以红斑性皮炎或消化系统和神经系统功能紊乱为特征的中毒性疾病。

（　　）2. 因清洁剂使用不当和管理不善，如给动物洗澡时用量过大，或偶尔动物误食家用清洁剂，均可导致中毒。

（　　）3. 动物发生家用漂白剂中毒主要是由于对该药品保管或使用不当造成的，如用后瓶盖未拧紧或未妥善保存，或使用漂白剂消毒时动物在附近玩耍等，使动物有机会接触到这些物品而中毒。

（　　）4. 硼酸盐产品存放应远离动物经常玩耍的场所，或将其置于动物不能触及的地方。作为灭菌、灭蟑螂等使用时应避免动物接触；作为药物应按规定的剂量使用，不能大剂量长期应用。

（　　）5. 如在宠物的半干食品中，丙二醇添加过多；或用丙二醇治疗奶牛酮病时，剂量过大等，均可使动物发生中毒。

（　　）6. 乙二醇中毒是动物大量摄入乙二醇所引起的以中枢神经系统抑制、酸中毒和肾脏损伤为特征的中毒性疾病。

（　　）7. 乙二醇中毒各种动物均可发生，常见于犬、猫、牛、猪、羊、鸡。

（　　）8. 动物乙二醇中毒主要与汽车、拖拉机使用的防冻剂有关。

（　　）9. 乙二醇中毒根据有接触乙二醇的病史，结合中枢神经系统抑制、酸中毒和肾脏损伤为特征的临床症状，即可初步诊断。超声波检查时，肾区出现弥漫性高回声区域。必要时测定血清及尿液中乙二醇含量，也可测定血清中羟乙酸含量。

（　　）10. 乙二醇中毒治疗的原则是早期采取阻止毒物吸收和特效解毒措施。摄入乙二醇不超过4h，可进行催吐、洗胃，并灌服活性炭。

（　　）11. 乙二醇中毒特效解毒剂主要是抑制肝脏醇脱氢酶的活性。

（　　）12. 乙二醇及其产品应妥善保存，避免动物接触；严禁将防冻液带回家中自行保存；冬季汽车、拖拉机使用防冻剂后排放的水严禁动物饮用。

（　　）13. 胶水和黏合剂中毒是动物接触大量这类产品而引起的以局部刺激为特征的中毒性疾病。

（　　）14. 对胶水和黏合剂的保管不当，使宠物有机会接触到多量该药品，是引起中毒的主要原因。动物接触这类化学物品后主要是对局部产生一定的刺激性。

（　　）15. 胶水和黏合剂中毒主要表现皮炎，黏膜溃疡。有的精神沉郁，感觉过敏。经口摄入可引起胃肠炎，呕吐，腹泻，腹痛。

（　　）16. 胶水和黏合剂中毒主要采取促进毒物排除和对症治疗措施。

（三）理论问答题

1. 常见的家庭用品中毒病有哪些？

2. 如何预防家庭用品引起的中毒病？

附录1 饲料卫生标准

项目	适用范围	允许量
黄曲霉毒素（mg/kg）	玉米、花生饼（粕）、棉籽饼（粕）、菜籽饼（粕）	≤0.05
	肉用仔鸡后期、生长鸡配合饲料	≤0.02
	产蛋鸡配合饲料	≤0.02
	生长肥育猪配合饲料	≤0.02
游离棉酚（mg/kg）	棉籽饼、粕	≤1 200
	肉用仔鸡、生长鸡配合饲料	≤100
	产蛋鸡配合饲料	≤20
	生长肥育猪配合饲料	≤60
异硫氰酸脂（mg/kg，以丙烯基异硫氰酸酯计）	菜籽饼、粕	≤4 000
	鸡配合饲料	≤500
	生长肥育猪配合饲料	≤500
噁唑烷硫酮（mg/kg）	肉用仔鸡、生长鸡配合饲料	≤1 000
	产蛋鸡配合饲料	≤500
氰化物（mg/kg，以HCN计）	木薯干	≤100
	胡麻饼、粕	≤350
	鸡配合饲料，猪配合饲料	≤50
亚硝酸盐（mg/kg，以$NaNO_2$计）	鱼粉	≤60
	鸡配合饲料、猪配合饲料	≤15
食盐（%）	仔猪、生长肥育猪配合饲料	0.25~0.40
	生长鸡、产蛋鸡、肉用仔鸡配合饲料	0.25~0.40
六六六（mg/kg）	米糠	≤0.05
	小麦麸	≤0.05
	大豆饼、粕	≤0.05
	鱼粉	≤0.05
	肉用仔鸡、生长鸡配合饲料	≤0.3
	产蛋鸡配合饲料	≤0.3
	生长肥育猪配合饲料	≤0.4
滴滴涕（mg/kg）	米糠	≤0.02
	小麦麸	≤0.02
	大豆饼、粕	≤0.02
	鱼粉	≤0.02
	鸡配合饲料，猪配合饲料	≤0.2
砷（mg/kg，以总As计）	鱼粉	≤10
	石粉	≤2
	磷酸盐	≤20
	家禽、猪配合饲料	≤2

（续表）

项目	适用范围	允许量
铅（mg/kg，以 Pb 计）	鱼粉	≤10
	石粉	≤10
	磷酸盐	≤30
	鸡配合饲料，猪配合饲料	≤5
汞（mg/kg，以 Hg 计）	鱼粉	≤0.5
	石粉	≤0.1
	鸡配合饲料，猪配合饲料	≤0.1
镉（mg/kg，以 Cd 计）	米糠	≤1
	鱼粉	≤2
	石粉	≤0.75
	鸡配合饲料，猪配合饲料	≤0.5
氟（mg/kg，以 F 计）	鱼粉	≤500
	石粉	≤2 000
	磷酸盐	≤1 800
	肉用仔鸡、生长鸡配合饲料	≤250
	产蛋鸡配合饲料	≤350
	猪配合饲料	≤100
铬（mg/kg，以 Cr 计）	鸡、猪配合饲料	≤10
硒（mg/kg，以 Se 计）	猪、家禽配合饲料	≤0.5
霉菌（霉菌总数 $\times 10^3$ 个/g）	玉米	<40
	米糠	<40
	小麦麸	<40
	棉籽饼（粕）菜籽饼（粕）、豆饼（粕）	<40
细菌总数（细菌总数 $\times 10^6$ 个/g）	鱼粉	<2

附录2 饲料添加剂品种目录

类别	饲料添加剂名称	适用范围
氨基酸	L-赖氨酸盐酸盐，L-赖氨酸硫酸盐，DL-蛋氨酸，L-苏氨酸，L-色氨酸	养殖动物
	DL-羟基蛋氨酸，DL-羟基蛋氨酸钙	猪、鸡、牛
	N-羟甲基蛋酸钙	反刍动物
维生素	维生素 A，维生素 A 乙酸酯，维生素 A 棕榈酸酯，盐酸硫胺（维生素 B_1），硝酸硫胺（维生素 B_1）核黄素（维生素 B_6），维生素 B_{12}（氰钴胺），L-抗坏血酸（维生素 C），L-抗坏血酸钙，L-抗坏血酸-2-磷酸酯，维生素 D_3，α-生育酚（维生素 E），α-生育酚乙酸酯，亚硫酸氢纳甲萘（维生素 K），二甲基嘧啶醇亚硫酸甲萘醌，亚硫酸烟酰胺甲萘醌*，烟酸，烟酰胺，D-泛酸钙，DL-泛酸钙，叶酸，D-生物素，氯化胆碱，肌醇，L-肉碱盐酸盐	养殖动物
矿物元素及其络合物	氯化钠，硫酸钠，磷酸二氢钠，磷酸氢二钠，磷酸二氢钾，磷酸氢二钾，碳酸钙，氯化钙，磷酸氢钙，磷酸三钙，乳酸钙，七水硫酸镁，一水硫酸镁，氧化镁，氯化镁，六水柠檬酸亚铁，富马酸亚铁，三水乳酸亚铁，七水硫酸亚铁，一水硫酸亚铁，一水硫酸铜，五水硫酸铜，氧化锌，七水硫酸锌，一水硫酸锌，无水硫酸锌，氯化猛，氧化猛，一水硫酸猛，碘化钾，碘酸钾，碘酸钙，六水氯化钴，一水氯化钴，硫酸钴，亚硒酸钠，蛋氨酸铜络合物，甘氨酸铁络合物，蛋氨酸铁络合物，蛋氨酸锌络合物，酵母铜*，酵母铁*，酵母猛*，酵母硒*	养殖动物
	烟酸铬，吡啶羧酸铬（甲基吡啶铬），酵母铬，蛋氨酸铬	生长肥育猪
酶制剂	淀粉酶（产自黑曲霉，解淀粉芽孢杆菌，地衣芽孢杆菌，枯草芽孢杆菌），纤维素酶（产自长柄木霉，李氏木霉），β-葡萄聚糖酶（产自黑曲霉，枯草芽孢杆菌，长柄木霉），葡萄糖氧化酶（产自特异青霉），脂肪酶（产自黑曲霉），麦芽糖酶（产自枯草芽孢杆菌），甘露聚糖酶（产自迟缓芽孢杆菌），果胶酶（产自黑曲霉），植酸酶（产自黑曲霉，米曲霉），蛋白酶9产自黑曲霉，米曲霉，枯草芽孢杆菌），支链淀粉酶（产自酸解支链淀粉芽孢杆菌），木聚糖酶（产自米曲霉，孤独腐质霉，长柄木霉）	使用说明书指定的动物和饲料
微生物	地衣芽孢杆菌*，枯草芽孢杆菌，两歧双歧杆菌*，粪肠球菌，屎肠球菌，乳酸肠球菌，嗜酸乳杆菌，干酪乳杆菌，乳酸乳杆菌*，植物乳杆菌，乳酸片球菌，戊糖片球菌*，产朊假丝酵母，酿酒酵母，沼泽红假单胞菌	使用说明书指定的动物
非蛋白氮	尿素，碳酸氢铵，硫酸铵，液氨，磷酸二氢铵，磷酸氢二铵，缩二脲，异丁叉二脲，磷酸脲	反刍动物
抗氧化剂	乙氧基喹啉，丁基羟基茴香醚（BHA），二丁基羟基甲苯（BHT），没食子酸丙酯	养殖动物

（续表）

类别	饲料添加剂名称	适用范围
防腐剂、电解质平衡剂	甲酸，甲酸铵，甲酸钙，乙酸，双乙酸钠，丙酸，丙酸铵，丙酸钠，丙酸钙，丁酸，丁酸钠，乳酸，苯甲酸，苯甲酸钠，山梨酸，山梨酸钠，山梨酸钾，富马酸，柠檬酸，酒石酸，苹果酸，磷酸，氢氧化钠，碳酸氢钠，氯化钾	养殖动物
着色剂	β-胡萝卜素，辣椒红，β-阿朴-8-胡萝卜素醛；β-阿朴-8-胡萝卜素酸乙酯；β，β-胡萝卜素-4，4-二酮（斑蝥黄）；万寿菊提取物	家禽
	虾青素	水产动物
调味剂、香料	糖精钠，谷氨酸钠，5'-肌苷酸二钠，-5'-鸟苷酸二钠，血根碱，食品用香料	养殖动物
黏结剂、抗结块剂和稳定剂	α-淀粉，三氧化二铝，可食脂肪酸钙盐*，硅酸钙，硬脂酸钙，甘油脂肪酸酯，聚丙烯酸树脂Ⅱ，聚氧乙烯 20 山梨醇酐单油酸脂，丙二醇，二氧化硅，海藻酸钠，羧甲基纤维素钠，聚丙烯酸钠*，山梨醇酐脂肪酸酯，蔗糖脂肪酸脂	养殖动物
其他	甜菜碱，甜菜碱盐酸盐，天然甜菜碱，果糖，大蒜素，甘露糖，聚乙烯聚吡咯烷酮（PVPP），山梨糖醇，大豆磷脂，丝兰提取物（天然类固醇萨洒皂角苷，YUCCA）二十二碳六烯酸*	养殖动物
	糖萜素，牛至香酚*	猪、禽
	乙酰氧肟酸	反刍动物

注：在中国境内生产带"＊"的饲料添加剂需办理新饲料添加剂证书

参考文献

[1] 李祚煌. 家畜中毒及毒物检验. 北京：中国农业出版社，1994

[2] 于炎湖. 饲料毒物学附毒物分析. 北京：中国农业出版社，1992

[3] 史志诚. 动物毒物学. 北京：中国农业出版社，2001

[4] 刘宗平. 动物中毒病学. 北京：中国农业出版社，2006

[5] 路浩. 兽医常见毒物检验技术. 杨凌：西北农林科技大学出版社，2010

[6] 王建华. 家畜内科学. 北京：中国农业出版社，2008

[7] 王小龙. 兽医内科学. 北京：中国农业大学出版社，2004

[8] 黄有德，刘宗平. 动物中毒与营养代谢病学. 兰州：甘肃科学技术出版社，2001

[9] 杜护华，杨宗泽. 动物内科疾病. 北京：中国农业科学技术出版社，2008

[10] 石冬梅. 动物内科病. 北京：化学工业出版社，2010